Meinen Töchtern Letizia und Elly gewidmet.

Impressum

ISBN: 9-7985-7439-5912

Verlagsunabhängig Veröffentlicht

Copyright © 2020 Taras Bryzinski

Alle Rechte, insbesondere das Recht des auszugsweisen Nachdrucks, der auszugsweisen oder vollständigen Wiedergabe, der Speicherung in Datenverarbeitungsanlagen und der Übersetzung, vorbehalten.

Ergänzendes und weiterführendes Material:

https://hypel.ink/bryzinski

Technische Universität München

Lehrstuhl für Ökologischen Landbau und Pflanzenbausysteme

Erträge, Energieeffizienz und Treibhausgasemissionen ökologischer und konventioneller Pflanzenbausysteme – methodische Einflüsse und feldexperimentelle Ergebnisse

Taras Bryzinski, M. Sc.

Vollständiger Abdruck der von der Fakultät TUM School of Life Sciences der Technischen Universität München zur Erlangung des akademischen Grades eines

Doktors der Agrarwissenschaften

genehmigten Dissertation.

Vorsitzender:	Prof. Dr. Wilhelm Windisch
Prüfer der Dissertation:	1. Prof. Dr. Kurt-Jürgen Hülsbergen
	2. Prof. Dr. Günther Leithold

Die Dissertation wurde am 20.04.2020 bei der Technischen Universität München eingereicht und durch die Fakultät TUM School of Life Sciences am 24.09.2020 angenommen.

Danksagung

Mein herzlichster Dank gilt zuerst meinen Eltern, die in den 90er Jahren ihre geliebte Heimat Kasachstan verlassen hatten, um für das Wohl der nächsten Generation in eine unbekannte Heimat unserer europäischen Vorfahren auszuwandern. Nach dem Verlust meiner Heimat war ich jedoch ein verhaltensauffälliger Schüler – der Verweis auf eine Sonderschule war bereits im Gespräch. Ich danke Herrn Niedecken, dass er in dieser Situation auf die Idee kam mich eines Tages von einer Schulstunde zu befreien, um ein persönliches Gespräch mit mir zu führen. Überraschenderweise war das Gespräch nicht belehrend und ermahnend, sondern empathisch-mitfühlend: das Gespräch wurde zu einem der zahlreichen Wendepunkte in meinem Leben. Meine Hochschulreife habe ich schließlich allen weiteren Lehrerinnen und Lehrern der Gesamtschule Hungen und insbesondere meinen Klassenlehrern Herrn Keneder, Herrn Horstmann und vor allem Herrn Hartwig zu verdanken – für sie war mein Schulabschluss mit Abitur ebenso überraschend wie für meine Eltern und mich.

Meinen Hochschullehrern und Dozenten des Fachbereichs für Agrarwissenschaften, Ökotrophologie und des Umweltmanagements der Justus-Liebig-Universität Gießen danke ich ebenfalls für das vielseitige Bachelor-Studium der Agrar- und Umweltwissenschaften. In einer Vorlesung zum Ackerbau lehrte Prof. Dr. Leithold den Unterschied zwischen landwirtschaftlichen und industriellen Produktionsmitteln in etwa wie folgt: bei einer vernünftigen Wirtschaftsweise würde der Boden (das wichtigste Produktionsmittel in der Landwirtschaft) sich über die Zeit nicht abnutzen, wie eine Werkbank, sondern an Produktivität zunehmen. Erst bei ihm lernte ich kennen, dass es bei Bio-Produkten nicht nur auf die Unterschiede in der Produktqualität, sondern auf die Qualität bzw. auf die unterschiedliche Umweltwirkung der Produktionsprozesse ankommt.

Nach Abschluss meines Master-Studiums des Umwelt- und Ressourcenmanagements in Gießen ergab sich eine Möglichkeit zur Mitarbeit im ExpRessBio-Projekt bei Prof. Dr. Hülsbergen am Wissenschaftszentrum Weihenstephan für Ernährung, Landnutzung und Umwelt mit einer Gelegenheit zur Promotion an der Technischen Universität München. An Prof. Dr. Hülsbergen richte ich hiermit meinen größten Dank für den erfolgreichen Abschluss der vorliegenden Arbeit. Dem Team des Lehrstuhls für Ökologischen Landbau und Pflanzenbausysteme verdanke ich die Versuchskonzeption, die Versuchsdurchführung sowie die zahlreichen internen und externen Labor-Analysen – endlich kann ich nun meine Analyseergebnisse ebenfalls zur Verfügung stellen.

Schließlich danke ich dem Leben für meine Frau, unsere Freunde und unsere Familien: ohne den familiären Zusammenhalt wäre der Abschluss im Jahr 2020 nicht möglich gewesen.

Inhaltsverzeichnis

Abbildungsverzeichnis VIII

Tabellenverzeichnis X

Glossar XIII

1 Einleitung 1

1.1 Konträre Anforderungen an die landwirtschaftliche Produktion 1
1.2 Landwirtschaft und Klimawandel 2
1.3 Unterschiede zwischen ökologischer und konventioneller Landwirtschaft 3
1.4 Gegenstand der Arbeit 4

2 Stand des Wissens: Umweltwirkungen ökologischer und konventioneller Pflanzenbausysteme 6

2.1 Bewertungsgrundlagen und Methoden 6
2.1.1 Weitere Bewertungsmethoden für die landwirtschaftliche Produktion 8
2.1.2 Variabilität von Emissionsfaktoren stickstoffhaltiger Mineraldünger 9
2.2 Erträge ökologischer und konventioneller Landwirtschaft 12
2.3 Treibhausgasemissionen der Pflanzenbausysteme 14
2.3.1 Emissionsursachen und Minderungspotenziale 14
2.3.1.1 N-Düngung und Lachgasemissionen landwirtschaftlich genutzter Flächen 15
2.3.1.2 Bewirtschaftungsabhängige Bodenkohlenstoffveränderungen 17
2.3.2 Produktbezogene Treibhausgasemissionen 20

3 Material und Methoden 26

3.1 Systemversuch Viehhausen 26
3.1.1 Versuchsstandort 26
3.1.2 Versuchsdesign 30
3.1.3 Versuchsablauf 33
3.1.3.1 Fruchtfolgen 33
3.1.3.2 Düngung 35
3.1.4 Systemgrenzen und Modellbetriebe 38
3.1.4.1 Systemgrenzen und analysierte Stoff- und Energieflüsse 38
3.1.4.2 Modellbetriebe 42
3.2 Energiebilanzierung und Allokation 42
3.2.1 Energiebilanzierung 43
3.2.2 Funktionelle Einheiten und Allokation 46
3.3 Berechnung der Treibhausgasemissionen 47
3.3.1 Basisvariante der Treibhausgasbilanz 47

3.3.2	Varianten der Sensitivitätsanalyse	51
3.4	**Statistische Analyse**	**53**

4 Ergebnisse ... 55

4.1 Ertragsleistungen und Flächenbedarf der Pflanzenbausysteme ... 55

4.1.1	Ertragsleistungen der Fruchtarten in Trockenmasse	55
4.1.1.1	Winterweizen (*Triticum aestivum*)	57
4.1.1.2	Winterroggen (*Secale cereale*)	57
4.1.1.3	Mais (*Zea mays*)	58
4.1.1.4	Ackerbohne (*Vicia faba*)	59
4.1.1.5	Luzerne-Kleegras	59
4.1.1.6	Winterraps (*Brassica napus*)	60
4.1.1.7	Wintertriticale (*Triticosecale*)	60
4.1.1.8	Interaktionen und unterschiedliche Ertragsverwendung	61
4.1.2	Ertragsleistungen der Fruchtarten in Getreideeinheiten	63
4.1.3	Ertragsleistungen der Fruchtarten in Gigajoule	66
4.1.4	Ertragsleistungen der Pflanzenbausysteme	69
4.1.5	Ertragsrelationen	72
4.1.5.1	Ertragsrelationen der Fruchtarten	72
4.1.5.2	Ertragsrelationen der Fruchtfolgen	75
4.1.6	Flächenbedarf der Pflanzenbausysteme	79

4.2 Stoffflüsse und Energiebilanzen der Pflanzenbausysteme ... 80

4.2.1	Stickstoff- und Humusbilanzen der Pflanzenbausysteme	80
4.2.1.1	Stickstoffbilanz	80
4.2.1.2	Humusbilanz	83
4.2.2	Energiebilanzen	84
4.2.2.1	Energiebilanz der Anbausysteme Winterweizen	84
4.2.2.2	Energiebilanz und -effizienz der Pflanzenbausysteme	87
4.2.2.3	Sensitivitätsanalyse der Energiebilanz	89

4.3 Flächen- und produktbezogene Treibhausgasemissionen ... 93

4.3.1	Treibhausgasemissionen der Winterweizen-Anbausysteme	93
4.3.2	Treibhausgasemissionen der Pflanzenbausysteme	100
4.3.2.1	Flächenbezogene Treibhausgasemissionen und Emissionsursachen in der Basisvariante	100
4.3.2.2	Produktbezogene Treibhausgasemissionen der Pflanzenbausysteme	105
4.3.3	Sensitivitätsanalyse der Treibhausgasbilanzen	108

5 Diskussion ... 111

5.1 Diskussion der methodischen Einflüsse ... 111

5.1.1	Ertragsanalysen und -erfassung auf unterschiedlichen Ebenen	111
5.1.2	Einfluss der Versuchskonzeption und -durchführung auf die Ertragsleistungen	113
5.1.2.1	Versuchskonzeption, Datenqualität und Versuchsfehler	113
5.1.2.2	Versuchsergebnisse vs. statistische Ertragsdaten der Region	117
5.1.3	Variationen der funktionellen Einheit, der Systemgrenzen, des Allokationsverfahrens und des Referenzsystems	120
5.1.4	Energetische Bewertung der Pflanzenbausysteme	123

5.1.5	Treibhausgasemissionen	125
5.2	**Diskussion der Ergebnisse**	**127**
5.2.1	Ertragsrelationen der Pflanzenbausysteme	127
5.2.1.1	Ertragsrelationen der Fruchtarten	127
5.2.1.2	Ertragsrelationen der Fruchtfolgen	128
5.2.1.3	Flächenbedarf der Pflanzenbausysteme	131
5.2.1.4	Nachhaltige Intensivierung ökologischer Marktfruchtsysteme	132
5.2.2	Stoffkreisläufe und Energieeffizienz	134
5.2.2.1	Nährstoffversorgung	134
5.2.2.2	Bodenkohlenstoffveränderungen (C-Sequestrierung) und ihre Anrechnung in Treibhausgasbilanzen landwirtschaftlicher Produktionssysteme	137
5.2.2.3	Energieeffizienz	142
5.2.3	Treibhausgasemissionen der Pflanzenbausysteme	143
5.2.3.1	Flächenbezogene Treibhausgasemissionen	143
5.2.3.2	Produktbezogene Treibhausgasemissionen	145
5.2.3.3	Emissionsursachen und potenzielle Minderungsoptionen	146
5.3	**Gesamtbewertung der Ergebnisse**	**148**
5.3.1	Marktfruchtsysteme	149
5.3.2	Pflanzenbausysteme der Milchviehbetriebe	150
5.3.3	Systemvergleich innerhalb der Gruppen ökologischer und konventioneller Pflanzenbausysteme	151
5.3.3.1	Ökologische Pflanzenbausysteme	151
5.3.3.2	Konventionelle Pflanzenbausysteme	153
5.3.4	Gruppenübergreifende Bewertung der Pflanzenbausysteme	154
5.4	**Implikationen für Politik und Landschaftsplanung**	**156**
5.4.1	Agrarökologische Ansätze und klimafreundliche Landwirtschaft (CSA)	156
5.4.2	Landschaftsplanung und indirekte Landnutzungsänderungen	160
5.5	**Schlussfolgerungen**	**163**
5.6	**Weiterer Forschungsbedarf**	**164**
6	**Zusammenfassung**	**168**
6.1	Ertragsleistungen	168
6.2	Energiebilanz und Energieeffizienz	169
6.3	Treibhausgasemissionen und C-Sequestrierung	170
6.4	Methodendiskussion	172
7	**Summary**	**174**
7.1	Yield achievements	174
7.2	Energy balance and efficiency	175
7.3	Greenhouse gas emissions and C-Sequestration	176
7.4	Methodological discussion	178
Anhang		**199**

Abbildungsverzeichnis

Abbildung 1: Treibhausgasemissionen der stickstoffhaltigen Mineraldünger 11

Abbildung 2: Produktbezogene Treibhausgasemissionen in Deutschland angebauter Fruchtarten 22

Abbildung 3: Zusammenhang zwischen fruchtartenspezifischen Emissions- und Ertragsrelationen 23

Abbildung 4: Anlageschema des Systemversuchs Viehhausen 32

Abbildung 5: Bilanzierte Stoff- und Energieflüsse der Marktfruchtsysteme am Beispiel der ökologischen Fruchtfolge öMF 39

Abbildung 6: Bilanzierte Stoff- und Energieflüsse der Milchviehsysteme am Beispiel der ökologischen Fruchtfolgen öMiSt und öMiG 40

Abbildung 7: Bilanzierte Stoff- und Energieflüsse eines Marktfruchtsystems mit Interaktionen zur Biogasproduktion am Beispiel der ökologischen Fruchtfolge öBiG 41

Abbildung 8: Trockenmasseertrag der Fruchtarten (inkl. NP) 62

Abbildung 9: Getreideeinheitenertrag der Fruchtarten (inkl. NP) 65

Abbildung 10: Gigajouleertrag der Fruchtarten (inkl. NP) 68

Abbildung 11: Getreideeinheitenertrag der Pflanzenbausysteme (inkl. NP) 69

Abbildung 12: Ertragsrelation Winterweizen (TM ohne NP) 73

Abbildung 13: Ertragsrelation Winterroggen (TM ohne NP) 74

Abbildung 14: Ertragsrelation Silomais (TM) 74

Abbildung 15: Ertragsrelation der Pflanzenbausysteme in Trockenmasse (inkl. NP) 75

Abbildung 16: Ertragsrelation der Pflanzenbausysteme in Trockenmasse (ohne NP)... 76

Abbildung 17: Ertragsrelation der Pflanzenbausysteme in Getreideeinheiten (inkl. NP) 77

Abbildung 18: Ertragsrelation der Pflanzenbausysteme in Getreideeinheiten (ohne NP) 77

Abbildung 19: Ertragsrelation der Pflanzenbausysteme in Gigajoule (inkl. NP) 78

Abbildung 20: Ertragsrelation der Pflanzenbausysteme in Gigajoule (ohne NP) 79

Abbildung 21: Mittlere Stickstoffzufuhr der Pflanzenbausysteme 81

Abbildung 22: Flächenbezogene Treibhausgasemissionen (Basisvariante) der Winterweizenproduktion (TM inkl. NP) differenziert nach Emissionsquellen 93

Abbildung 23: Flächenbezogene Treibhausgasemissionen der Winterweizenproduktion (Basisvariante vs. Variante mit C-Sequestrierung)... 95

Abbildung 24: Produktbezogene Treibhausgasemissionen der Winterweizenproduktion (GE inkl. NP) 97

Abbildung 25: Produktbezogene Treibhausgasemissionen der Winterweizenproduktion (GJ inkl. NP) 99

Abbildung 26: Flächenbezogene Treibhausgasemissionen der Pflanzenbausysteme differenziert nach Emissionsquellen (Basisvariante) 103

Abbildung 27: Flächenbezogene Treibhausgasemissionen der Pflanzenbausysteme (Basisvariante vs. Variante mit C-Sequestrierung) 104

Abbildung 28: Produktbezogene Treibhausgasemissionen der Pflanzenbausysteme (GE inkl. NP) 106

Abbildung 29: Produktbezogene Treibhausgasemissionen der Pflanzenbausysteme (GJ inkl. NP) 107

Abbildung 30: Systemvergleich und -bewertung der Marktfruchtsysteme (Basisvariante ohne NP)... 149

Abbildung 31: Systemvergleich und -bewertung der Milchviehsysteme (Basisvariante ohne NP) 151

Abbildung 32: Systemvergleich und -bewertung der ökologischen Pflanzenbausysteme (Basisvariante ohne NP) 152

Abbildung 33: Systemvergleich und -bewertung der konventionellen Pflanzenbausysteme (Basisvariante ohne NP) 153

Tabellenverzeichnis

Tabelle 1:	Stickstoffhaltige Mineraldünger mit dem größten Marktanteil in Deutschland	10
Tabelle 2:	Mittlere Emissionsfaktoren für die Herstellung stickstoffhaltiger Mineraldünger	12
Tabelle 3:	Bodeneigenschaften der Versuchsfläche in Viehhausen	27
Tabelle 4:	Monatliche Temperaturmittelwerte der Jahre 2011 bis 2013 gegenüber mehrjährigen Temperaturmittelwerten (2000 bis 2013) am Versuchsstandort Viehhausen (°C)	29
Tabelle 5:	Monatliche Niederschlagssummen der Jahre 2011 bis 2013 gegenüber mehrjährigen Niederschlagssummen (2000 bis 2013) am Versuchsstandort Viehhausen (mm)	29
Tabelle 6:	Fruchtfolgen und Ackerflächenverhältnisse im Systemversuch Viehhausen	35
Tabelle 7:	Geplante und durchgeführte Stickstoffdüngung in den Jahren 2011 bis 2013	38
Tabelle 8:	Fruchtartenerträge der Pflanzenbausysteme in Trockenmasse	56
Tabelle 9:	Fruchtartenerträge der Pflanzenbausysteme in Getreideeinheiten (inkl. NP)	64
Tabelle 10:	Fruchtartenerträge der Pflanzenbausysteme in Gigajoule (inkl. NP)	67
Tabelle 11:	Vergleich der funktionellen Einheiten (TM, GE, GJ) anhand der mittleren Erträge	71
Tabelle 12:	Flächenbedarfsfaktoren der Pflanzenbausysteme bei gleicher Produktivität in Getreideeinheiten (ohne NP)	80
Tabelle 13:	Stickstoffbilanz der Pflanzenbausysteme	82
Tabelle 14:	Dynamische Humusbilanz der Pflanzenbausysteme	84
Tabelle 15:	Energiebilanz der Weizenproduktion und der Einfluss methodischer Variationen	86
Tabelle 16:	Energetische Bewertung verwendeter Produktionsmittel und Basisvariante der Energiebilanz der Pflanzenbausysteme	89
Tabelle 17:	Sensitivitätsanalyse der Energiebilanz der Pflanzenbausysteme	91
Tabelle 18:	Flächenbezogene Treibhausgasemissionen der einzelnen Fruchtarten (Basisvariante)	101

Tabelle 19:	Sensitivitätsanalyse der Treibhausgasbilanz (flächen- und produktbezogen)	110
Tabelle 20:	Systemvergleich und -bewertung der ökologischen und konventionellen Pflanzenbausysteme (Basisvariante ohne NP)	155

Zeichen- und Abkürzungsverzeichnis

Äq.	Äquivalent
C	Kohlenstoff
CO_2	Kohlenstoffdioxid
C_{org}	Organischer Kohlenstoff
ff.	Fortfolgende
FM	Frischmasse
GE	Getreideeinheit(en)
ggü.	gegenüber
GV	Großvieheinheit(en)
GWP	Global Warming Potential (Treibhauspotenzial)
ha	Hektar
Häq	Humusäquivalent (kg Humus-C ha^{-1}) nach VDLUFA (2014)
HP	Hauptprodukt(e) (u. a. Korn)
LCA	Life Cycle Assessment (Ökobilanz)
MJ / GJ	Megajoule / Gigajoule
N_2O	Distickstoffmonoxid (Lachgas)
NP	Nebenprodukt(e) (Stroh)
OBS	Organische Bodensubstanz
THG	Treibhausgas(e)
TM	Trockenmasse
$\Delta\,C_{org}$	Zunahme/Abnahme des C_{org}-Vorrats im Boden

Glossar

Aggregation, aggregiert: Dieser Begriff wird in der vorliegenden Arbeit im Zusammenhang mit einer mathematisch-statistischen Zusammenfassung von Daten der unterschiedlichen Systemebenen (Schlag, Fruchtfolge) eines Pflanzenbausystems verwendet.

Landwirtschaftliches Betriebssystem: Gesamtsystem, bestehend aus einem oder mehreren Subkomponenten: Pflanzenbausystem (Marktfruchtbau), Pflanzenbausystem und Tierhaltung (Milchviehhaltung), Pflanzenbausystem und Biogasanlage (Biogassystem) etc. Über das Pflanzenbausystem hinausgehende Subkomponenten (Tierhaltung, Biogasanlage) wurden feldexperimentell **nicht** untersucht.

Ökologisch und Konventionell: Der Begriff „ökologisch" oder „ökologische Pflanzenbausysteme" bezeichnet hierbei jene landwirtschaftliche Produktion, die mit der Basisverordnung Ökologischer Landbau (derzeit EG Nr. 834/2007) im Einklang steht. Von dieser Verordnung abweichende landw. Produktion wird als „konventionell" bzw. „konventionelle Pflanzenbausysteme" bezeichnet.

Pflanzenbausysteme: Im Feldversuch abgebildete systemtypische Kombinationen von Bewirtschaftungsmaßnahmen (Anbausysteme) und Fruchtfolgen. In einigen Fällen wird der Begriff **System** als Synonym abkürzend verwendet (zum Beispiel Stallmist**system**).

1 Einleitung

1.1 Konträre Anforderungen an die landwirtschaftliche Produktion

Die Weltgesundheitsorganisation prognostiziert bis zum Jahr 2050 einen deutlichen Anstieg der Bevölkerungsdichte (WHO 2015). Deshalb sollen Ertragssteigerungen die landwirtschaftliche Produktion verdoppeln, um dem Ziel einer Welt ohne Hunger näher zu kommen (vgl. UN 2016). Landwirtschaftliche Ertragssteigerungen können jedoch mit enormen Umweltwirkungen verbunden sein: u. a. Verlust von Biodiversität, Treibhausgasemissionen, Bodenerosion, Bodendegradation, Eutrophierung. Tilman et al. (2009) sprechen in diesem Zusammenhang von einem Dilemma zwischen der Nahrungsmittelproduktion und dem Umweltschutz. Der Umgang mit diesem Dilemma ist am Beispiel der USA weiterhin unausgewogen: 52 bis 69 % der Agrar-Forschungsgelder dienen dem Forschungsziel landwirtschaftliche Erträge zu steigern, während agrarökologische Fragestellungen lediglich 10 % der Forschungsmittel erhalten (vgl. DeLonge et al. 2016).

Eine Arbeitsgruppe aus Vertretern der UNO, der Weltbank, der OECD und mehreren NGOs erarbeitete im Jahr 2001 eine Liste von Zielen zur Umsetzung der Vorgaben der UN-Millenniumerklärung. Diese acht Ziele für das Jahr 2015 wurden als Millennium-Entwicklungsziele (englisch: Millennium Development Goals, MDGs) bekannt: Die im Jahr 2001 für das Jahr 2015 angesetzten acht Millenium-Entwicklungsziele wurden nicht erreicht. Neue Entwicklungsziele wurden auf 17 Nachhaltigkeitsziele (*engl. Sustainable Developmentgoals*, SDGs) ausgeweitet und eine Frist bis 2030 vereinbart (Griggs et al. 2013). Zeitgleich sollen die Erträge in der Landwirtschaft gesteigert und das Klima, die Böden und die Biodiversität geschont und geschützt werden.

Für das Ziel einer nachhaltigen Gestaltung der Welternährung prüfen Muller et al. (2017) in Modellberechnungen die Effekte einer schrittweisen Ausdehnung des Ökologischen Landbau. Sie schlagen strategische Kombinationen vor, wobei unterschiedliche Anteile des Ökologischen Landbaus mit einer Reduktion der Futtermittelproduktion (d.h. Reduktion übermäßigen Fleischkonsums) sowie der Lebensmittelverschwendung verknüpft werden sollen. Die Machbarkeit einer Welternährung mit den Mitteln des Ökologischen Landbaus wird jedoch von anderen Autoren grundsätzlich in Frage gestellt (Connor 2008; Tuomisto et al. 2012a; Connor 2013).

Der Anteil des Ökologischen Landbaus an der weltweiten Agrarfläche liegt aktuell bei 1,4 % (Willer et al. 2019). Allerdings ist der Ökologische Landbau nicht widerspruchsfrei, sobald die Produkte nicht saisonal und vor allem nicht regional hergestellt und konsumiert werden. Die meisten Anbauflächen für Bioprodukte sind derzeit in Australien, Argentinien und China zu finden, während die größten Absatzmärkte für Bioprodukte in den USA, Deutschland und Frankreich lokalisiert sind (FiBL und Ecovia Intelligence 2019). Dieser Hintergrund lässt berechtigte Zweifel an der Nachhaltigkeit solcher Konsummuster zu (lange Transportwege, hohe Verpackungs- und Kühlungsbedarfe etc.). Auch die Nachfrage nach bio-veganer oder bio-vegetarischer Kost ist mit der ökologischen Wirtschaftsweise nicht *per se* zu vereinen (vgl. Meemken und Qaim 2018).

Erwartungsgemäß wird die energetische Biomasse-Nutzung künftig weiter zunehmen und bestehende Konkurrenzsituationen in der Landwirtschaft weiter verschärfen. Die Nachhaltigkeit von Bioenergie wurde vielfach kritisch diskutiert. Dieser Diskussion ging die Vorstellung voraus, dass Energie aus Biomasse klimaneutral sei, da die freiwerdende Kohlenstoffmenge bei der Biomassenutzung der CO_2-Menge entsprechen würde, die bei der Fotosynthese der Pflanzen gebunden wurde (Ragauskas et al. 2006). Ein landwirtschaftlicher Biomasseanbau entzieht jedoch Nährstoffe, die über eine Düngung dem Boden wieder zugeführt werden müssen, was wiederum mit Treibhausgasemissionen verbunden ist. Eine Beschleunigung des CO_2-Kreislaufs beschleunigt auch die Nährstoffkreisläufe, die mit Emissionen von Methan und Lachgas einhergehen (Leopoldina 2013). Meist kommen der Energieaufwand und die Herstellungsemissionen von Mineraldüngern hinzu, die gegenüber sonstigen landwirtschaftlichen Betriebsmitteln sehr hoch sein können (Brentrup und Küsters 2008; Fertilizers Europe 2014).

Aus dem ursprünglichen Dilemma zwischen Nahrungsmittelproduktion und Umweltbeanspruchung wird aufgrund der Bioenergie ein Trilemma (Tilman et al. 2009). Doch gerade die Bioenergie hat das Potenzial, eine entscheidende CO_2-Senkung herbeizuführen, da die natürlichen CO_2-Senken den enormen Anstieg von CO_2 in der Atmosphäre nicht ausgleichen können (Rockström et al. 2016). Anstatt einer grundsätzlichen Ablehnung der Bioenergie empfehlen Tilman et al. (2009), nach „richtiger" Bioenergie zu suchen. Statt einer Flächenkonkurrenz sind auch positive Interaktionen oder gar Synergien zwischen diesen Landnutzungsformen möglich: Stinner (2011) berichtet von deutlichen Ertragssteigerungen und Intensivierungen von Nährstoffflüssen durch die Etablierung der Biogas-Technologie unter den Bedingungen des Ökologischen Landbaus. Tilman et al. (2006) zeigen eine energetische Biomassenutzung ohne Verschärfung der Flächenkonkurrenz auf. Auch der Ökologische Landbau sollte unter dem Aspekt der Welternährung nicht grundsätzlich abgelehnt, sondern weiter erforscht und optimiert werden, um den Zielen der Nachhaltigen Entwicklung gesamthaft zu entsprechen.

1.2 Landwirtschaft und Klimawandel

Zu den konträren Anforderungen an die Landwirtschaft kommen die Folgen des globalen Klimawandels erschwerend hinzu. Um den Temperaturanstieg gegenüber der vorindustriellen Zeit unterhalb von 2°C zu halten, setzt sich Deutschland gemeinsam mit 194 Staaten der Vereinten Nationen ambitionierte Reduktionsziele für die jährlichen Treibhausgasemissionen (UNFCCC 2015). Auf globaler Ebene gilt der Energiesektor als Hauptemittent von Treibhausgasen (UNFCCC 2009), wobei alle anderen Wirtschaftssektoren und Privathaushalte mit diesem Sektor zusammenhängen. Die 21. UN-Klimakonferenz (COP21, UNFCCC 2015) in Paris ermöglichte die Einsicht, dass auch finanzielle Ströme aus der Förderung fossiler Energie[1]

---

[1] Landwirtschaftliche Betriebsmittel, wie synthetischer Stickstoff oder chemische Pflanzenschutzmittel, basieren teils stark auf fossilen Energieträgern und hängen mit erheblichen Treibhausgasemissionen und Biodiversitätsverlusten zusammen.

und aus klimaschädigenden Projekten umgelenkt werden sollten. Die Rolle des Landwirtschaftssektors bleibt dabei zunächst weitgehend undefiniert. Das neue Klimaabkommen schränkt die Erreichung nationaler Reduktionsziele durch eine Beeinträchtigung der Lebensmittelproduktion eindeutig ein (UNFCCC 2015). Der deutsche Klimaschutzplan 2050 (BMU 2019) sieht dennoch erstmals verpflichtende Emissionsreduktionen für die landwirtschaftliche Produktion vor, wobei eine klimaneutrale Landwirtschaft dabei grundsätzlich in Frage gestellt wurde. Die anvisierten Klimaschutzmaßnahmen in Deutschland sehen unter anderem eine Reduktion der Stickstoffüberschüsse und der Treibhausgasemissionen aus der Tierhaltung sowie eine Ausweitung des Ökologischen Landbaus auf 20 % der Agrarfläche vor. Der Klimawandel hat für die Landwirtschaft eine dreifache Relevanz:

1) Die Landwirtschaft wird von dem Klimawandel am stärksten betroffen sein und muss auf die veränderten Klimabedingungen angepasst werden (Levin et al. 2019).
2) Der Landwirtschaftssektor emittiert etwa 10-12 % der globalen Treibhausgase (Smith et al. 2007). Gegenüber 1990 haben die Treibhausgasemissionen der deutschen Landwirtschaft um ca. 16 % abgenommen - seit 2007 ist ein Anstieg und damit eine Stagnation in der Entwicklung erkennbar (vgl. UBA 2019). Die Landwirtschaft gehört weiterhin zu den Hauptemittenten von Methan, Lachgas und Ammoniak (Flessa 2013).
3) Nach aktueller Bodenzustandserhebung (Jacobs et al. 2018) gelten landwirtschaftliche Böden mit Abstand als die größten terrestrischen Kohlenstoffspeicher in Deutschland und enthalten im oberen Meter rund 2,5 Milliarden t C_{org}. Dies entspricht 9,16 Milliarden t CO_2-Äq., die zu 60 % im Oberboden (0 - 30 cm) lokalisiert sind (ebd.). In Abhängigkeit von standortspezifischen Faktoren, veränderten Klimabedingungen und der Bewirtschaftung der Agrarflächen können die Bodenkohlenstoffvorräte zu- oder abnehmen und damit schützend oder schädigend auf das globale Klima einwirken (Hülsbergen und Rahmann 2015).

1.3 Unterschiede zwischen ökologischer und konventioneller Landwirtschaft

Im Zusammenhang mit der Bodenfruchtbarkeit wird die Veränderung von Bodenkohlenstoffvorräten in Folge landwirtschaftlicher Bodenbewirtschaftung in der Humusbilanzierung seit einigen Jahrzehnten untersucht. Ökologische und konventionelle Landwirtschaft hat einen unterschiedlichen Humusbedarf (vgl. Leithold et al. 1997; Leithold et al. 2007; Leithold et al. 2015). Humusbilanzierungsmethoden mit differenzierten Parametern, die für ökologische und konventionelle Pflanzenbausysteme anwendbar sind, stehen unter anderem mit der VDLUFA-Methode (VDLUFA 2014) zur Verfügung. Anhand von aktueller Literatur zur Wirkung ökologischer und konventioneller Landwirtschaft auf die Bodenkohlenstoffvorräte stellen Weckenbrock et al. (2019) fest, dass bei 51 % der Vergleichspaare ein höherer (> 10 %) Bodenkohlenstoffvorrat in ökologisch bewirtschafteten Flächen gemessen wurde. Bei 15 % der Vergleichspaare war die Situation umgekehrt. Bei übrigen Vergleichspaaren waren die Ergebnisse vergleichbar (ebd.). Diese Ergebnisse implizieren, dass ein Humusaufbau auch auf konventionellen Flächen möglich und für den Klimaschutz sowie die Anpassung an den Klimawandel unbedingt notwendig ist.

Der Vergleich ökologischer und konventioneller Landwirtschaft ist Gegenstand zahlreicher Studien weltweit. Während Seufert et al. (2012) und Ponti et al. (2012) die Ertragsverhältnisse einzelner Fruchtarten analysieren, stellen Tuomisto et al. (2012b) anhand einer Ökobilanz modellierte Produktionssysteme einander gegenüber. Ponti et al. (2012) bezeichnen jedoch den Rückschluss von der Fruchtartenebene auf die höheren Systemebenen (Fruchtfolge, Betrieb) als problematisch. Seufert et al. (2012) berichten ebenfalls von weiterem Forschungsbedarf hinsichtlich gesamtbetrieblicher Analysen der unterschiedlichen Produktionssysteme.

Clark und Tilman (2017) schlussfolgern aus zahlreichen Ökobilanzergebnissen, dass der Ökologische Landbau produktbezogen mehr Fläche erfordert, zu höherer Eutrophierung führt, den Energiebedarf reduziert und vergleichbare Treibhausgasemissionen verursacht. Allerdings differenzieren diese Aussagen nicht zwischen Produkten pflanzlichen und tierischen Ursprungs und beziehen sich auf „High Input"-Systeme, die ökobilanziell abgebildet wurden. Weckenbrock et al. (2019) schlagen vor, produktbezogene Bewertungen zu hinterfragen, da sie zu fehlgeleiteten Interpretationen führen können und die Gesamtemissionen mit Hilfe dieser Betrachtungsweise nicht zwangsläufig abnehmen würden. Grundsätzlich fallen die Treibhausgasemissionen pro Produkteinheit umso günstiger aus, je mehr in einem Produktionssystem geerntet wird (Brentrup et al. 2004; Tuomisto et al. 2012b; Skinner et al. 2014). Bei der ökologischen Wirtschaftsweise (Ökologischer Landbau) wird auf die ertragssteigernde Wirkung synthetischer Mineraldünger und chemischer Pflanzenschutzmittel verzichtet (§5 a-b EG Nr. 834/2007). Der Verzicht auf Pflanzenschutzmittel übt zwar einen geringeren Druck auf die Biodiversität aus, führt jedoch zu einer zusätzlichen Flächenbeanspruchung in Folge geringerer Erträge (Gabriel et al. 2013). Hirschfeld (2008) folgert anhand von Ertragsverhältnissen im Winterweizen, dass der Ökologische Landbau einen doppelten Flächenbedarf benötigt. Die Untersuchungen im Pilotbetriebe-Projekt (Hülsbergen und Rahmann 2013) zeigen u. a., dass dies beim Winterweizen tatsächlich der Fall ist, aber auf der Fruchtfolgenebene andere Ertragsverhältnisse bestehen (vgl. Schmid und Hülsbergen 2015). Dennoch liegt das Ertragsniveau der ökologischen Pilotbetriebe auch auf der Fruchtfolgenebene unterhalb der konventionellen Vergleichsbetriebe (ebd.).

1.4 Gegenstand der Arbeit

In der vorliegenden Arbeit erfolgt eine statistische Analyse der Erträge von Fruchtarten und -folgen der ökologischen und konventionellen Pflanzenbausysteme, jeweils mit und ohne Anbau von Biomasse für Tierhaltung und Bioenergie. Als Datengrundlage für diesen Vergleich dient ein innovatives Feldexperiment, bei dem die Nährstoffkreisläufe und Arbeitsverfahren regional-typischen Praxisbetrieben entsprechen. Bei diesem Feldversuch handelt es sich um ein 3x6x6-Design: Der Faktor „Fruchtfolge" hat drei Variationen; die Faktoren „Düngung" und „systembedingte Ertragsverwendung" werden jeweils sechsfach variiert. Die Kombinationsmöglichkeiten dieser Faktoren wurden auf die in der landwirtschaftlichen Praxis vorherrschenden Konstellationen beschränkt: Zwei konventionelle und vier ökologische Pflanzenbausysteme werden im Versuch abgebildet, die sich jeweils durch systemtypische Fruchtfolgen, Düngung und Ertragsverwendung unterscheiden.

Zusätzlich zur statistischen Ertragsanalyse der Versuchsergebnisse erfolgt anschließend eine Prozessanalyse mit der Software REPRO. Hierzu wurden vergleichbar mechanisierte Modellbetriebe konzipiert, wobei die im Versuch festgestellten Ertragsunterschiede zwischen ökologischen und konventionellen Pflanzenbausystemen als zentrale Einflussgröße in die Modellierung eingingen. Auf diese Weise wurden Energie- und Treibhausgasbilanzen der Pflanzenbausysteme erstellt. Das Ziel der vorliegenden Arbeit ist es, zur Aufklärung folgender Fragen beizutragen:

1. Wie ist die Ertragsrelation der ökologischen und konventionellen Pflanzenbausysteme im Systemversuch Viehhausen?
2. Bestehen bedeutende Unterschiede im Flächenbedarf der Pflanzenbausysteme?
3. In welchem Verhältnis stehen die erzielten Ertragsleistungen zum kumulierten Energieaufwand?
4. Welche landwirtschaftlichen Aktivitäten haben einen hohen Einfluss auf die Energieeffizienz und die Treibhausgasbilanz der Pflanzenbausysteme? Welche Emissionsminderungen sind im Vorleistungsbereich der Landwirtschaft zu erwarten?
5. Wie ist die potenzielle Höhe der flächen- und produktbezogenen Treibhausgasemissionen in ökologischen und konventionellen Pflanzenbausystemen?
6. Sind mögliche Veränderungen im Bodenkohlenstoff bedeutend?
7. Wie hoch ist der Einfluss methodischer Festlegungen (u. a. Systemgrenzen, funktionelle Einheit, Daten) auf die Ergebnisse?

Abschließend erfolgt in der Diskussion ein Systemvergleich der Pflanzenbausysteme (Gesamtbewertung) anhand von flächen- und produktbezogenen Indikatoren.

2 Stand des Wissens: Umweltwirkungen ökologischer und konventioneller Pflanzenbausysteme

2.1 Bewertungsgrundlagen und Methoden

2.1.1 Ökobilanzielle Bewertung landwirtschaftlicher Produktion

Die Abschätzung und Bewertung von Umweltwirkungen erfolgt häufig anhand von Ökobilanzen (engl. *life-cycle-assessment*, LCA). In einer Ökobilanz werden die potenziellen Umweltwirkungen im Verlauf des Lebensweges[2] eines Produktes (von der Wiege bis zur Bahre, engl. *Cradle-to-grave*) möglichst vollständig untersucht (Klöpffer und Grahl 2009). Schraml und Effenberger (2013) beschreiben diese Methode als arbeits- und kostenintensiv. Vermehrt werden „Teil-Ökobilanzen" veröffentlicht, da diese „nur" eine Bilanzierung der Treibhausgase beinhalten. Auch wenn die Ökobilanz den Anforderungen industrieller Produktionsprozesse genügen muss (vgl. TFZ 2016b), erfolgen zunehmend ökobilanzielle Bewertungen landwirtschaftlicher Produktion (u. a. Wetterich und Haas 1999, Kägi et al. 2007, Schmehl et al. 2012, Bystricky et al. 2015). Das prinzipielle Vorgehen sowie die häufig verwendeten Begrifflichkeiten einer Ökobilanz werden auch in der vorliegenden Arbeit angewandt.

Gemäß ISO (2006a, 2006b) wird eine Ökobilanz in vier Phasen erarbeitet:

1. Ziel- und Untersuchungsrahmen definieren,
2. Sachbilanzen erstellen,
3. Umweltwirkungen abschätzen,
4. Ergebnisse interpretieren.

Eine Eingrenzung des bilanzierten Systems (Phase 1) ist unbedingt erforderlich, da die Auswirkungen eines Produktes in der gesamten Umwelt untersucht werden müsste. Die Wahl der Systemgrenzen erfolgt meist anhand von räumlichen (örtlichen Grenzen, ggf. mit Import- und Exportleistungen), zeitlichen (Tage, Jahre, Jahrhunderte usw.) und technischen Gegebenheiten des Untersuchungsgegenstands (Lebenszyklen substituierbarer Produkte, Produktionssysteme etc.).

Die Wahl der Systemgrenze soll der Komplexität der jeweiligen Fragestellung entsprechen. Wetterich und Haas (1999) haben den Anspruch, dass eine Ökobilanz alle relevanten Umweltwirkungen umfasst, da anderenfalls ein wesentliches Merkmal der Ökobilanz fehlen würde. Je weiter die Systemgrenzen gefasst und je mehr Wirkungskategorien berücksichtigt werden, desto höher und komplexer wird der Aufwand einer Studie. In der 2. Phase einer Ökobilanz werden Inputs (externe Produktionsmittel) und Outputs (Produkte, Dienstleistungen etc.) des zuvor definierten Systems quantifiziert. Auch in dieser Phase haben vor allem

---

[2] Der Lebensweg beginnt mit der Rohstoffgewinnung für die Produktion, umfasst den Produktionsprozess, die Anwendung und die Beseitigung des Produktes.

die Datenqualität und -herkunft (Messung vs. Modellierung der Stoff- und Energieflüsse) einen Einfluss auf das spätere Ergebnis. Bei der Wirkungsabschätzung (Phase 3) kann zusätzlich die Wahl aus unterschiedlichen Charakterisierungs- und Gewichtungsfaktoren einen bedeutenden Einfluss auf die In- und Outputs des untersuchten Systems ausüben. In der 4. Phase werden die Umweltwirkungen abgeschätzt und die Ergebnisse abschließend interpretiert.

Die Ergebnisse unabhängiger LCA-Studien können je nach Fragestellung unterschiedlich ausfallen (vgl. TFZ 2016a). Dies hängt mit der Flexibilität der LCA-Methodik zusammen: Die Systemgrenzen können unterschiedlich festgelegt werden; die Produktionsprozesse und Vorleistungen des Produktionssystems fließen ggf. unterschiedlich in die Analyse ein (z. B. unterschiedlich bewertete Produktionsmittel). Vor diesem Hintergrund gibt es Bestrebungen dahingehend, methodisch für mehr Transparenz zu sorgen und die Vergleichbarkeit von LCA-Ergebnissen zu bioenergetischen Produkten aus Land- und Forstwirtschaft zu gewährleisten (European Commission 2012; TFZ 2016b).

Der funktionellen Einheit kommt in der Ökobilanz eine zentrale Bedeutung zu. Diese muss gemäß ISO-Norm (ISO 2006a, 2006b) eindeutig definiert sein. Landwirtschaftliche Produktion ist jedoch stets multifunktional. Nemecek et al. (2011) fokussiert sich auf folgende Hauptfunktionen der Landwirtschaft:

1. Produktion landwirtschaftlicher Erzeugnisse für den Zweck der Human- und Tierernährung sowie für industrielle Zwecke (u. a. Bioenergie),
2. Landschaftspflegeleistungen und Erhalt der Produktionsfähigkeit landwirtschaftlicher Böden,
3. Gewinnmaximierung landwirtschaftlicher Unternehmen.

Für die primäre Funktion landwirtschaftlicher Produktion schlagen Brankatschk und Finkbeiner (2012) in entsprechenden Ökobilanzen eine einheitliche Verwendung der Getreideeinheiten (GE) als funktionelle Einheit vor.

Resultieren aus einem einzelnen Produktionsprozess mehrere Produkte mit unterschiedlichen Funktionen, so kann dies eine Allokation erfordern, die ebenfalls das Ergebnis einer Ökobilanzstudie wesentlich verändern kann. Herndl et al. (2016) präzisieren die Allokationsvorschriften nach den ISO-Standards wie folgt: Eine Allokation ist ein Vorgang, der die Umweltwirkungen aus verschiedenen Inputs oder Prozessen den Produkten eines Betriebes anteilig zuweist. Bei 19 Produktgruppen wird jedem nicht eindeutig zuweisbaren Input ein Allokationsanteil zwischen 0 und 100 % zugewiesen (Allokationsfaktor). Die Summe der 19 Allokationsfaktoren für jeden Input muss 100 % ergeben (Herndl et al. 2016). Somit muss die Summe der Umweltwirkungen eines Produktionssystems der Gesamtsumme der allozierten Umweltwirkungen aller Produktgruppen entsprechen. Anderenfalls würde das Allokationsverfahren die Ergebnisse verändern und irreführende Interpretationen verursachen.

2.1.2 Weitere Bewertungsmethoden für die landwirtschaftliche Produktion

Neben der Ökobilanz existieren zahlreiche weitere Bewertungsmethoden und Tools. Meist haben diese einen bereits definierten Rahmen (Systemgrenzen) und einen deutlichen Fokus auf bestimmte Wirkungskategorien wie den Klimawandel bzw. den CO_2-Fußabdruck des Produktes (engl. *product carbon footprint*, PCF). Basierend auf einer Meta-Analyse von Colomb et al. (2013) bietet FAO (2017) eine interaktive Klassifizierung solcher Tools an. Aktuelle Tools, wie der EU Carbon Calculator (Tuomisto et al. 2015), sind darin nicht enthalten. Mit solchen Tools wird oft nicht der Lebenszyklus einzelner Produkte (Produktsysteme, engl. *cradle-to-grave*), sondern vielmehr die Produktionssysteme (Produktionsprozess ggf. mehrerer Produkte, engl. *cradle-to-(farm)gate*) analysiert. Meistens sind die Analyseergebnisse auf die Produktionsflächen (Flächenskaliert) bezogen - nur wenige der zahlreichen Tools weisen ihre Ergebnisse produktbezogen (Produktskaliert) aus: u. a. EU Carbon Calculator (Tuomisto et al. 2015), Cool Farm Tool (2011).

Für die Berechnungen eines CO_2-Fußabdrucks müssen unterschiedliche Treibhausgase (u. a. Methan, Lachgas) aufgrund ihres spezifischen Treibhausgaspotenzials (GWP) in Relation zum Treibhausgaspotenzial von Kohlendioxid gesetzt werden. Durch GWP-Faktoren werden die Gase entsprechend gewichtet. Aktuelle GWP-Faktoren nach IPCC (2007) betragen 25 für Methan- und 298 für Lachgasemissionen. Die verschiedenen Gase werden zu einem Gesamtindex in CO_2-Äquivalent (CO_2-Äq.) aggregiert und damit die gesamthafte Wirkung auf das Klima ausgedrückt.

Landwirtschaftliche Produktion interagiert neben der Atmosphäre mit den übrigen Umweltmedien und übt entsprechende Wirkungen auf den Boden (Erosion, Humus, Nährstoffe etc.) und das Wasser (Frischwasserverbrauch, Nitratbelastung des Grundwassers etc.) aus (vgl. Seufert und Ramankutty 2017). Des Weiteren ist der Einfluss der Landwirtschaft auf die gesamte Biodiversität (genetische Variabilität innerhalb der Arten, Artenvielfalt und Vielfalt der Ökosysteme) sehr bedeutend (vgl. Dudley und Alexander 2017).

Mit dem modular aufgebauten Betriebs- und Bilanzierungsmodell REPRO (Hülsbergen 2003) können diese Aspekte zunehmend berücksichtigt werden. REPRO ist mit dem Ziel der Umweltbewertung landwirtschaftlicher Produktion in Deutschland entwickelt und vielfach unter Praxisbedingungen erprobt worden. Anhand wissenschaftlicher Erkenntnisse aus mehrjährigen Feldversuchen und zahlreichen Fallstudien (u. a. Küstermann et al. 2010; Siebrecht 2010; Küstermann et al. 2013; Frank 2014; Schmid und Hülsbergen 2015) wird das Modell kontinuierlich weiterentwickelt.

Die Bewertung landwirtschaftlicher Betriebssysteme erfolgt im Modell REPRO (Hülsbergen 2003) anhand ökologischer Nachhaltigkeitsindikatoren im Rahmen eines Systemansatzes. Damit können Produktionsprozesse auf der Teilschlagebene bis hin zur gesamten Betriebsebene bilanziert und wissenschaftlich bewertet werden. Unterschiedliche Methoden der Humusbilanzierung ermöglichen dabei eine Abschätzung der Dynamik von Bodenkohlenstoff und anderen Nährstoffen, die sich aus der unterschiedlichen Bewirtschaftung landwirtschaftlich genutzter Böden ergeben.

Ganzheitliche Ansätze, u. a. Produktlinienanalyse (Eberle 2001), RISE (Häni et al. 2003), zielen über die ökologische Bewertung hinaus und beziehen ökonomische und soziale Aspekte in ihre Nachhaltigkeitsanalyse mit ein. FAO (2014) hat darüber hinaus ein eigenes Tool zur Bewertung der Nachhaltigkeit entwickelt und zieht zusätzlich „Good Governance" als 4. Säule der Nachhaltigkeit in die Analyse hinzu.

Vor diesem Hintergrund ist es naheliegend, in der Ökobilanz bestimmte Nachhaltigkeitsbereiche auf Kosten von anderen Wirkungskategorien höher zu priorisieren (vgl. u. a. Rockström et al. 2009; Steffen et al. 2015). Aufgrund der zahlreichen Kritik an jedem Ansatz gibt es folglich keine „vollumfängliche" und „allseits akzeptierte" sowie „stets anwendbare" Methodik zur Bewertung landwirtschaftlicher Umweltwirkungen. Bereits für die Analyse des Energieeinsatzes sowie der energetischen Bewertung von Erträgen landwirtschaftlicher Produktion sind vielzählige Methoden anwendbar (vgl. Zegada-Lizarazu et al. 2010). Aus diesem Grund sollte die Bewertungsmethode der konkreten Fragestellung sowie dem aktuellen Stand der Forschung so gut wie möglich entsprechen. Für die Fragestellung der vorliegenden Arbeit ist eine möglichst objektive und genau quantifizierte Emissionshöhe für Mineraldüngung erforderlich, da diese einen dominierenden Einfluss auf den Vergleich der Treibhausgasbilanzen der Pflanzenbausysteme haben kann.

2.1.3 Variabilität von Emissionsfaktoren stickstoffhaltiger Mineraldünger

Hülsbergen et al. (2001) berichten, dass die Energiebilanz der untersuchten Pflanzenbausysteme im Wesentlichen von der Stickstoffzufuhr abhängt, sofern mineralisch gedüngt wird. Unter den Mineraldüngern erfordert die Stickstoffsynthese den höchsten Energieaufwand und geht entsprechend mit höheren THG-Emissionen einher (vgl. Lal 2004a).

Zur Einordung der Unterschiede innerhalb verschiedener Stickstoffdünger sind tiefergehende Kenntnisse zu unterschiedlichen Reaktionsmöglichkeiten und Energieeinsparpotenzialen hinsichtlich der Herstellung von Stickstoff notwendig. Erschwerend kommt die Tatsache hinzu, dass in Deutschland über 180 Düngemittelprodukte zugelassen sind (Knittel et al. 2012). Für die Abbildung der Variabilität möglicher Emissionsfaktoren[3] erfolgte daher eine Eingrenzung auf jene Dünger mit dem größten Marktanteil in Deutschland. Die Identifikation der bedeutendsten Stickstoffdünger erfolgte anhand deutschlandweiter Statistiken zur Düngemittelanwendung im Wirtschaftsjahr 2012/2013 (Destatis 2013). In Tabelle 1 werden diese Düngemittel mit ihren typischen Nährstoffgehalten und ihren internationalen Bezeichnungen näher spezifiziert.

---

[3] Dies sind Charakterisierungsfaktoren in der Wirkungskategorie „Klimawandel". Mit diesem Faktor wird z.B. die in einem Produktionssystem verwendete Menge des Produktionsmittels „Stickstoffdünger" multipliziert, um die Treibhausgasemissionen im vorgelagerten Bereich der Landwirtschaft einzuschätzen. Die Verwendung hoher Emissionsfaktoren kann die Ergebnisse der Umweltbewertung dahingehend beeinflussen, dass die Systeme, die keinen synthetischen Stickstoff verwenden, vorteilhafter erscheinen. Bei niedrigen Emissionsfaktoren kann das Gegenteil bewirkt werden. Unter diesen Bedingungen wurde ein unabhängiges Forschungsergebnis angestrebt.

Tabelle 1: Stickstoffhaltige Mineraldünger mit dem größten Marktanteil in Deutschland

Bezeichnung	Handelsbezeichnung	Möglicher Nährstoffgehalt
Kalkammonsalpeter (KAS)	Calcium ammonium nitrate (CAN)	27 % N; 10 % Ca
Harnstoff	Urea	46 % N
Ammonium-Harnstoff-Lösung (AHL)	Urea-Ammonium Nitrate (UAN)	30 - 32 % N
Mehrnährstoffdünger	NPK	15 % N; 15 % P_2O_5; 15 % K_2O
Diammonphosphat	DAP	18 % N; 46 % P_2O_5

Um die in der Literatur berichteten Emissionsfaktoren für obige Düngemittel vergleichen zu können, wurden diese wie folgt konvertiert:

1. Zunächst wurde über den ursprünglichen GWP-Faktor in der jeweiligen Literaturquelle die Menge an Methan und Lachgas ermittelt. Diese Mengen wurden anhand der aktuell gültigen GWP-Faktoren nach IPCC (2007) zu aktuellen CO_2-Äquivalenten umgerechnet.
2. Anstelle der häufigen Bewertungsbasis „1 kg Düngerprodukt" wurden obige Gesamtemissionen in CO_2-Äquivalenten auf 1 kg N skaliert. Dies ermöglichte einen direkten Vergleich der Emissionshöhe ausgewählter Düngerprodukte, wobei die spezifischen Nährstoffgehalte stets berücksichtigt wurden.
3. Bei Mehrnährstoffdüngern wurden die Emissionen für die Herstellung von P und K anteilig ermittelt und von der Emissionshöhe für das Gesamtprodukt abgezogen, um eine Emissionshöhe ausschließlich für 1 kg N zu ermitteln.

Abbildung 1 stellt die Emissionshöhe der konvertierten Literaturwerte für die oben beschriebenen Stickstoffdünger dar.

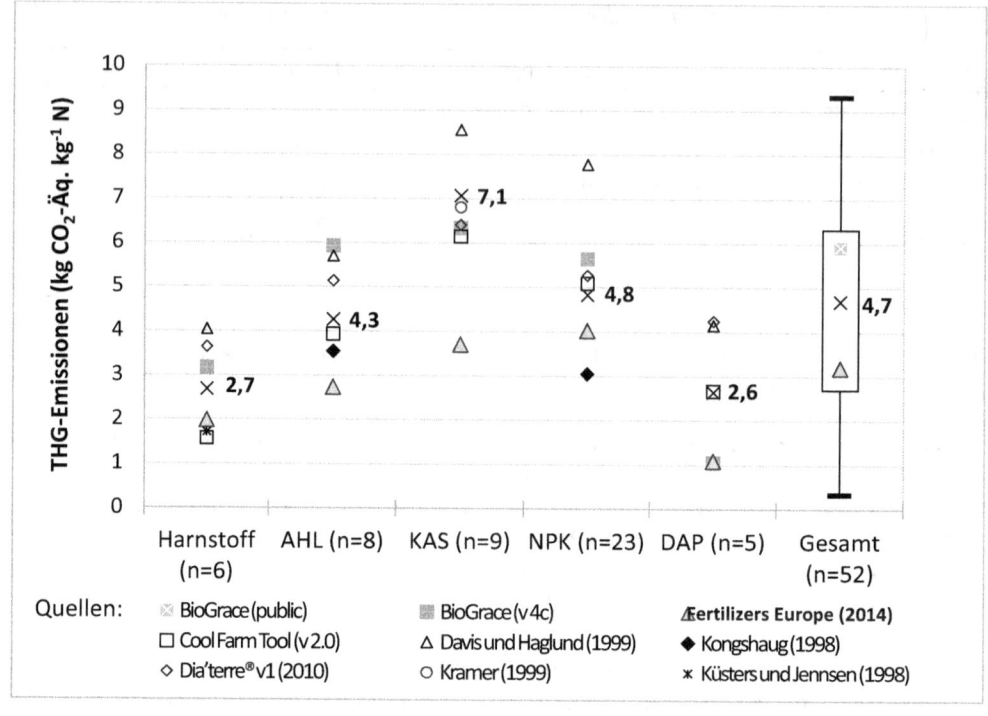

Bildquelle: eigene Ergebnisse

Abbildung 1: Treibhausgasemissionen der stickstoffhaltigen Mineraldünger

Für die Berechnung der mittleren Emission[4] von Treibhausgasen (Zahlen rechts von x) wurden „n" Literaturwerte[5] berücksichtigt. Die mittleren Literaturwerte liegen meist zwischen den Werten von BioGrace (2013; Versionen 4c & public) und Fertilizers Europe (2014). Eine Ausnahme von dieser Tendenz stellen die Werte für Diammonphosphat (DAP) und Kalkammonsalpeter (KAS) dar. Um einen Emissionsfaktor für unspezifische stickstoffhaltige Mineraldünger zu erhalten, wurde ein Gesamtmittelwert über alle Literaturwerte der ausgewählten Düngerprodukte gebildet. Dazu mussten die Daten von den anteiligen THG-Emissionen der übrigen Nährstoffe in Mehrnährstoffdüngern bereinigt werden. Dies betrifft u. a. den Phos-

---

[4] Eine weitere Differenzierung der ermittelten Emissionshöhe in Abhängigkeit vom Stand der Produktionstechnik, den verwendeten Energieträgern (Erdgas vs. Kohle) sowie weiteren Einflussfaktoren war im Rahmen des Exkurses in der vorliegenden Arbeit nicht möglich.

[5] Werte von Küsters und Jennsen (1998, zit. nach Wood und Cowie 2004) waren nicht verfügbar und konnten nicht überprüft werden. Werte von Dia'terre (2010 zit. nach ACCT 2013) werden im AgriClimateChange-Projekt (ACCT 2013) als Datenquelle verwendet. Diese Daten waren ebenfalls über die Webseite von Dia'terre nicht zugänglich und konnten demzufolge nicht überprüft werden.

phor im Diammonphosphat, dessen Anteil an den Gesamtemissionen mit Hilfe der „allgemeinen Werte" in BioGrace (2013; Vers. public) berechnet und abgezogen wurde. In Tabelle 2 werden ergänzend zur Abbildung 1 spezifische Emissionsfaktoren abgeleitet und die Standardabweichung der Emissionshöhe ausgewählter Mineraldünger dargestellt.

Tabelle 2: Mittlere Emissionsfaktoren für die Herstellung stickstoffhaltiger Mineraldünger

Düngerprodukt	Anzahl Werte	Mittlerer Emissionsfaktor (kg CO_2-Äq. kg^{-1} N)	Standard -abweichung
Harnstoff	6	2,7	(± 1,0)
Ammonium-Harnstoff-Lösung (AHL)	8	4,3	(± 1,3)
Kalkammonsalpeter (KAS)	9	7,1	(± 1,7)
NPK	23	4,8	(± 2,5)
Diammonphosphat (DAP)	5	2,6	(± 1,4)
Gesamtmittelwert	**52***	**4,7**	**(± 2,4)**

Quelle: eigene Berechnungen; *Im Gesamtmittelwert ist ein „allgemeiner" Emissionsfaktor aus der Quelle BioGrace (2013, Vers. public) enthalten.

Die niedrigsten Emissionsfaktoren wurden für Diammonphosphat und Harnstoff ermittelt. Den höchsten Emissionsfaktor hatte Kalkammonsalpeter (KAS). Literaturwerte zu NPK prägten dabei maßgeblich die Höhe des Gesamtmittelwerts sowie die Standardabweichung. Der mittlere Emissionsfaktor für Stickstoffdünger lag bei 4,7 kg CO_2-Äq. kg^{-1} N.

2.2 Erträge ökologischer und konventioneller Landwirtschaft

In den vergangenen Jahren sind zahlreiche Studien zu Ertragsunterschieden zwischen ökologischen und konventionellen Pflanzenbausystemen erschienen. Seufert et al. (2012) stellen ihre Ergebnisse in Ertragsrelationen vor. Dabei werden konventionelle Erträge als Referenzertrag auf 1 gesetzt (entspricht 100 %) und ökologische Erträge in Relation zum konventionellen Ertrag dargestellt.

Ponti et al. (2012) betrachten das konventionelle Ertragsniveau als standortbedingtes Ertragspotenzial und bezeichnen daher die Ertragsunterschiede zwischen ökologischen und konventionellen Erträgen als „Ertragslücke" (engl. *yield gap*). Ertragsmaximierende Maßnahmen, wie gentechnische Eingriffe, könnten diese „Lücke" weiter vergrößern (Qaim 2016). Andererseits können ertragssteigernde Maßnahmen im Ökologischen Landbau diese Lücke reduzieren. Folglich sind Ertragsrelationen nicht konstant.

Die besondere Relevanz der Erträge für die Umweltwirkungen der Landwirtschaft ergibt sich durch deren Einfluss auf alle Effizienzparameter: Stickstoffeffizienz, Energieeffizienz sowie produktbezogene Emissionen (Lin und Hülsbergen 2017; Hülsbergen und Rahmann 2015).

Die Ertragshöhe kann mit unterschiedlichen methodischen Ansätzen auf verschiedenen Skalenebenen erfolgen, wie z. B. in Feldversuchen im Freiland, unter kontrollierten Bedingungen in Gefäßversuchen oder unter Praxisbedingungen. Zunehmend werden mehrdimensionale Versuche zur Abbildung landwirtschaftlicher Produktionssysteme auf feldexperimenteller

Ebene durchgeführt. Jacobs et al. (2016) überprüfen anhand von Daten eines Systemversuchs bei Göttingen die Eignung von Zuckerrüben als Alternative zum Silomaisanbau. In diesem Versuch wurden die Effekte der Fruchtfolgegestaltung und der Düngung berücksichtigt. Heyer et al. (2009) berichten von einem Vergleich ökologischer und integrierter Betriebssysteme hinsichtlich ihrer Wirkung auf Biodiversität anhand des Feldexperiments Systemversuch[6] Bad Lauchstädt. Neben der unterschiedlichen Bewirtschaftung (ökologisch vs. konventionell, Marktfrucht vs. Gemischtbetrieb) wurde in diesem Versuch auch die Bodenbearbeitung als weiterer Einflussfaktor berücksichtigt. Einer der bekanntesten Feldversuche zur Untersuchung der langjährigen Ertragsbildung unter ökologischen und konventionellen Anbaubedingungen ist der DOK-Versuch (FiBL und Bio Suisse 2016) in der Schweiz. Die Ergebnisse des DOK-Versuchs werden in nahezu jeder Meta-Studie zum Systemvergleich ökologischer und konventioneller Pflanzenbausysteme berücksichtigt.

Eine wichtige Ergänzung zu den wissenschaftlichen Feldexperimenten stellen betriebliche Fallbeispiele dar. Sie können der einfachen Erprobung neuer Produktionssysteme in der landwirtschaftlichen Praxis gleichen oder mit Wiederholungen gestaltet sein, um wissenschaftlichen Anforderungen zu genügen (engl. *On-Farm-Research*). Im Systemversuch Scheyern erfolgt seit 1992 eine „On-Farm"-Untersuchung, wobei die landwirtschaftliche Nutzfläche des bisher einheitlich bewirtschafteten Betriebes in zwei etwa gleich große Betriebsteile geteilt wurde, die seither ökologisch und konventionell bewirtschaftet werden (Reents et al. 2008). Küstermann et al. (2013) untersuchen auf diesem On-Farm-Versuch den Einfluss unterschiedlicher Bodenbearbeitung auf die Ertragsbildung, Lachgasflüsse und die Treibhausgasbilanz. Weitere On-Farm-Versuche in Deutschland sind u. a. das Intex-Projekt bei Göttingen (Moerschner und Gerowitt 1998) sowie der hessische Systemversuch in Herleshausen-Willershausen (Gödecke et al. 2016).

Eine der umfangreichsten Untersuchungen von ökologischen und konventionellen Praxisbetrieben führen Hülsbergen und Rahmann (2013, 2015) durch. Aktuelle Ergebnisse aus diesem Projekt zeigen, dass die ökologischen und konventionellen Marktfruchtbetriebe in Deutschland bei der Produktion von Winterweizen eine Ertragsrelation in Höhe von 0,44 aufweisen. In den Milchviehbetrieben ist die Ertragsrelation im Winterweizen mit 0,50 etwas enger. Die Ertragsrelationen[7] auf der Ebene der Fruchtfolgen in Getreideeinheiten, basierend auf Erträgen sämtlicher Fruchtarten, beträgt 0,42 bei Marktfruchtbetrieben und 0,60 bei Milchviehbetrieben (Hülsbergen und Rahmann 2015).

---

[6] Dieser Versuch wurde in Bad Lauchstädt nicht weitergeführt, weshalb die Ergebnisse des Systemversuchs Viehhausen mit diesen Versuchsergebnissen nicht verglichen werden können.

[7] Hierbei ist zu berücksichtigen, dass die Erträge der konventionellen Pilotbetriebe auf sehr hohem Niveau liegen. Die Ertragsrelationen werden stets vom konventionellen Referenzsystem beeinflusst.

Länderübergreifende Meta-Studien berichten von deutlich günstigeren Ertragsrelationen: Seufert et al. (2012) berechnen eine Ertragsrelation in Höhe von 0,75[8] anhand von 316 Vergleichsergebnissen. Ponti et al. (2012) zeigen eine Ertragsrelation von 0,8[9] bei einem Datensatz mit 362 Vergleichspaaren auf. Dies bedeutet, dass unter ökologischen Anbaubedingungen die Erträge sämtlicher Fruchtarten weltweit 20 - 25 % niedriger liegen als unter konventionellen Anbaubedingungen.

In beiden Studien hat die Fruchtartengruppe einen signifikanten Einfluss auf die Höhe der Ertragsrelation. Auch die Anbauregion führt laut Ponti et al. (2012) zu signifikanten Unterschieden in den Ertragsrelationen. Eine weitere Meta-Studie mit dem bisher größten Datenumfang von 1071 Vergleichswerten zeigt eine Ertragsdifferenz in Höhe von 19,2 % auf (Ponisio et al. 2014b). Neben der engeren Ertragsrelation (0,81) gegenüber obigen Meta-Studien, erscheint die Abwesenheit von signifikanten Unterschieden zwischen Regionen oder Fruchtartengruppen bemerkenswert.

2.3   Treibhausgasemissionen der Pflanzenbausysteme

2.3.1   Emissionsursachen und Minderungspotenziale

Nach Rockström et al. (2016) können rund 1000 Gt CO_2-Äq. ausschlaggebend für das Ziel einer Begrenzung der Erderwärmung auf unter 2°C sein – die Erfolgschance liegt bei lediglich 50 %, wenn verfügbare und künftige Klimaschutzmaßnahmen ergriffen werden. Aus diesem Grund legen Rockström et al. (2016) eine zeitnahe Dekarbonisierung aller Wirtschaftszweige nahe. Smith et al. (2015) berichten von landwirtschaftlichen Emissionen auf globaler Ebene in Höhe von rund 10 Gt CO_2-Äq. pro Jahr. Emissionen in Folge von Landnutzungsänderungen[10] haben dabei eine Größenordnung von ca. 5 Gt CO_2-Äq. pro Jahr und damit den größten Anteil. Den nächstgrößeren Beitrag haben die Methanemissionen (CH_4) aus der enterogenen Fermentation, die vor allem auf die Milchviehhaltung zurückzuführen sind. Auf die Pflanzenbausysteme entfallen die Emissionen in Form von Lachgas (N_2O). Klimaschädlich sind auch die Methanemissionen beim Reisanbau. Nachfolgend werden die für die Pflanzenbausysteme in Deutschland bedeutendsten Treibhausgasemissionen und deren Minderungsoptionen beschrieben.

---

[8] 95 %-Konfidenzintervall [0,71; 0,79] (Seufert et al. 2012)

[9] 95 %-Konfidenzintervall: [0,778; 0,822] eigene Berechnung anhand der Angaben von Ponti et al. (2012)

[10] In Deutschland relevante Landnutzungsänderungen sind zum einen der Umbruch von Dauergrünland zu Ackerland. Zum anderen sind es die langjährigen Auswirkungen landwirtschaftlicher Nutzung organischer Böden (Trockenlegung von Mooren).

2.3.1.1 N-Düngung und Lachgasemissionen landwirtschaftlich genutzter Flächen

Lachgas (N_2O) ist ein Treibhausgas (THG), das in Folge von mikrobieller Aktivität im Boden (Mineralisationsprozesse) entsteht und in die Atmosphäre entweicht. Durch menschliche Aktivitäten (Stickstoffdüngung zu landwirtschaftlich angebauten Kulturen, Bodenbewässerung, Bodenbearbeitung etc.) kann die Höhe dieser natürlichen Emissionen zunehmen (Smith et al. 2007).

Die methodischen Grundlagen und Daten für die Berechnung sämtlicher Emissionen aus der deutschen Landwirtschaft werden vom Thünen-Institut veröffentlicht (Haenel et al. 2016). Die Lachgasemissionen werden entsprechend dem neuesten Stand des Wissens und nach aktuellen internationalen Standards (Smith et al. 2015) kalkuliert. Als Datengrundlage (Erträge, Flächenbedarf etc.) dienen für den nationalen Klimabericht aktuelle Statistiken auf Bundes- und teils auf Landesebene (Destatis 2016b). Neueste wissenschaftliche Erkenntnisse führten u. a. zu einer Änderung der GWP-Faktoren. Eine methodische Neuerung in IPCC (2006) war u. a. der Ausschluss von biologischer N_2-Fixierung, da mit diesem Vorgang nicht länger N_2O-Emissionen assoziiert wurden und die Freisetzung von N aus dem Abbau von organischer Bodensubstanz anderweitig zu berücksichtigen ist. Eine weitere methodische Änderung ist die Höhe des Emissionsfaktors für N_2O: Der Faktor sollte nun nicht mehr 1,25 %, sondern 1 % der zugeführten N-Menge betragen, die schließlich als direkte Lachgasemissionen aus dem Boden in die Luft entweichen. Der Unsicherheitsbereich für mittleren Emissionsfaktor von 1 % wird in IPCC (ebd.) mit 0,3 - 3 % angegeben.

Der Berechnungsstandard für einzelbetriebliche Klimabilanzen in der deutschen Landwirtschaft weicht von IPCC (2006) ab und verwendet zur N_2O-Berechnung verschiedene Emissionsfaktoren aus eigenen Berechnungen an, u. a. 1,35 % für N in Wirtschaftsdüngern (KTBL 2016). Diese methodische Abweichung in den N_2O-Emissionsfaktoren hat aufgrund des höheren GWP-Faktors für Lachgas in CO_2-Äq. eine erhebliche Größenordnung zur Folge: Bei einer Düngung von 100 kg N ha^{-1} bewirkt dies eine Erhöhung der geschätzten Emissionen um 104,3 kg CO_2-Äq. ha^{-1}.

Spezifische Emissionsfaktoren werden in zahlreichen N_2O-Flussmessungen auf landwirtschaftlichen Flächen unter verschiedenen Standortbedingungen ermittelt. In einer Analyse anhand von mehrjährigen N_2O-Messungen an fünf Standorten in Deutschland schlussfolgern Kaiser und Ruser (2000), dass der Standort einen größeren Einfluss auf die N_2O-Emissionen hat als die gedüngte N-Menge. Dies bestätigen aktuelle N_2O-Flussmessungen von Hagemann et al. (2015): Der Einfluss von Standort und Jahreswitterung überlagert deutlich die Effekte von Düngung und Fruchtart. Des Weiteren stellen Kaiser und Ruser (2000) fest, dass die an 5 Standorten in Deutschland gemessenen Lachgasemissionen nicht anhand der N-Zufuhr geschätzt werden können, da trotz zunehmender N-Zufuhr die Ausgleichsgerade nahezu parallel zur x-Achse verläuft. Daraus folgt, dass der N-Input keinen signifikanten Einfluss auf die N_2O-Emissionen ausübt. Aus diesem Grund sollten bewirtschaftungsbedingte Unterschiede in der Lachgasemission nach Möglichkeit an einem Standort untersucht werden, an dem auch die Jahreswitterung gleichermaßen auf die Versuchsvarianten einwirken würde.

IPCC gibt jedoch vor, die Lachgasemissionen anhand des N-Inputs abzuschätzen (siehe oben, Smith et al. 2007). Zuvor gab es jedoch Autoren, die die biogenen Treibhausgasemissionen (auch N_2O-Flüsse) aus der Treibhausgasbilanz für landwirtschaftliche Produktionssysteme ausgeschlossen hatten. Röver et al. (2000) begründen dies wie folgt:

„Es ist üblich, die Emissionen auf den zugeführten Stickstoff zu beziehen. Dabei liegt ein erhebliches Problem in der Verwendung ungedüngter Bezugsflächen [Kontroll-Variante, 0-N Parzellen]. Die Wirkung einer Stickstoffzufuhr zu landwirtschaftlichen Nutzflächen tritt nicht nur im Jahr der Zufuhr auf. Daher sind langfristig ungedüngte Vergleichsflächen für korrekte Bezüge genauso erforderlich, wie langjährige konstante Bewirtschaftungsweisen. Dies ist bei bisher vorliegenden Studien zur N_2O-Emission nicht gegeben. [...] Die international besetzten Expertengremien [des IPCC] haben [in ihrer Richtlinie des Jahres 1997] unter ausdrücklichem Hinweis auf die eingeschränkte Quellenlage ein Abschätzungsverfahren entwickelt, das keine Differenzierung nach Anbauverfahren, Wirtschaftsweisen, Bodengüten oder angebauten Feldfrüchten versucht.

[...]

Ein in dieser Studie angestrebter Vergleich der konventionellen und ökologischen landwirtschaftlichen Produktion läßt sich daher nur durch den Versuch der Übertragung bisher bekannter Zusammenhänge aus dem konventionellen Bereich auf die ökologische Wirtschaftsweise ableiten. Die Bewertung beruht größtenteils auf Annahmen und Vermutungen und nicht auf exakten Werten. Da die Verwertung solcher Informationen nicht der naturwissenschaftlichen Vorgehensweise entspricht, konnten die biogenen Schadgasemissionen in den Kalkulationen dieser Studie (Kapitel 9) nicht berücksichtigt werden (Röver et al. 2000).

In den letzten 20 Jahren wurden die Schätzmethoden sowie die Datengrundlage für N_2O-Flächenemissionen nicht wesentlich verbessert. Auch wenn die Messtechnik dazu weiterentwickelt wurde, bestehen auch heute die oben beschriebenen Probleme mit den Referenzflächen und der Notwendigkeit konstanter Bewirtschaftung.

Abweichend von dem Schätzverfahren nach IPCC (2006) weisen Groenigen et al. (2010) in Abhängigkeit vom N-Saldo folgende produktbezogene N_2O-Emissionen aus: 15 kg N_2O-N pro Tonne N im Ernteprodukt werden auch ohne jeglichen N-Input emittiert. Eine weitere N-Zufuhr mit dem Ziel der Ertragssteigerung führt zu keinem signifikanten Unterschied zwischen den produktbezogenen Lachgasemissionen und dem Anbau ohne N-Düngung.

Skinner et al. (2014) versuchen, die N_2O-Flussmessungen nach der Wirtschaftsweise zu bewerten und kommen in ihrer Meta-Studie zu der Schlussfolgerung, dass unter ökologischen Anbaubedingungen um 12 kg CO_2-Äq. höhere THG-Emissionen pro Tonne Produkt gemessen werden. Ab einer Ertragsrelation größer als 0,83 wären die produktbezogenen Emissionsunterschiede nicht mehr signifikant. Anhand der flächen- und produktbezogenen Angaben der beiden Vergleichsgruppen „organic" vs. „non-organic" betrug die mittlere Ertragsrelation 0,80 (eigene Berechnung, vgl. ebd.). In ihrer methodischen Diskussion zeigen sie höhere Emissionsfaktoren zur Abschätzung der N_2O-Flüsse unter ökologischen Anbaubedingungen auf. Damit wurde die Vermutung von Röver et al. (2000) bestätigt, dass die Beobachtungen der N_2O-Flüsse in konventionellen Pflanzenbausystemen nicht auf ökologische Pflanzenbausysteme übertragbar sind. Kausal könnte eine höhere mikrobielle Aktivität in ökologisch bewirtschafteten Böden (vgl. Mäder et al. 2002) die Prozesse der Nitrifikation und Denitrifikation im Boden verstärken. Andererseits könnten die höheren Emissionsfaktoren für die ökologische Wirtschaftsweise auf der geringeren N-Zufuhr und der höheren Diskontinuität der N-Zufuhr beruhen (siehe 5.1.5).

Jedenfalls wird anhand der Studie von Skinner et al. (2014) deutlich, dass auf ökologischen Flächen der in IPCC (2006) angegebene Unsicherheitsbereich von 0,3 bis 3 % des am N-Input orientierten Schätzverfahrens überschritten werden könnte. Eine weitere Differenzierung nach Standortbedingungen fehlt weiterhin, obwohl frühzeitig festgestellt wurde, dass der Standort bei den Emissionsflussmessungen den Einfluss der Bewirtschaftung überlagert (vgl. Kaiser und Ruser 2000; Hagemann et al. 2015). Bei der Abschätzung der N_2O-Emissionen besteht folglich weiterer Forschungs- und Entwicklungsbedarf.

Trotz dieser enormen Unsicherheiten erscheint dennoch eine Abschätzung der Lachgasemissionen mit der Standardmethode nach IPCC (2006) aus folgenden Gründen zielführend: Einerseits können anhand der Abschätzungen mögliche Maßnahmen zur Emissionsreduktion abgeleitet und umgesetzt werden, auch wenn die Methode mit erheblichen Fehlern behaftet ist bzw. wesentliche Einflussfaktoren unberücksichtigt bleiben. Andererseits ermöglicht eine einheitlich verwendete Methodik eine höhere Transparenz und Vergleichbarkeit der Bewertungsergebnisse verschiedener Studien (u. a. zu Klimaschutzmaßnahmen).

Eine mögliche Minderungsoption von N_2O-Emissionen kann die Ausbringung nitrifikationshemmender Stoffe auf landwirtschaftlich genutzten Böden sein (vgl. Gaßner 2014). Allerdings ist diese Option im Rahmen der vorliegenden Arbeit und im Systemversuch Viehhausen nicht näher untersucht worden.

2.3.1.2 Bewirtschaftungsabhängige Bodenkohlenstoffveränderungen

Der größte Einfluss auf die Veränderungen im Bodenkohlenstoffvorrat geht von den Landnutzungsänderungen[11] (engl. *Land Use Change*, LUC) aus (Smith et al. 2015). Speziell die indirekten Landnutzungsänderungen werden vorwiegend im Zusammenhang mit Bioenergie diskutiert (Leopoldina 2013; TFZ 2016a). WBAE und WBW (2016) schlagen vor, dass bei allen Klimaschutzaktionen, wie Verzicht auf tierische Lebensmittel oder Ausweitung des Ökologischen Landbaus, entsprechende LUC-Effekte einkalkuliert werden. Für die Klimaberichterstattung ist es zielführend, die nationalen Emissionsursachen zu überwachen und die Wirksamkeit von Klimaschutzmaßnahmen nachzuweisen. Das Thünen-Institut hat hierzu mit der Bodenzustandserhebung für Landwirtschaft ein flächendeckendes Monitoring der C_{org}-Vorräte für deutsche Böden etabliert (Jacobs et al. 2018). Aufgrund der enormen Kosten für den

---

[11] Sie werden in direkte (engl. *direct land use change*, dLUC) und indirekte Landnutzungsänderungen (engl. *indirect land use change*, iLUC) eingeteilt.

hohen Messaufwand können sich nur die reicheren Industrienationen solch ein Monitoringsystem leisten (vgl. Smith 2004).

Anhand der C_{org}-Vorräte wird der Humus im Boden, auch oft als organische Bodensubstanz (OBS) bezeichnet, charakterisiert. Als Humus wird nur die Biomasse im Boden angesehen, die sich bereits in verschiedenen Stadien der Kompostierung befindet (FAO 2013). Körschens (2010) betont, dass der Humus im vergangenen Jahrhundert eine entscheidende Rolle spielte, als die Ertragsbildung nicht von der Mineraldüngung beeinflusst war. Damals wurde die Ertragswirkung von Humus einerseits durch die Nährstoffwirkung und andererseits durch bodenverbessernde Effekte erklärt. Die FAO (2013) weist daraufhin, dass insbesondere der Bodenkohlenstoff[12] (C_{org}) auch heute einen hohen Einfluss auf die biologische Resilienz eines Agrar-Ökosystems ausübt. Der positive Einfluss von Humus auf nahezu alle Bodeneigenschaften ist u. a. in VDLUFA (2014) beschrieben. Die Erhaltung und Förderung eines standorttypischen Humusgehalts landwirtschaftlich genutzter Böden ist in Deutschland einer der Grundsätze guter fachlicher Praxis in der Landwirtschaft, um die Bodenfruchtbarkeit und dessen Leistungsfähigkeit nachhaltig zu sichern (§17 (2) Nr. 7 BBodSchG).

Brock et al. (2013) weisen darauf hin, dass die Humusbilanzierung unterschiedliche Ziele verfolgen kann: Die Humusbilanzen für ökologische Ziele benötigen einen möglichst präzisen Bezug zur tatsächlichen Veränderung der Humusvorräte im Boden, während agrar-ökonomische Humusbilanzen auf den Erhalt oder eine Verbesserung der Humusgehalte abzielen, ohne dabei die Veränderungen im C_{org}-Gehalt präzise quantifizieren zu müssen.

Don (2018) berichtet anhand von Daten aus der aktuellen Bodenzustandserhebung (vgl. Jacobs et al. 2018), dass der C_{org}-Vorrat[13] in landwirtschaftlich genutzten Böden in Deutschland bei 2,4 Milliarden t C_{org} (0 - 0,9 m Tiefe) liegt. Rund 35 % der Humusvorräte sind im Unterboden (0,3-1 m) lokalisiert. Folglich befinden sich 65 % der Vorräte im Oberboden (0 - 0,3 m), die durch landwirtschaftliche Maßnahmen positiv oder negativ beeinflusst werden können.

Neben den gegebenen Faktoren wie den Standortbedingungen und den Humus-Ausgangsgehalten kann die Entwicklung der C_{org}-Vorräte in Ackerböden über die Fruchtfolgegestaltung (Anteil humuszehrender und -mehrender Fruchtarten), die Düngung (Menge und Qualität der organischen Substanz) und den anbauspezifischen Humusbedarf beeinflusst werden (Leithold et al. 2007; VDLUFA 2014; TFZ 2016a). Darüber hinaus hat die Art der Landnutzung einen bedeutenden Einfluss auf den Humusgehalt: Moorböden enthalten rund fünfmal höhere

---

[12] Im Humus bzw. der organischen Bodensubstanz in Mineralböden wird meist ein C_{org}-Gehalt von 58 % angenommen.

[13] In Abhängigkeit von der Substanzklasse variieren die C_{org}-Gehalte und weisen im Humus einen mittleren Anteil von ca. 50 - 58 % auf. Daraus folgt ein Umrechnungsfaktor für gemessene C_{org}-Gehalte von 1,724. Aufgrund von Ton- und Karbonatgehalten im Boden bestehen jedoch enorme Schwierigkeiten bei der analytischen Bestimmung der OBS, weshalb Faktoren von 1,4 bis 3,3 ebenfalls in der Literatur vorkommen (vgl. Körschens 2010).

C_{org}-Vorräte als Ackerböden. Auch Grünlandflächen weisen ca. 30 bis 40 % mehr C_{org}-Vorräte als Ackerböden auf. Insgesamt sind 48 % der C_{org}-Vorräte[14] in Deutschland auf landwirtschaftlich genutzten Böden gespeichert (Jacobs et al. 2018; Don 2018).

Im Kontext mit dem Klimawandel wird das Potenzial zur CO_2-Speicherung in landwirtschaftlich genutzten Böden (C-Sequestrierung) unterschiedlich eingeschätzt (Körschens 2010; Poeplau und Don 2015; Hülsbergen und Rahmann 2015). Ein Aufbau der Humusvorräte kann beispielsweise dadurch erreicht werden, indem der Ackerbau auf eine humusmehrende Bewirtschaftung (u. a. Kleegras in Hauptfruchtstellung) umgestellt wird (Frank et al. 2015). Ob es zu einem neuen Fließgleichgewicht zwischen humusaufbauenden und -abbauenden Prozessen im Boden kommt, hängt vom Ausmaß solcher Bewirtschaftungsänderungen ab, wobei dieser Anreicherungsprozess viele Jahrzehnte dauern kann (Johnson et al. 1995). Eine Abnahme der Humusgehalte – insbesondere im Kontext mit der Bioenergieerzeugung – muss zwingend vermieden werden, da die seit Jahrzehnten und Jahrhunderten in Böden gespeicherten C-Mengen in solch einem Fall zu einer zusätzlichen CO_2-Quelle werden können (Bryzinski 2016b; TFZ 2016a). Wirksame Handlungsempfehlungen sind erst nach einzelbetrieblichen Bewertungen mithilfe von Humusbilanzen, nach Möglichkeit in Kombination mit Messungen der C_{org}-Gehalte, möglich (vgl. ebd.).

Mit Humusbilanzen lassen sich jedenfalls die Humusvorräte im Boden nicht quantifizieren. Sie ermöglichen jedoch eine Abschätzung des Einflusses aktueller landwirtschaftlicher Aktivität auf den schützenswerten C_{org}-Vorrat im Boden (Hülsbergen 2003). Damit sind folglich Aussagen darüber möglich, ob ein landwirtschaftliches Produktionssystem zum Erhalt, Auf- oder Abbau der Humusvorräte beiträgt. Es bestehen jedoch methodische Unterschiede bei der Humusbilanzierung, die auf unterschiedlichen Bewertungsmaßstäben beruhen (Leithold et al. 2007). Je nach Ansatz basieren die Humusbilanzparameter auf wissenschaftlichen Erkenntnissen aus Dauerfeldversuchen, in denen der Einfluss von Fruchtarten und -folgen sowie der Düngung auf die Bodenkohlenstoffvorräte untersucht wurde. Laut Brock et al. (2013) gibt es jedoch kein Referenzsystem, welches die Ergebnisse unterschiedlich komplexer Humusbilanzmethoden validieren könnte.

Gegenüber der statischen Humuseinheiten-Methode (Leithold et al. 1997) veranschaulichen Leithold et al. (2015) einen ertragsabhängigen Ansatz für die Humusbilanzierung, der in REPRO (Hülsbergen 2003) als „dynamische Humusbilanz" bereits implementiert ist. Dabei werden neben dem Ertragsniveau auch Standortbedingungen (Bodenart und -güte) sowie die organische und mineralische Düngung berücksichtigt.

Frühere Humusbilanzmethoden, u. a. nach Cross-Compliance bzw. VDLUFA (2004), wurden anhand konventioneller Anbaubedingungen konzipiert und führten zu Fehleinschätzungen in der Nährstoffversorgung auf ökologisch bewirtschafteten Flächen. Höhere Humusbedarfswerte unter ökologischen Anbaubedingungen, wie durch Leithold et al. (2015) begründet,

---

[14] Dies entspricht in etwa einer doppelten C_{org}-Menge, die in der sichtbaren Vegetation aller Wälder in Deutschland gespeichert ist (vgl. Don 2018).

werden in der dynamischen Humusbilanz mit REPRO bereits angewendet. Basierend auf aktuellen wissenschaftlichen Erkenntnissen enthält die aktuelle Humusbilanzmethode (VDLUFA 2014) einen zusätzlichen Bewertungsansatz und spezifische Humusbedarfskoeffizienten für den Ökologischen Landbau.

Mit den oben beschriebenen Ansätzen wird das Ziel zur langfristigen Erhaltung der Bodenkohlenstoffvorräte verfolgt, um agronomische Nachteile bzw. ökonomische Verluste zu vermeiden (Brock et al. 2013). Ökologisch ausgerichtete Ansätze wie CANDY (Franko et al. 1995) und CCB (Franko et al. 2011) verfolgen primär das Ziel, die Veränderungen der C_{org}-Gehalte im Boden zu quantifizieren. Modelle wie HU-MOD (Brock 2009) und STAND (Kolbe 2010) vereinen ökonomische und ökologische Ansätze und können die C_{org}-Vorräte in Abhängigkeit von Bewirtschaftungsveränderungen bzw. -einflüssen, teils unter Berücksichtigung der N-Mineralisation und des C-Inputs aus Wurzelmasse und Ernterückständen, abschätzen.

Für die Fragestellung der vorliegenden Arbeit bleibt festzuhalten, dass die derzeitigen C_{org}-Vorräte in landwirtschaftlich genutzten Böden eine hohe Relevanz für den Klimaschutz darstellen. Unabhängig davon, mit welcher Methode die Bodenkohlenstoffveränderungen geschätzt und/oder gemessen werden, entscheidend für die nachhaltige Landnutzung sind die daraus abgeleiteten und vom Betriebsmanagement umsetzbaren Handlungsempfehlungen, um die C_{org}-Vorräte (C-Sequestrierung, Humusaufbau) zu erhalten oder anzureichern. Werden diese Empfehlungen konsequent umgesetzt, so erreicht laut Lal (2004b) die Zuwachsrate der organischen Bodensubstanz ihr Maximum nach 5 - 20 Jahren und geht gegen null bis sich ein neues, standortabhängiges Fließgleichgewicht zwischen den Auf- und Abbauprozessen der organischen Bodensubstanz einstellt (Senkensättigung, siehe 5.2.2.2).

Bei der Betrachtung der Böden als eine CO_2-Senke sind die Zeiträume, in denen der akkumulierte Kohlenstoff im Boden als organische Bodensubstanz gespeichert werden kann, entscheidend. Sollte sich ein neues Fließgleichgewicht auf einem standortabhängigen Maximum der Humusvorräte einstellen, so wäre nach Lykov et al. (1984 zit. nach Leithold et al. 2007) eine zusätzliche Zufuhr an organischer Substanz notwendig, um diesen Humusvorrat zu erhalten. Jedenfalls ist die C-Sequestrierung reversibel und sollte daher nicht für Kompensationszwecke von CO_2-Emissionen angerechnet werden (Smith 2004). Unabhängig davon sollten bewirtschaftungsabhängige Bodenkohlenstoffveränderungen stets betrachtet und in die ökonomische Entscheidungsfindung der landwirtschaftlichen Unternehmen einfließen.

2.3.2 Produktbezogene Treibhausgasemissionen

Gómez et al. (2010) und Carvajal et al. (2010) quantifizieren die Bindung von CO_2 via Fotosynthese der Kulturpflanzen und schlussfolgern daraus, dass die landwirtschaftliche Produktion netto eine CO_2-Senke sei. Hardi (2003) stellt vergleichbare Bilanzen im Winterweizen für Bayern auf. In diesem Zusammenhang ist jedoch die Verweildauer des Kohlenstoffs in entsprechenden „Senken" entscheidend. Gómez et al. (2010) differenzieren hierbei zwischen Wurzeln und Produkten, die der Atmosphäre kurz- oder langfristig CO_2 entziehen würden.

Laut UNFCCC (2009) stellt eine temporäre Speicherung von CO_2 keine Senke im globalen Kohlenstoffkreislauf dar (vgl. Öko-Institut e.V. 2016; UNFCCC 2015).

Jedenfalls hängt die landwirtschaftliche Produktion mit Treibhausgasemissionen zusammen, die in Folge der Verwendung fossiler Energieträger (CO_2-Emisisonen), der Tierhaltung (CH_4-Emissionen) und der mikrobiellen Aktivität im Boden (N_2O-Emissionen) zunächst unvermeidbar sind. Darüber hinaus können die bewirtschaftungsbedingten Veränderungen im Bodenkohlenstoff (siehe 2.3.1.2) eine CO_2-Freisetzung oder eine CO_2-Speicherung bedeuten (vgl. Küstermann et al. 2008a).

Anhand landwirtschaftlicher Emissionen im Nationalen Inventarbericht (UBA 2016a) und der Brutto-Bodenproduktion im statistischen Jahrbuch (BMEL 2015) liegt die produktbezogene Emissionshöhe bei 572 kg CO_2-Äq. t^{-1} GE im Jahr 2014. Allerdings umfasst diese Emissionshöhe auch Methanemissionen aus der Tierhaltung. Ebenso sind darin die importierten Futtermittel und inländische Flächen der Futterproduktion für Produkte tierischen Ursprungs enthalten. Ausschließlich auf den Pflanzenbau bezogene Emissionswerte pro t Produkt sind daher mit obigen Werten nicht vergleichbar.

Kramer et al. (1999) geben eine Emission von 307 kg CO_2-Äq. t^{-1} Sommerweizen und 399 kg CO_2-Äq. t^{-1} Winterweizen in den Niederlanden an. Sie verwenden ältere Methoden zur Abschätzung der N_2O-Emissionen sowie veraltete GWP-Faktoren. Produktbezogene THG-Emissionen unter ökologischen Anbaubedingungen sind nicht Gegenstand ihrer Untersuchung.

Einer der ersten Vergleiche zwischen ökologischen und konventionellen Anbausystemen hinsichtlich deren Erträge, Energieaufwände und Treibhausgasemissionen beruht auf nationalen Statistiken der 90er Jahre in Deutschland. Murphy et al. (2000) berücksichtigen hierbei auch den Vorleistungsbereich, d.h. den mit den Betriebsmitteln der Anbausysteme einhergehenden Primärenergieaufwand und die Treibhausgasemissionen. In Abbildung 2 wurden die Daten von Murphy et al. (2000) grafisch dargestellt und um eigene Berechnungen der Ertragsrelationen ergänzt.

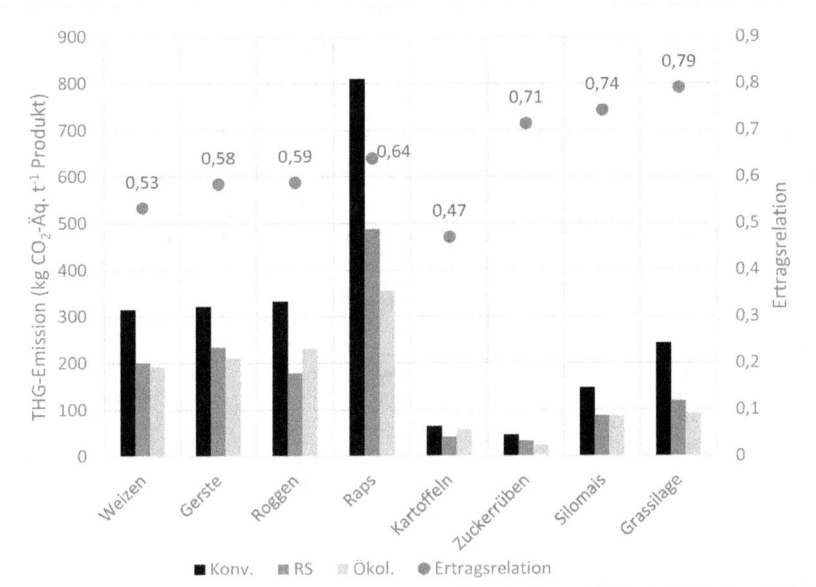

Quelle: Murphy et al. (2000), eigene Darstellung[15]

Abbildung 2: *Produktbezogene Treibhausgasemissionen in Deutschland angebauter Fruchtarten*

Für Weizen, Gerste und Roggen kalkulieren Murphy et al. (2000) unter konventionellen Bedingungen eine produktbezogene Treibhausgasemission etwas oberhalb von 300 kg CO_2-Äq. t^{-1} Produkt, die im Ökologischen Landbau (ÖkoL) etwa um 33 % niedriger (Emissionsrelation von 0,6 - 0,7, Abbildung 3) ausfällt. Die schlechteste produktbezogene THG-Bilanz wurde für die konventionelle Produktion von Winterraps (810 kg CO_2-Äq. t^{-1} Produkt) ermittelt, welche im Ökologischen Landbau um mehr als die Hälfte (354 kg CO_2-Äq. t^{-1} Produkt) niedriger ist, jedoch gegenüber anderen Fruchtarten ebenfalls auf einem sehr hohen Niveau liegt.

Die Werte von Kramer et al. (1999) liegen zwar in einer vergleichbaren Größenordnung wie bei Murphy et al. (2000), zu beachten sind jedoch einige methodische Unterschiede: Die Ergebnisse von Murphy et al. (2000) schließen Emissionen in Form von Lachgas aufgrund hoher methodischer Unsicherheiten (siehe 2.3.1.1) aus der Bilanz aus. Dagegen erfolgt bei Hirschfeld (2008) eine Abschätzung der Lachgasemissionen, allerdings ausschließlich für die Fruchtart Winterweizen, woraus geschlussfolgert wird, dass ähnliches auch für andere Fruchtarten gilt. Die nachfolgende Analyse der Daten von Murphy et al. (2000) widerlegt jedoch diese These, da die relative Emissionsdifferenz durch die fruchtartenspezifische Er-

---

[15] Konv.: Konventioneller Landbau; RS: Ressourcen schonend; Ökol: Ökologischer Landbau

tragsrelation zu 65 % erklärt werden kann (Abbildung 3). Wie in Abschnitt 2.2 bereits beschrieben, können zwischen unterschiedlichen Fruchtarten bedeutende Unterschiede in der Ertragsrelation bestehen.

Die produktbezogenen THG-Emissionen der ökologischen und konventionellen Produktion können ebenso wie die entsprechenden Erträge zueinander in Relation (Konv. = 100 %) gesetzt werden. Damit kann der Zusammenhang zwischen Ertragsrelation und den Unterschieden in den produktbezogenen Treibhausgasemissionen besser untersucht werden (Abbildung 3).

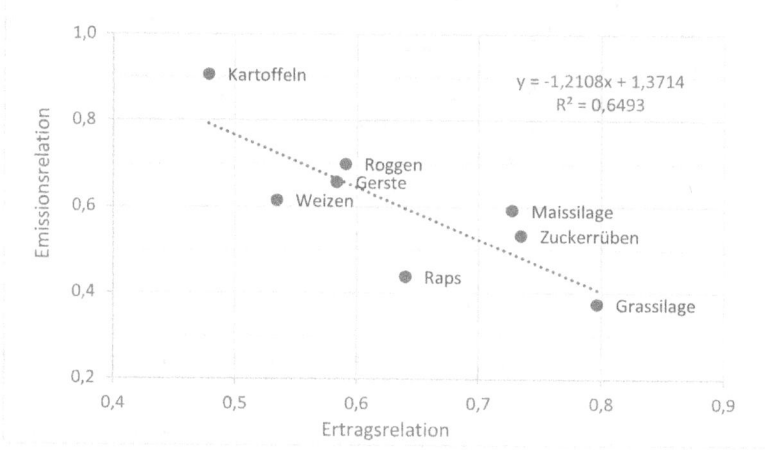

Quelle: Murphy et al. (2000), eigene Darstellung

Abbildung 3: Zusammenhang zwischen fruchtartenspezifischen Emissions- und Ertragsrelationen

Der Zusammenhang zwischen Ertrags- und Emissionsrelationen ist in den Daten von Murphy et al. (2000) deutlich ($R^2 > 0,60$). Dieser Zusammenhang legt die Schlussfolgerung nahe, dass auf die Anwendung klimarelevanter Betriebsmittel, wie die mineralische Düngung oder die fossilen Energieträger (Häufigkeit der Arbeitsgänge), umso mehr verzichtet werden könnte, je besser eine Fruchtart auch ohne diese Betriebsmittel bzw. Maßnahmen eine günstige Ertragsleistung erbringt.

Anhand der Ergebnisse von Murphy et al. (2000) werden beim ökologischen Kartoffelanbau produktbezogen etwa 10 % weniger Treibhausgase emittiert. Allerdings verringert sich dadurch die Erntemenge[16] je Flächeneinheit um 53 %. Folglich wäre eine deutlich größere

---

[16] Die Ertragsverhältnisse für Kartoffeln, die Murphy et al. (2000) verwenden, sind ungünstiger als aktuellere Ertragsstatistiken für Bayern (vgl. LfL 2018): die aktuelle Ertragsrelation für Speisekartoffeln beträgt im

Fläche (2,13 statt 1 ha) nötig, um eine vergleichbare Erntemenge zu produzieren. Der höhere Flächenbedarf des Ökologischen Landbaus limitiert folglich die potenzielle Emissionsreduktion, die mit einer verstärkten Umstellung auf den Ökologischen Landbau verbunden wäre (Murphy und Heinemeyer 2000).

Anders verhält es sich bei Silomais und Grassilage. Diese Fruchtarten erzielen[17] unter ökologischen Anbaubedingungen 74 - 79 % des Ertrags konventioneller Systeme. Der Flächenbedarf zur Produktion einer theoretisch-konstanten Produktmenge würde um 27 - 35 % (1,27 bzw. 1,35 statt 1 ha) ansteigen. Dies kann bedeuten, dass durch den Anbau dieser Fruchtarten im Ökologischen Landbau mindestens[18] 60 % der produktbezogenen Treibhausgasemissionen eingespart werden könnten, wenn der Flächenbedarf der Grassilage- und der Maisproduktion um 27 - 35 % zunehmen könnte. Wie auf nationaler Ebene ein höherer Flächenbedarf zu Gunsten eines effektiven Klimaschutzes kompensiert werden könnte, beschreibt u. a. Hirschfeld (2008).

Jedenfalls bestehen innerhalb der ökologischen und konventionellen Bewirtschaftung bedeutende Unterschiede (siehe Konv. vs. RS in Abbildung 2), die einzelbetriebliche Bewertungen erfordern (Küstermann et al. 2008a). Nach Betriebsstrukturen differenzierte Analyseergebnisse für ökologische und konventionelle Betriebssysteme (Pilotbetriebe) in Deutschland[19] berichten Hülsbergen und Rahmann (2015): Die flächenbezogenen THG-Emissionen im Pflanzenbau konventioneller Pilotbetriebe liegen im Mittelwert mit mehr als 50 % deutlich über den Emissionen der ökologischen Pilotbetriebe (888 vs. 401 kg CO_2-Äq. ha^{-1}). Dies hängt mit dem Einsatz von mineralischen Stickstoffdüngern zusammen, womit auch die um 44 % (1049 vs. 727 kg CO_2-Äq. ha^{-1}) höheren Emissionen im konventionellen Marktfruchtbau gegenüber den konventionellen Gemischtbetrieben erklärt werden (vgl. ebd.). Weshalb die ökologischen Marktfruchtbetriebe um 52 % höhere Flächenemissionen (484 vs. 318 kg CO_2-Äq. ha^{-1}) gegenüber ökologischen Gemischtbetrieben aufweisen, wird nicht näher erläutert. Erwartungsgemäß haben jedoch ökologische Gemischtbetriebe den höheren Aufwand im Pflanzenbau, vor allem wegen der Düngung mit organischen Düngern, aber auch aufgrund der tendenziell höheren Erträge.

Bei produktbezogenen Gesamtemissionen im Pflanzenbau der Pilotbetriebe stehen die Systeme in folgender Relation zueinander: Bei Gemischtbetrieben sind die produktbezogenen

---

Mittel 0,579 und variiert je nach Jahreswitterung zwischen 0,524 und 0,694. Bei Zuckerrüben ist die Situation umgekehrt – hier liegt die aktuelle Ertragsrelation anhand der Daten für Bayern (ebd.) im Mittel bei 0,63 (0,62 - 0,64). Diese Differenzen würden die Höhe der THG-Emissionen pro t Produkt verändern.

[17] Die Datengrundlage von Murphy et al. (2000) spiegelt lediglich mittlere Verhältnisse einer zeitlich begrenzten Stichprobe wider – die Ertragsrelationen können erheblich schwanken in Abhängigkeit von Standort, Jahreswitterung, Düngungs- und Intensitätsniveau.

[18] Die Lachgasemissionen nach N-Düngung sind in dieser Datenquelle gänzlich unberücksichtigt.

[19] Diese Ergebnisse sind mit den Analysen von Murphy et al. (2000) nicht vergleichbar, da anstelle der Bewertung auf der Fruchtartenebene die Bewertung auf der Systemebene im Vordergrund steht.

THG-Emissionen (mit C-Sequestrierung) um 45 % niedriger für den Ökologischen Landbau (180 vs. 330 kg CO_2-Äq. t^{-1} GE). Im Mittelwert der Marktfruchtbetriebe sind die produktbezogenen THG-Emissionen im Ökologischen Landbau um 8,8 % (310 vs. 340 kg CO_2-Äq. t^{-1} GE) niedriger (Hülsbergen und Rahmann 2015).

Obwohl diese Ergebnisse aus dem Netzwerk der Pilotbetriebe im Thünen-Report 65 (Sanders und Heß 2019) zitiert werden, kommt das Autorenkollektiv zu der gesamthaften Einschätzung, dass der Ökologische Landbau bei produktbezogenen (ertragsskalierten) Betrachtungen „vergleichbare" Klimaschutzleistungen erbringt. Möglicherweise hängt diese Einschätzung mit der Diskussion um die Anrechnung von C-Sequestrierungsleistungen in der THG-Bilanz landwirtschaftlicher Produktion zusammen (vgl. UBA 2008, siehe 5.2.2.2).

3 Material und Methoden

3.1 Systemversuch Viehhausen

3.1.1 Versuchsstandort

Der Systemversuch wurde im Herbst 2009 in der Versuchsstation Viehhausen der Technischen Universität München (Landkreis Freising) als ein Dauerfeldversuch angelegt. Die Versuchsstation Viehhausen liegt 480 m ü. NN im südlichen Tertiär-Hügelland. Die Versuchsparzellen wurden auf einem Schlag mit weitgehend homogenen Bodeneigenschaften angelegt. Der Schlag hat eine leichte Hangneigung (3 %) nach Nordosten, die auf alle Parzellen des Versuchs gleichermaßen einwirkt.

Obermeier (1998) charakterisiert den Versuchsstandort bodenkundlich wie folgt: Die Ackerzahl beträgt 61 Punkte; der dominierende Bodentyp ist eine pseudovergleyte Parabraunerde (sLL) aus Löß; die vorherrschende Bodenart ist schluffiger Lehm (Lu).

Der Alp-Horizont (Oberboden) ist 27 - 35 cm mächtig und hat eine dunkelbraune Färbung. Der Gehalt an organischer Bodensubstanz ist mit 1,8 % im Oberboden am höchsten (Tabelle 3). Die Grenze zum nachfolgenden Bt-Horizont ist durch das Pflügen geradlinig ausgeprägt und deutlich erkennbar. Der Übergang zum Bv-Horizont ist dagegen fließender und beginnt ab 75 cm Tiefe.

Tabelle 3: Bodeneigenschaften der Versuchsfläche in Viehhausen

Bodenparameter	Einheit	Alp-Horizont Tiefe: 0 - 30 cm	Bt-Horizont 30 - 75 cm	Bv-Horizont > 75 cm
Ton (< 2 µm)	%	21	30	21
Schluff (2 - 630 µm)	%	64	59	63
Sand (630 - 2 000 µm)	%	15	12	16
Lagerungsdichte	g cm^{-3}	1,45	1,48	1,60
Effektive Kationenaustauschkapazität (KAK$_{eff}$)	cmol kg^{-1} Boden	9,6	13,7	13
Organische Bodensubstanz (OBS)	%	1,8	0,6	0,3
Organisch gebundener Kohlenstoff (C$_{org}$)[20]	%	1,07	0,35	0,60
pH-Wert		5,8	5,9	6,0
P$_2$O$_5$	mg 100 g^{-1} Boden	8	2	1
K$_2$O	mg 100g^{-1} Boden	20	11	6

Quelle: Eigene Auswertungen anhand der Daten von Obermeier (1998)

Die nutzbare Feldkapazität (250 - 275 mm) mit einem effektiven Wurzelraum von 1,3 m ist hoch, während die Luftkapazität eher auf mittlerem Niveau (7,5 - 8 %) liegt.

Die Jahresmitteltemperatur beträgt im dreißigjährigen Mittel[21] 7,8°C, wobei die Jahresniederschlagsmenge bei 786 mm liegt. Die Niederschlagsverteilung sowie die mittleren Temperaturen in den relevanten Versuchsjahren werden in Tabelle 4 und Tabelle 5 dem langjährigen Mittel gegenübergestellt. Die Datenherkunft der Wetterdaten ist die Messstation der Bayerischen Landesanstalt für Landwirtschaft, die sich in unmittelbarer Nähe der Versuchsfläche befindet. Der verwertbare Datensatz umfasst 14 Jahre (2000 bis 2013). Die Wetterdaten wurden anhand von Konfidenzintervallen (95 und 99 %, zweiseitig) des vorliegenden Datensatzes beurteilt. Hierbei wurden über- und unterdurchschnittliche Monatswerte (warm, kalt, feucht, trocken) identifiziert. Extreme Mittelwerte der einzelnen Monate, die außerhalb des 99 %-Konfidenzintervalls lagen, wurden mit „sehr kalt", „sehr feucht" etc. bezeichnet. Wenn sowohl die Temperatur als auch die Niederschlagssituation im selben Monat außerhalb des

---

[20] In den benachbarten Versuchsparzellen der LfL (Castell et al. 2016) wurde 1998 ein C$_{org}$-Gehalt im Oberboden in Höhe von 1,12-1,16 % ermittelt.

[21] Obermeier (1998) gibt für den Zeitraum 1951-1980 einen mittleren Niederschlag von 797 mm und eine mittlere Temperatur von 7,5°C an. Dies weist daraufhin, dass es eine Verschiebung im Mittelwert der langjährigen Daten gibt, nämlich eine geringere Niederschlagsmenge bei gleichzeitig angestiegener Temperatur.

95 %-Konfidenzintervalls lag, so wurde diese Kombination in der vorliegenden Arbeit als ein „Witterungsextrem" bezeichnet.

Die höchsten und niedrigsten Temperaturmittelwerte bzw. Niederschlagssummen im betrachteten Versuchszeitraum sind als Extremwerte in Tabelle 4 und Tabelle 5 hervorgehoben. Beim Niederschlag wurden beide Extremwerte im Jahr 2011 verzeichnet, während die Temperatur im Februar 2012 am niedrigsten und im Juli 2013 am höchsten war. Auffällig ist, dass in allen drei Jahren die Niederschläge im Juni stets sehr hoch waren.

Das Jahr 2011 hatte die meisten Ereignisse, die unter- oder überdurchschnittlich waren. Lediglich die Monate Januar und März entsprachen den durchschnittlichen Werten. Im Februar traten kaum Niederschläge auf, der April war sehr warm und der Mai sehr trocken. Im Juli regnete es sehr viel; dieser Sommermonat war sehr kühl. Im August war es trocken und im September sehr warm. Der Oktober war trocken. Das Jahr endete mit einem sehr trockenen und kalten November, gefolgt von einem sehr warmen und sehr feuchten Dezember.

Das Wetter blieb sehr feucht und sehr warm, auch im Januar 2012. Der Februar hatte dagegen sehr wenig Niederschlag und war der kälteste Monat im betrachteten Zeitraum. Im März blieb es bei den geringeren Niederschlägen und es wurde sehr warm. Die Monate Juni, August und Dezember waren in diesem Jahr sehr feucht. Die restlichen 6 Monate waren für den Witterungsverlauf an diesem Standort eher repräsentativ.

Die Ergebnisse im Jahr 2013 waren in 6 Monaten durchschnittlich, wobei das Jahr in der restlichen Zeit von Witterungsextremen geprägt war: Im Februar war es kalt - mit sehr viel Niederschlag. Der März war sehr kalt und hatte wenig Niederschlag. Die Monate Mai und Juni waren beide sehr kalt und sehr feucht. Die Niederschlagsmenge im Juli war sehr niedrig, wobei die höchste Temperatur der betrachteten Versuchsjahre in diesem Monat gemessen wurde. Ein weiteres Witterungsextrem wurde im Dezember aufgrund der warmen und sehr trockenen Witterung in diesem Jahr verzeichnet.

Für das Pflanzenwachstum bzw. die Ertragsbildung ist neben der Temperatur- und Niederschlagsverteilung insbesondere die Dauer der Vegetationsperioden entscheidend. Im langjährigen Mittel umfasst die Vegetationsperiode am Versuchsstandort 239 Tage. In den Jahren 2011 und 2012 waren es 241 bzw. 245 Vegetationstage. 2013 war die Vegetationsperiode mit 225 Tagen um 14 Tage kürzer als im langjährigen Mittel (davon 13 Tage im März und April).

Tabelle 4: Monatliche Temperaturmittelwerte der Jahre 2011 bis 2013 gegenüber mehrjährigen Temperaturmittelwerten (2000 bis 2013) am Versuchsstandort Viehhausen (°C)

	2011	2012	2013	$\bar{x}$ 2000 - 2013	s_x 2000 - 2013
Januar	-0,6	0,8	-0,3	-1,0	2,14
Februar	0,4	-4,4*	-1,8	0,2	2,88
März	4,8	6,0	1,1	4,2	1,35
April	11,0	8,7	8,5	9,2	1,47
Mai	13,8	14,1	11,4	13,8	1,39
Juni	16,2	16,9	15,3	17,0	1,53
Juli	15,8	18,1	19,7*	18,0	1,27
August	18,3	18,2	17,8	17,7	1,57
September	14,7	13,3	13,2	13,1	1,51
Oktober	8,1	7,9	9,4	8,7	1,58
November	2,6	4,5	3,9	3,6	1,40
Dezember	2,8	0,6	1,1	0,0	1,56
$\bar{x}$	9,0	8,7	8,3	8,7	

*Der niedrigste bzw. der höchste Monatswert in betrachteten Versuchsjahren

Tabelle 5: Monatliche Niederschlagssummen der Jahre 2011 bis 2013 gegenüber mehrjährigen Niederschlagssummen (2000 bis 2013) am Versuchsstandort Viehhausen (mm)

	2011	2012	2013	$\bar{x}$ 2000 - 2013	s_x 2000 - 2013
Januar	46,0	105,7	62,7	50,9	31,1
Februar	15,1	14,4	66,5	36,4	15,4
März	56,5	15,4	35,4	63,0	36,7
April	32,7	50,0	40,6	54,4	37,7
Mai	58,6	68,7	133,2	86,9	30,8
Juni	147,5	136,7	159,6	101,2	38,6
Juli	175,6*	117,5	17,2	113,1	45,8
August	76,2	170,0	99,7	100,6	35,7
September	92,1	57,9	90,0	68,7	39,5
Oktober	37,3	42,9	69,5	55,4	22,4
November	1,4*	69,7	54,7	53,5	29,0
Dezember	102,3	83,1	11,5	59,6	24,8
∑	841,3	932,0	840,6	843,8	

*Der niedrigste bzw. der höchste Monatswert in betrachteten Versuchsjahren.

3.1.2 Versuchsdesign

Im Systemversuch Viehhausen werden sechs Pflanzenbausysteme feldexperimentell geprüft, um deren langfristige Wirkungen auf Böden, Pflanzen und Umwelt zu analysieren. Der Schwerpunkt liegt dabei auf einem möglichst vollständigen und langfristigen Vergleich zwischen ökologischen und konventionellen Systemen. Die Unterschiede zwischen vier ökologischen Pflanzenbausystemen stehen stärker im Fokus, während konventionelle Pflanzenbausysteme im Versuch in zwei Varianten abgebildet werden.

Drei der Pflanzenbausysteme interagieren mit einer Milchviehhaltung über die organischen Dünger Mistkompost (ökologisch) und Gülle (ökologisch und konventionell). Die übrigen drei Systeme bilden einen viehlosen Marktfruchtbau ab, mit mineralischer Düngung (konventionell), einer Gründüngung (ökologisch) sowie der Applikation von Gärresten (ökologisch). Die im Systemversuch geprüften Systeme unterscheiden sich des Weiteren durch:

- Die angepassten, systemtypischen Fruchtfolgen (3 Varianten),
    - o Leguminosen betonte Fruchtfolgen in ökologischen Pflanzenbausystemen
    - o hoher Getreideanteil und Winterraps in konventionellen Pflanzenbausystemen
    - o Silomaisanbau in Systemen mit Tierhaltung
- die unterschiedliche Ertragsverwertung (6 Varianten),
    - o Mulchnutzung von Luzerne-Kleegras im ökologischen Marktfruchtbau
    - o Strohernte in ökologischen Systemen (Stallmist: Einstreu im Stall; Biogas: Triticale als Co-Substrat oder Verkauf des Nebenprodukts Stroh)
    - o Düngung mit Maisstroh im konventionellen Marktfruchtsystem (Körnermais) vs. Silomaisernte im konventionellen Milchviehgüllesystem
- die systemkonforme Düngung (6 Varianten),
    - o Art und Menge der organischen Düngung (Tabelle 7)
    - o Gründüngung im ökologischen Marktfruchtbau
    - o mineralische Düngung im konventionellen Marktfruchtbau
    - o Kombination mineralischer und organischer Düngung im konventionellen Milchviehgüllesystem
    - o Gärrest-Düngung als Reststoffverwertung ökologischer Biogasproduktion
- den angepassten Pflanzenschutz,
    - o chemisch-synthetischer Pflanzenschutz und Verwendung von Wachstumsreglern in den konventionellen Systemen
    - o situative, mechanische Unkrautregulierung; indirekte Unkrautregulierung und phytosanitäre Wirkung von Leguminosen in ökologischen Systemen.

Die im Systemversuch Viehhausen abgebildeten Pflanzenbausysteme stellen jeweils eine spezifische Faktorenkombination dar, die in ihrer Gesamtheit wie ein einziger Faktor „Pflanzenbausystem" auf die Pflanzen und die Umweltmedien einwirken. Somit ist eine einfaktorielle Auswertbarkeit des Versuchs gegeben.

Bei der Versuchsanlage (Abbildung 4) handelt es sich um eine Blockanlage mit 30 Varianten (6 Systeme mit 5 Fruchtfolgefeldern) in 4 Blöcken (= 120 Parzellen). Die Parzellen (66 m²) sind ortsstabil, um langfristige Effekte der Pflanzenbausysteme erfassen zu können. Jede

Fruchtart der zweigliedrigen Fruchtfolgen wird jedes Jahr angebaut. Einflüsse wie Licht- und Windverhältnisse sowie Randeffekte wirken auf jedes Pflanzenbausystem durch die Blockbildung nahezu gleichermaßen ein.

Die Versuchsparzellen (Fruchtfolgefelder) sind 6 m breit und 11 m lang. Aus versuchstechnischen Gründen (wie Bodenbearbeitung und Aussaat) wurde in dieser Versuchsanlage auf eine vollständige Randomisierung verzichtet. Außerdem war es notwendig, ökologische und konventionelle Varianten zu gruppieren, um den Abstand zwischen den beiden Gruppen zu erhöhen. Diese Anordnung soll u. a. unbeabsichtigten Stoffeintrag (chemische Pflanzenschutzmittel und/oder Mineraldünger) in die Parzellen der ökologischen Pflanzenbausysteme verhindern (Abbildung 4).

		1. Block							2. Block							3. Block							4. Block						Länge (m)
Konv.	WW2 101	WR 102	RA 103	WW1 104	SM 105	WR 106	RA 107	WW1 108	KM 109	WW2 110	RA 111	WW1 112	SM 113	WW2 114	WR 115	WW1 116	KM 117	WW2 118	WR 119	RA 120	11
Konv.	WW2 81	WR 82	RA 83	WW1 84	KM 85	WR 86	RA 87	WW1 88	SM 89	WW2 90	RA 91	WW1 92	KM 93	WW2 94	WR 95	WW1 96	SM 97	WW2 98	WR 99	RA 100	11
Ökol.	AB 61	WR 62	LKG 63	WW 64	SM 65	WR 66	LKG 67	WW 68	SM 69	AB 70	LKG 71	WW 72	TR 73	AB 74	WR 75	WW 76	TR 77	AB 78	WR 79	LKG 80	11
Ökol.	AB 41	WR 42	LKG 43	WW 44	SM 45	WR 46	LKG 47	WW 48	TR 49	AB 50	LKG 51	WW 52	TR 53	AB 54	WR 55	WW 56	SM 57	AB 58	WR 59	LKG 60	11
Ökol.	AB 21	WR 22	LKG 23	WW 24	TR 25	WR 26	LKG 27	WW 28	TR 29	AB 30	LKG 31	WW 32	SM 33	AB 34	WR 35	WW 36	SM 37	AB 38	WR 39	LKG 40	11
Ökol.	AB 1	WR 2	LKG 3	WW 4	TR 5	WR 6	LKG 7	WW 8	SM 9	AB 10	LKG 11	WW 12	SM 13	AB 14	WR 15	WW 16	TR 17	AB 18	WR 19	LKG 20	11
Breite (m)	6	6	6	6	6	6	6	6	6	6	6	6	6	6	6	6	6	6	6	6	

Pflanzenbausysteme:
öMF: ökol. Marktfrucht
öMiG: ökol. Milchvieh-Gülle
öMiSt: ökol. Milchvieh-Stallmist
öBiG: ökol. Biogas-Gärrest
kMF: konv. Marktfrucht
kMiG: konv. Milchvieh-Gülle

Fruchtarten:
LKG: Luzerne-Kleegras
WW: Winterweizen
TR: Triticale
AB: Ackerbohne
WR: Winterroggen

WW1: Winterweizen nach Winterraps
WW2: Winterweizen nach Mais
KM: Körnermais
SM: Silomais
RA: Winterraps

Quelle: Hülsbergen et al. 2012, ergänzte Darstellung

Abbildung 4: Anlageschema des Systemversuchs Viehhausen

3.1.3 Versuchsablauf

Die agrotechnischen Maßnahmen der Pflanzenbausysteme sind in Tabellen A2, A3-1 und A3-2 dargestellt. Gegenstand des Feldexperiments sind Pflanzenbausysteme als Systemkomponenten der landwirtschaftlichen Betriebssysteme (siehe 3.1.4.1). Nachfolgend werden Fruchtfolgen und Düngung als differenzierende Hauptfaktoren der Pflanzenbausysteme näher beschrieben.

3.1.3.1 Fruchtfolgen

Die zweigliedrigen Fruchtfolgen haben jeweils fünf Fruchtfolgefelder (Tabelle 6). Im Ökologischen Landbau werden Leguminosen (Futter- und Körnerleguminosen) als Hauptfrüchte, aber auch als Zwischenfrüchte, in den Fruchtfolgen angebaut, um die Stickstoffversorgung durch symbiotische N_2-Fixierung zu gewährleisten. Neben der Stickstoffversorgung der Pflanzenbausysteme trägt der Anbau von Leguminosen u. a. zur Unkrautregulierung sowie zum Humusaufbau bei.

Im Systemversuch wird Luzerne-Kleegras in einjähriger Hauptnutzung angebaut. Der Anbau von Winterweizen erfolgt in den ökologischen Fruchtfolgen als erste Marktfrucht direkt nach Luzerne-Kleegras, um die positive Vorfruchtwirkung des Leguminosen-Anbaus maximal zu nutzen. In Pflanzenbausystemen mit Tierhaltung folgt nach Weizen der Anbau von Silomais, da Maissilage neben der Luzerne-Kleegras-Silage als Futter für die Milchviehhaltung innerbetrieblich verwertet wird. Aufgrund des Aussaattermins von Mais im Frühjahr bietet sich vor dieser Fruchtart ein Zwischenfruchtanbau an. In den Marktfruchtsystemen (ohne Tierhaltung) erfolgt alternativ zum Mais der Anbau von Triticale. Aufgrund des frühen Erntetermins von Wintertriticale erfolgt in diesen Fruchtfolgen der Zwischenfruchtanbau nach Triticale. Im Biogassystem (öBiG) wird das Stroh von Triticale ebenfalls geerntet. Dies ermöglicht bei der Modellierung eines entsprechenden Biogas-Modellbetriebes die Ertragsverwendung als Marktfrucht mit Verkauf des Nebenproduktes Stroh. Je nach Marktsituation besteht hier auch die Möglichkeit einer Ganzpflanzenverwertung als innerbetriebliches Substrat für die Biogasanlage. Ackerbohne wird in den ökologischen Systemen nach Triticale bzw. nach Mais als eine Körnerleguminose und weitere Marktfrucht angebaut. Die Fruchtfolgerotation endet mit dem Winterroggen als letzte Marktfrucht.

In konventionellen Systemen wird auf den Anbau von Leguminosen in der Hauptfruchtstellung verzichtet, da die Stickstoffzufuhr über mineralische Dünger möglich ist. Im 1. Fruchtfolgefeld wird in diesen Fruchtfolgen Winterraps angebaut und im 4. Fruchtfolgefeld (anstelle von Ackerbohne) erfolgt ein zusätzlicher Winterweizenanbau (Tabelle 6). Der Maisanbau wird entweder als Marktfrucht (Körnermais) im Marktfruchtsystem oder als innerbetrieblicher Futterpflanzenanbau (Silomais) im konventionellen Milchviehgüllesystem verwertet. In den ersten Jahren des Versuchs war nur eine Zwischenfrucht vor Mais und nach Triticale in entsprechenden Fruchtfolgen vorgesehen. Das verstärkt auftretende Aufkommen von Ausfallraps wurde nach dem Rapsanbau ab 2012 durch eine Ackerbohnen-Zwischenfrucht reduziert. Auch zur Prävention von Auswaschungsverlusten nach dem N-intensiven Rapsanbau erschien diese Maßnahme eine sinnvolle Optimierung der konventionellen Pflanzenbausysteme. Dadurch kam es jedoch zu einer Ungleichverteilung, sowohl in der Anzahl der Zwischenfrüchte in den Fruchtfolgen als auch in deren Zusammensetzung. Die Zwischenfrüchte wurden in ökologischen Systemen als Gemenge[22] aus legumen- und nichtlegumen Pflanzen angebaut, während in konventionellen Systemen ausschließlich eine legume Zwischenfrucht (Ackerbohne) angebaut wurde. Dies stellt eine geringfügige Begünstigung konventioneller Pflanzenbausysteme hinsichtlich der N_2-Fixierung beim Zwischenfruchtanbau dar. Die Aussaat von Luzerne-Kleegras in ökologischen Pflanzenbausystemen erfolgt als Untersaat nach dem zweiten Striegeln von Winterrogen. Dies kann mit dem Anbau einer Zwischenfrucht gleichgesetzt werden, weshalb in Tabelle 6 der Zwischenfruchtanbau auf 40 % der Ackerfläche in jedem Pflanzenbausystem angegeben wurde.

---

[22] Das Gemenge der Zwischenfrüchte setzte sich aus Ölrettich, Weißem Senf, Tillage Radish, Buchweizen, Sonnenblumen, Hafer, Phacelia, Alexandriner-Klee, Rauhafer, Leindotter und Öllein zusammen.

Tabelle 6: Fruchtfolgen und Ackerflächenverhältnisse im Systemversuch Viehhausen

	öMF	öMiG	öMiSt	öBiG	kMF	kMiG
1	Luzerne-Kleegras	Luzerne-Kleegras	Luzerne-Kleegras	Luzerne-Kleegras	Winterraps	Winterraps
					Zwischenfrucht	Zwischenfrucht
2	Winterweizen	Winterweizen	Winterweizen	Winterweizen	Winterweizen	Winterweizen
		Zwischenfrucht	Zwischenfrucht		Zwischenfrucht	Zwischenfrucht
3	Wintertriticale	Silomais	Silomais	Wintertriticale	Körnermais	Silomais
	Zwischenfrucht			Zwischenfrucht		
4	Ackerbohne	Ackerbohne	Ackerbohne	Ackerbohne	Winterweizen	Winterweizen
5	Winterroggen	Winterroggen	Winterroggen	Winterroggen	Winterroggen	Winterroggen
	Untersaat LKG	Untersaat LKG	Untersaat LKG	Untersaat LKG		
Ackerflächenverhältnisse (%)						
Leg.*	40 %	40 %	40 %	40 %		
Getreide	60 %	40 %	40 %	60 %	60 %	60 %
Raps					20 %	20 %
Mais		20 %	20 %		20 %	20 %
∑	100 %	100 %	100 %	100 %	100 %	100 %
ZwF*	20 %	20 %	20 %	20 %	40 %	40 %
Untersaat	20 %	20 %	20 %	20 %		
Tierbestand (GV ha^{-1})**						
Rind	0	0,61	1,3	0	0	0,56
N-Düngung (kg N ha^{-1} a^{-1})						
Org.	0	45	101	67	0	40

* Leg.: Leguminosen; ZwF: Zwischenfrucht;
** Die Versuchskonzeption orientierte sich an gleichgroßen Milchviehbeständen (0,75 GV ha^{-1}). Aufgrund von Abweichungen zwischen den angenommenen und in den organischen Düngern festgestellten Nährstoffgehalten (Tabelle A5) impliziert dies einen unterschiedlichen Viehbestand (Tabelle A4), mit dem die Pflanzenbausysteme jeweils interagieren.

3.1.3.2 Düngung

Wie in Abbildung 6 und Abbildung 7 dargestellt, hängt die Verfügbarkeit und Qualität der organischen Dünger in landwirtschaftlichen Betriebssystemen von den Systemkomponenten Tierhaltung und Biogasanlage sowie den jeweiligen Inputs ab. Nachfolgend werden daher zunächst die Grundannahmen hinsichtlich der Tierhaltungssysteme bzw. des Biogassystems beschrieben.

Im ökologischen Marktfruchtsystem wird das Luzerne-Kleegras als Gründünger verwertet. Entsprechende N$_2$-Fixierungsleistungen verbleiben dadurch vollständig auf der Fläche des Pflanzenbausystems. Im ökologischen Biogasgärrestsystem wird die Luzerne-Kleegras-Biomasse geerntet (Schnittnutzung), um sie einer energetischen Nutzung in einer Biogasanlage zu unterziehen. Eine Biogasanlage sollte nach dem besten Stand der Technik funktionieren und regelmäßig gewartet werden, wodurch nur geringfügige Stickstoffverluste im Biogasprozess sowie bei der Gärrestlagerung (luftdicht abgedeckt) entstehen sollten. Diese optimalen Bedingungen außerhalb der Pflanzenbausysteme wurden bei der modellhaften Abbildung der Stoffströme von Betriebssystemen angenommen.

In Systemen mit Tierhaltung verlässt Stickstoff zu einem Teil die Grenzen des Verwertungssystems über die tierischen Produkte wie Milch und Fleisch (Abbildung 6). Deshalb wird diesen Betriebssystemen ein geringerer Rückfluss an Stickstoff über den Wirtschaftsdünger in das Pflanzenbausystem unterstellt. Im Stallmistsystem wurde sowohl der Stickstoff in tierischen Exkrementen als auch im Einstreustroh bei der Berechnung des Stallmistanfalls berücksichtigt. Im konventionellen Milchviehsystem (kMiG) wurden mineralische und organische Düngemittel (Gülle) verwendet. Eine Kombination von Mineraldüngern und konventioneller Gülle erfolgte nur bei Winterraps und Silomais (Tabelle 7). Das Getreide im kMiG-System wurde wie im konventionellen Marktfruchtsystem ausschließlich mineralisch gedüngt.

Die Verfügbarkeit und der Einsatz organischer Dünger sollten dem Ertrags- und Leistungsniveau des gesamten Betriebssystems (Pflanzenbau und Tierhaltung) entsprechen und wären im weiteren Versuchsablauf bei Bedarf anzupassen. Bis zum Jahr 2015 blieb jedoch die Stickstoffzufuhr (Tabelle 7) nahezu unverändert.

Die im Versuch verwendeten Wirtschaftsdünger stammten aus Betrieben mit entsprechenden Produktionsrichtungen in der Umgebung von Freising. Die organischen Dünger wurden zeitnah zum Applikationstermin vom Praxisbetrieb abgeholt und zur Versuchsfläche der jeweiligen Fruchtart transportiert. Vor der Düngerapplikation wurden Proben zur Bestimmung[23] der Nährstoffgehalte im organischen Dünger entnommen.

Die Nährstoffgehalte der organischen Dünger (Tabelle A5) waren sehr variabel, denn die Nährstoffzusammensetzung unterlag zahlreichen Einflussfaktoren wie Fütterungsregime, Tierleistung, Haltungsbedingungen, Einstreumenge etc. Um die Applikationsmengen zu berechnen, wurden bei der Versuchsplanung mittlere Nährstoffgehalte angenommen. Die Ziel-Applikationsmengen wurden teils mit Abweichungen[24] erreicht (Tabelle 7). Die N-Menge im applizierten Stallmist (öMiSt) und Gärrest (öBiG) war jedoch deutlich höher als der mittlere N-Gehalt, der bei der Versuchsplanung unterstellt wurde. Somit wurde die Ziel-Applikationsmenge in diesen Systemen aufgrund wesentlich höherer Stickstoffgehalte überschritten (Tabelle 7).

---

[23] Die Analyse der Proben erfolgte in einem unabhängigen Labor des Dienstleisters „AGROLAB".

[24] Im Jahr 2012 ist beim Winterroggen versehentlich die gleiche Menge an Gärrest ausgebracht worden, wie planmäßig zu Wintertriticale appliziert werden sollte. In Folge dieser höheren Nährstoffzufuhr war in diesem Jahr ein ungewöhnlich hoher Ertrag im Winterroggen zu verzeichnen (Tabelle 8).

Neben der N-Zufuhr über organische und mineralische Düngemittel führt die N_2-Fixierung[25] der Anbaufläche durch den Anbau von Leguminosen zusätzlichen Stickstoff aus der Luft zu. Des Weiteren verbleiben Nährstoffe (u. a. Stickstoff) aufgrund von Ernte- und Wurzelrückständen auf der Anbaufläche. Die Stickstoffimmission aus der Luft ist ein weiterer wichtiger Nährstoffeintrag. Diese Einträge in den Boden wurden in der Stoff- und Energiebilanzierung berücksichtigt - die Ergebnisse der vollständigen Stickstoffbilanz werden in Abschnitt 4.2.1 aufgeführt.

---

[25] Die Grundannahmen und weitere Literatur zur Berechnung der N_2-Fixierungsleistungen sind bei Hülsbergen (2003) detailliert beschrieben.

Tabelle 7: Geplante und durchgeführte Stickstoffdüngung in den Jahren 2011 bis 2013

Einheit: kg N ha^{-1} a^{-1}	Geplante Düngung		Durchgeführte Düngung		
	Org. Dünger	Min. Dünger	Org. Dünger	Min. Dünger	Σ
Ökol. Milchviehstallmistsystem	52,8		101,0	0,0	101,0
Silomais	88,0		168,4		168,4
Winterroggen	88,0		168,4		168,4
Winterweizen	88,0		168,4		168,4
Ökol. Milchviehgüllesystem	45,6		45,5	0,0	45,5
Silomais	100,0		101,4		101,4
Winterroggen	56,0		53,7		53,7
Winterweizen	72,0		72,5		72,5
Ökol. Biogasgärrestsystem	44,6		66,6	0,0	66,6
Triticale	93,0		132,6		132,6
Winterroggen	56,0		97,7		97,7
Winterweizen	74,0		102,9		102,9
Konv. Milchviehgüllesystem	46,0	125,0	40,1	118,8	159,0
Silomais	145,0	45,0	123,0	44,3	167,3
Winterweizen		150,0		150,0	150,0
Winterraps	85,0	140,0	77,6	123,4	201,0
Winterweizen		150,0		150,0	150,0
Winterroggen		140,0		126,6	126,6
Konv. Marktfruchtsystem	0,0	149,0	0,0	146,6	146,6
Körnermais		125,0		126,3	126,3
Winterweizen		150,0		150,0	150,0
Winterraps		180,0		180,0	180,0
Winterweizen		150,0		150,0	150,0
Winterroggen		140,0		126,6	126,6

3.1.4 Systemgrenzen und Modellbetriebe

3.1.4.1 Systemgrenzen und analysierte Stoff- und Energieflüsse

Die Pflanzenbau- und Betriebssysteme konnten nur innerhalb definierter Systemgrenzen untersucht werden. Dazu wurden die modellhaft berücksichtigten Interaktionen der Pflanzenbausysteme mit weiteren Produktionszweigen (Tierhaltung, Biogasanlage) abgebildet. Abbildung 5, Abbildung 6 und Abbildung 7 stellen die Inputs (Saatgut, Dünger, Diesel, ...) und Outputs (Marktprodukte, Futter, Biomasse, ...) der Pflanzenbausysteme als Stoff- und Energieflüsse dar. Ein landwirtschaftlicher Betrieb wird hier als ein Betriebssystem, bestehend aus einem oder mehreren Systemkomponenten (Produktionszweigen), betrachtet. In der vorliegenden Arbeit berücksichtigte und nicht berücksichtigte Stoff- und Energieflüsse wurden in nachfolgenden Abbildungen kenntlich gemacht.

Für die Fragestellung der vorliegenden Arbeit war es zielführend, jene Systemleistungen zu vergleichen, die in allen untersuchten Systemen vorhanden sind. Aus diesem Grund wurde nicht das gesamte landwirtschaftliche Betriebssystem (in nachfolgenden Abbildungen mit rotem Rahmen gekennzeichnet) untersucht, sondern das jeweilige Pflanzenbausystem einschließlich des entsprechenden Vorleistungsbereichs. Die spezifischen Vorleistungen (wie die Produktion von Maschinen, Pflanzenschutzmitteln, Düngemitteln) der Pflanzenproduktion wurden als Inputs der Systeme bei den Analysen quantifiziert und einheitlich bewertet (siehe 4.2.2; 4.3).

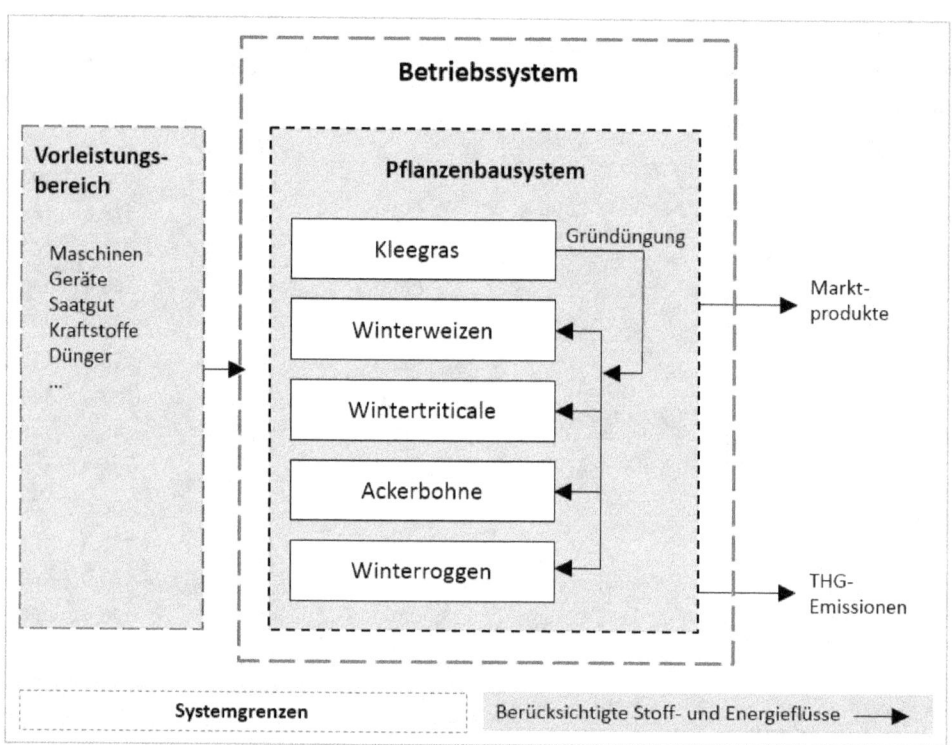

Abbildung 5: Bilanzierte Stoff- und Energieflüsse der Marktfruchtsysteme am Beispiel der ökologischen Fruchtfolge öMF

Das landwirtschaftliche Betriebssystem ohne Tierhaltung (Marktfruchtbetrieb) besteht meist ausschließlich aus dem Pflanzenbausystem (Abbildung 5). Einer der wesentlichen Unterschiede zwischen konventionellen und ökologischen Marktfruchtbetrieben besteht darin, dass die konventionellen Marktfruchtbetriebe den Nährstoffbedarf der Kulturpflanzen über zugekaufte Mineraldünger (Vorleistungsbereich) decken. Die Nährstoffzufuhr in ökologischen

Marktfruchtbetrieben erfolgt dagegen fast ausschließlich über die Gründüngung von Leguminosen. Im Ökologischen Landbau werden nur zugelassene Mineraldünger (z. B. Rohphosphat, Schwefel) bei Bedarf eingesetzt.

Bei Milchviehsystemen ist das Pflanzenbausystem durch den Futterbau für die Tierhaltung sowie durch die Verwertung organischer Dünger gekennzeichnet (Abbildung 6). Der Vorleistungsbereich der Tierhaltung sowie die Tierhaltung selbst haben eigene Umweltwirkungen, die nicht Gegenstand der vorliegenden Arbeit sind, und deshalb unberücksichtigt bleiben. Berücksichtigte Stoff- und Energieflüsse der Pflanzenbausysteme sowie der Vorleistungsbereich der Systeme sind in Abbildung 6 grau hervorgehoben.

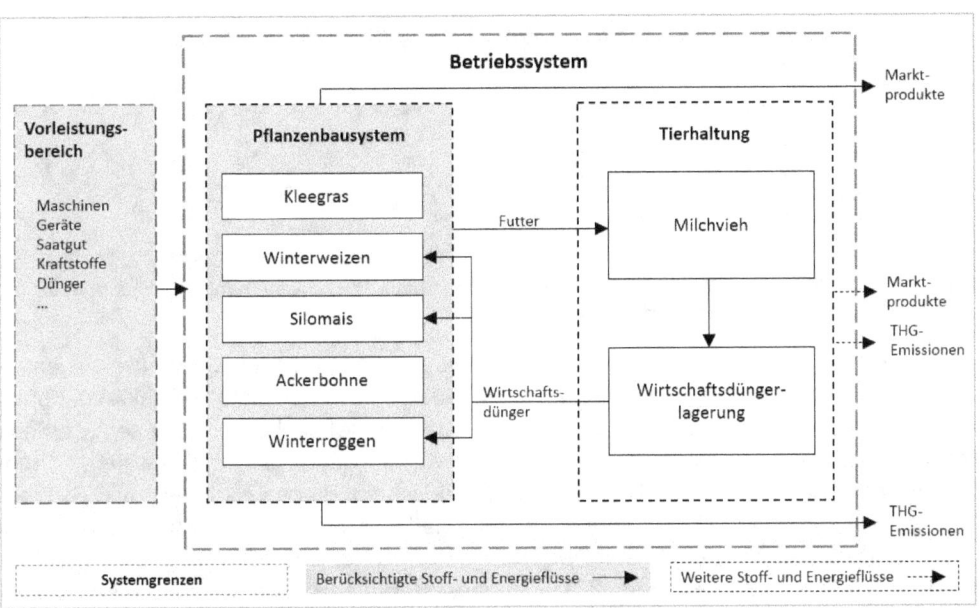

Abbildung 6: Bilanzierte Stoff- und Energieflüsse der Milchviehsysteme am Beispiel der ökologischen Fruchtfolgen öMiSt und öMiG

Innerhalb der ökologischen Milchviehsysteme bestehen Unterschiede in den Stoffflüssen zwischen Pflanzenbau und Tierhaltung. Im ökologischen Stallmistsystem (öMiSt) wird das Nebenprodukt Stroh stofflich für Einstreuzwecke in der Tierhaltung genutzt.

Ähnliche Wechselwirkungen bestehen auch bei einer Biogasanlage (Abbildung 7). Die Interaktion eines ökologischen Marktfruchtsystems mit einer Biogasanlage ist hier als eine Integration der Biogasanlage in das landwirtschaftliche Betriebssystem dargestellt. Denkbar ist diese Interaktion auch als eine Kooperation mit einer überbetrieblichen Biogasanlage, wobei das Pflanzenbausystem je nach Preis- und Bedarfssituation mehr oder weniger Substrat (Biomasse) für das Biogassystem bereitstellen könnte. Jedenfalls würde diese Interaktion die Stoff- und Energieflüsse eines Marktfruchtsystems deutlich intensivieren (vgl. Abbildung 5 vs. Abbildung 7) und zusätzlich einen Output des Gesamtsystems in Form von Biogas bzw. Bioenergie ermöglichen.

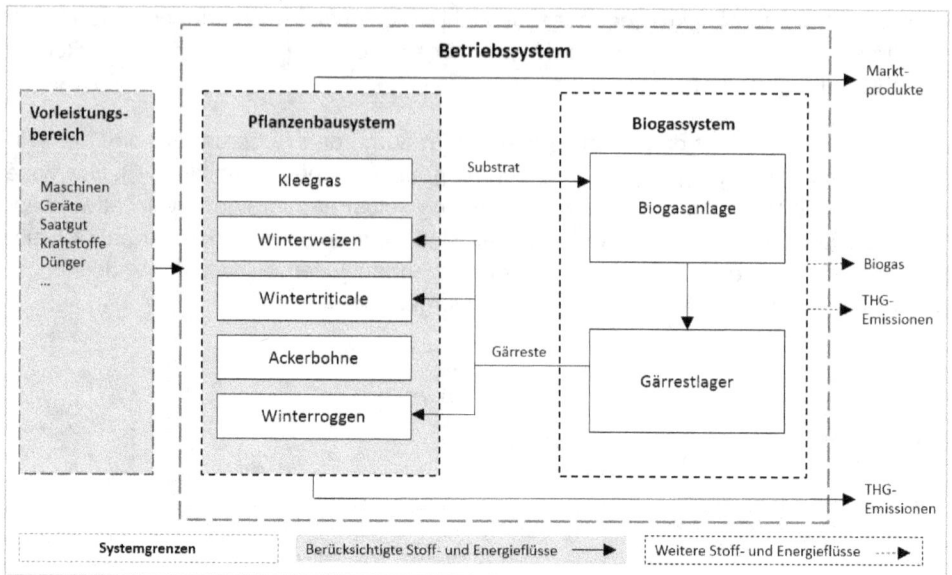

Abbildung 7: Bilanzierte Stoff- und Energieflüsse eines Marktfruchtsystems mit Interaktionen zur Biogasproduktion am Beispiel der ökologischen Fruchtfolge öBiG

Der Systemvergleich auf der Ebene der Betriebssysteme (inkl. aller Systemkomponenten) wäre als alternativer Ansatz sehr stark davon abhängig, wie die Outputs (Produkte) der nachgelagerten Systemkomponenten (Tierhaltung, Biogasanlage) auf höheren Ebenen (Betriebsmanagement, Markt, Politik usw.) gewertet und gewichtet wären. Schließlich wäre die Frage offen, welche Endprodukte der Betriebssysteme (Milch vs. Biogas vs. Fleisch vs. Grünbrache) für die Gesellschaft eine höhere Bedeutung hätten. Daher wurden in der vorliegenden Arbeit für den angestrebten Systemvergleich ökologischer und konventioneller Landwirtschaft ausschließlich die relevanten Pflanzenbausysteme analysiert und der entsprechende Vorleistungsbereich sowie die spezifischen Interaktionen zu weiteren Systemkomponenten (Abbildung 5 bis Abbildung 7) berücksichtigt.

Landwirtschaftliche Betriebe weisen deutlich mehr innerbetriebliche Interaktionen auf als sie hier vereinfachend dargestellt wurden. Auch die Umweltwirkungen der Landwirtschaft sind hier keineswegs erschöpfend abgebildet. Insbesondere sind die komplexen Zusammenhänge zwischen Pflanzenbau und Bodeneigenschaften zu erwähnen, ebenso der Einfluss der Pflanzenbausysteme auf die Biodiversität.

Das Ziel der vorliegenden Arbeit ist dagegen ein Vergleich der Pflanzenbausysteme hinsichtlich ihrer Ertragsleistungen, ihrer energetischen Effizienz und ihrer potenziellen Wirkung auf das Klima (Emissionen und C-Sequestrierung). Der hierbei verwendete Systemansatz umfasst ebenfalls deutlich mehr Stoffströme (siehe Gleichungen 1 bis 21) als in obigen Abbildungen dargestellt werden konnten.

3.1.4.2 Modellbetriebe

Die Versuchsstation Viehhausen verfügt über speziell für das Feldversuchswesen entwickelte Technik (Maschinen und Geräte), die auch im Systemversuch zum Einsatz kamen. Auf den 66 m² großen Versuchsparzellen erfolgte der Mähdrusch mit einem Parzellenmähdrescher. Die Körnermaisernte erfolgte auf den vier Parzellen des konventionellen Marktfruchtsystems manuell. Um jedoch den Dieselbedarf von praxisüblichen Arbeitsverfahren für die Energiebilanz sowie die Treibhausgasbilanz zu ermitteln, wurden Modellbetriebe mit systemtypischer Maschinenausstattung definiert.

Bei allen im Versuch geprüften Pflanzenbausystemen wurden somit praxisübliche Arbeitsbreiten, Motorleistungen (2 Traktoren mit 67 und 83 kW, 200 kW Feldhäcksler) und Fassungsvolumina der Geräte (Sämaschine, Düngerstreuer, Güllefass, Pflanzenschutzmittelspritze) angenommen (Tabelle A1). Diese Annahmen erfolgten anhand von KTBL-Daten (KTBL 2012). Weitere Annahmen zu den Modellbetrieben sind eine Schlaggröße von 2 ha sowie eine mittlere Entfernung vom Feld zum Hof in Höhe von 5 km. Die Ausbringungsmengen von Saatgut, Mineraldüngern, Wirtschaftsdüngern etc. sowie die Erntemengen (Versuchsdaten) des Systemversuchs wurden auf die Anbaufläche eines Hektars umgerechnet und bei der Berechnung des Kraftstoffbedarfs ebenfalls berücksichtigt.

3.2 Energiebilanzierung und Allokation

Die Stoff- und Energiebilanzierung wurde in der vorliegenden Arbeit mit dem Bilanzierungsmodell REPRO (Hülsbergen et al. 2001; Hülsbergen 2003; Küstermann et al. 2008a) durchgeführt. Das Modell REPRO wurde speziell für die Umweltbewertung landwirtschaftlicher Produktionssysteme entwickelt. Der landwirtschaftliche Betrieb wird in diesem Modell als ein System, bestehend aus Subsystemen (Ackerbau: Teilschlag, Schlag, Fruchtfolge), abgebildet. Die Anbaudaten werden auf der untersten Ebene der Bewirtschaftung (Schlagebene, Fruchtartenebene) erfasst. Darauf basierend werden die Stoff- und Energieflüsse berechnet, um Aussagen über die gewünschte Systemebene (Schlag, Fruchtfolge, Betrieb) zu generieren.

REPRO ist modular aufgebaut und ermöglicht die Bewertung landwirtschaftlicher Betriebssysteme anhand von Analyse- und Bilanzierungsmethoden sowie ökologischen Nachhaltigkeitsindikatoren. Im Modell integrierte Methoden ermöglichen unter anderem[26]:

- Eine Abschätzung der Dynamik von Boden-C (Küstermann et al. 2008a) anhand der erweiterten Humusbilanz (vgl. Hülsbergen 2003; Leithold et al. 2015),
- die Analyse betrieblicher Nährstoffflüsse und -verlustpotenziale (Küstermann et al. 2010; Lin et al. 2016),

---

[26] Weiterführende Literatur zu den in REPRO implementierten Methoden sowie weitere Formeln (u. a. N_2-Fixierung, N-Verwertungsraten) sind bei Hülsbergen (2003) ausführlich beschrieben.

- die Analyse der Energieeffizienz im Pflanzenbau (Hülsbergen et al. 2001; Lin et al. 2017),
- eine Abschätzung der Lachgasemissionen, der anbaubedingten CO_2-Emissionen und des C-Sequestrierungspotenzials (Küstermann und Hülsbergen 2006; Küstermann et al. 2008a; Küstermann et al. 2008b; Frank 2014; Böswirth 2017).

Die Methoden der Energie- und Treibhausbilanzierung im Pflanzenbau werden auf weitere Systemkomponenten wie Milchviehhaltung (Frank 2014), Agroforstsysteme (Lin und Hülsbergen 2017) und Biogassysteme (Böswirth 2017) übertragen und erweitert. Die für die Ergebnisse der vorliegenden Arbeit wichtigsten Algorithmen und Modellparameter werden nachfolgend dargestellt.

3.2.1 Energiebilanzierung

Für die energetische Analyse der Versuchsergebnisse wurde eine Energiebilanz gewählt, bei der die Systemgrenzen und -inputs an den technischen Prozessen orientiert sind (Prozessanalyse, vgl. Jones 1989). Die Berechnung der Energieeffizienz wird in *Gl. 1* beschrieben.

$$E = \frac{EO}{EI} \qquad (Gl.\ 1)$$

Symbol	Einheit	Beschreibung
E	MJ MJ^{-1}	Energieeffizienz
EO	GJ ha^{-1}	Energieoutput (Energie in Ernteprodukten)
EI	GJ ha^{-1}	Energieinput (Input fossiler Energie)

Die Energie in Ernteprodukten resultiert aus dem Bruttoenergiegehalt aller Ernteprodukte eines Pflanzenbausystems im Verhältnis zur Anbaufläche der Fruchtfolge (*Gl. 2* und *Gl. 3*).

$$EO = \frac{\sum(TM_i \times eB_i/1000000)}{A_{FF}} \qquad (Gl.\ 2)$$

$$eBi = XP \times eB_{XP} + XL \times eB_{XL} + XF \times eB_{XF} + XX \times eB_{XX} \qquad (Gl.\ 3)$$

Symbol	Einheit	Beschreibung
EO	GJ ha^{-1}	Bruttoenergiegehalt in Ernteprodukten der Fruchtfolge
TM$_i$	kg ha^{-1}	Trockenmasse des Ernteprodukts (Fruchtart i)
A$_{FF}$	ha	Anbaufläche der Fruchtfolge
eB$_i$	kJ kg^{-1} TM	Bruttoenergiegehalt im Ernteprodukt (Fruchtart i)
XP	g kg^{-1} TM	Fruchtartspezifischer Rohproteingehalt
XL	g kg^{-1} TM	Fruchtartspezifischer Rohfettgehalt
XF	g kg^{-1} TM	Fruchtartspezifischer Rohfasergehalt
XX	g kg^{-1} TM	Fruchtartspezifischer Gehalt an N-freien-Extraktstoffen
eB$_{XP}$	23,9 kJ g^{-1}	Bruttoenergiegehalt des Rohproteins
eB$_{XL}$	39,8 kJ g^{-1}	Bruttoenergiegehalt des Rohfetts
eB$_{XF}$	20,1 kJ g^{-1}	Bruttoenergiegehalt der Rohfaser
eB$_{XX}$	17,5 kJ g^{-1}	Bruttoenergiegehalt der N-freien-Extraktstoffe

Die im Systemversuch Viehhausen festgestellten Erträge sind anhand des in REPRO enthaltenen Datensatzes für fruchtartspezifische Gehalte an Rohprotein, Rohfett, Rohfaser sowie N-freien Extraktstoffen energetisch bewertet worden. Die Faktoren für den spezifischen Bruttoenergiegehalt (eB$_{XP}$; eB$_{XL}$; eB$_{XF}$ und eB$_{XX}$ in Gl. 3) dieser Bestandteile wurden nach Schiemann (1981 zit. nach Hülsbergen 2003) verwendet.

Der Energieinput der Pflanzenbausysteme wird gemäß (Gl. 4) berechnet.

$$EI = EI_D + EI_I \qquad (Gl.\ 4)$$

Symbol	Einheit	Beschreibung
EI	MJ ha^{-1}	Energieinput (Gesamtenergieeinsatz)
EI$_D$	MJ ha^{-1}	Direkter Einsatz fossiler Energie (Diesel)
EI$_I$	MJ ha^{-1}	Indirekter Energieeinsatz (Betriebsmittel, Maschinen und Geräte)

Zur Berechnung der direkten und indirekten Energieinputs sind in REPRO für die verwendeten Investitionsgüter und Betriebsmittel folgende Energieäquivalente hinterlegt: Diesel 46,6 MJ l^{-1}; Mineral-N 35,3 MJ kg^{-1}; P-Dünger 36,2 MJ kg^{-1}; K-Dünger 11,2 MJ kg^{-1}; Herbizid-Wirkstoffe 288 MJ kg^{-1}; Insektizid-Wirkstoffe 237 MJ kg^{-1}; Saatgut (fruchtartenspezifisch): Winterweizen 0,055 MJ kg^{-1}; Maschinen und Geräte 108 MJ kg^{-1} (vgl. Kalk und Hülsbergen 1996; Hülsbergen et al. 2001; Küstermann et al. 2008a).

Mit den Gleichungen Gl. 5, Gl. 6 und Gl. 7 wird der direkte Energieeinsatz kalkuliert.

$$EI_D = \frac{(EI_{Anbau} + EI_{Ernte})}{A} \qquad \text{(Gl. 5)}$$

$$EI_{Anbau} = E_{BB} + E_{BS} + E_{MD} + E_{OD} + E_{PS} + E_{PF} + E_{STG} + E_{MDZ} + E_{ODZ} + E_{PSM} \qquad \text{(Gl. 6)}$$

$$EI_{Ernte} = E_{ER} + E_{ET} + E_{EL} \qquad \text{(Gl. 7)}$$

Symbol	Einheit	Beschreibung
EI_D	GJ ha^{-1}	Direkter Energieeinsatz
EI_{Anbau}	GJ a^{-1}	Energieeinsatz für Anbau und Pflege im Wirtschaftsjahr
EI_{Ernte}	GJ a^{-1}	Energieeinsatz für Ernte im Wirtschaftsjahr
A	ha	Anbaufläche
E_{BB}	GJ a^{-1}	Energieeinsatz Bodenbearbeitung
E_{BS}	GJ a^{-1}	Energieeinsatz Bestellung
E_{MD}	GJ a^{-1}	Energieeinsatz Mineraldüngung
E_{OD}	GJ a^{-1}	Energieeinsatz organische Düngung
E_{PS}	GJ a^{-1}	Energieeinsatz Pflanzenschutz
E_{PF}	GJ a^{-1}	Energieeinsatz Pflegemaßnahmen
E_{STG}	GJ a^{-1}	Energieeinsatz Saatgut (fruchtartspezifische Werte)
E_{MDZ}	GJ a^{-1}	Energieeinsatz über Mineraldüngerzukauf
E_{ODZ}	GJ a^{-1}	Energieeinsatz über Zukauf organischer Dünger
E_{PSM}	GJ a^{-1}	Energieeinsatz über Pflanzenschutzmittelzukauf
E_{ER}	GJ a^{-1}	Energieeinsatz Ernteverfahren
E_{ET}	GJ a^{-1}	Energieeinsatz Erntetransport
E_{EL}	GJ a^{-1}	Energieeinsatz Aufbereitung und Einlagerung

Sobald die organischen Dünger aus anderen Betriebssystemen zugekauft werden, ist eine energetische Bewertung der organischen Düngemittel erforderlich, da das Tierhaltungssystem nicht Teil des Betriebssystems ist. Bei den modellierten Betriebssystemen des Systemversuchs Viehhausen wäre dies nicht der Fall (Abbildung 5 bis Abbildung 7).

Im Rahmen einer methodischen Sensitivitätsanalyse (siehe 3.3.2) wird der Einfluss einer energetischen Bewertung von organischen Düngern auf die Energieeffizienz des Pflanzenbausystems quantifiziert. Daher erfolgte zunächst eine Bewertung der organischen Dünger anhand ihres Gehalts an Nährstoffen (N, P, K) und ihrem Mineraldüngeräquivalent (Substitutionswert; vgl. Heyland und Solansky 1979; Hülsbergen 2008). Ein Teil des Stickstoffs ist jedoch organisch gebunden und wird durch Mineralisationsprozesse erst zeitversetzt pflanzenverfügbar (vgl. Hülsbergen 2003). Aus diesem Grund wurde beim Substitutionswert dieses Nährstoffs nur der pflanzenverfügbare Stickstoff (Ammonium-Anteil) angerechnet (vgl. TFZ 2016b). Weitere Nährstoffe im organischen Dünger, wie Phosphor und Kalium, wurden dagegen vollständig berücksichtigt.

3.2.2 Funktionelle Einheiten und Allokation

Für die vorliegende Arbeit wurden neben dem Bezug auf die Flächeneinheit (ha) drei weitere funktionelle Einheiten (t TM ha^{-1} (Versuchsergebnis), GJ ha^{-1} *(Gl. 2)*; GE t ha^{-1} *(Gl. 8)*) gewählt, um die Fruchtfolgeleistungen, Energiebilanzen und die produktbezogenen Treibhausgasemissionen der Pflanzenbausysteme möglichst vielseitig analysieren zu können.

Der in *(Gl. 2)* berechnete Bruttoenergieertrag in der geernteten Biomasse eignet sich gut zur Aggregation von Ertragsleistungen diverser landwirtschaftlicher Produkte. Allerdings bewirkt die Ernte von Nebenprodukten bei energetischen Indikatoren einen bedeutenden Vorteil, da die in sämtlichen Ernteprodukten enthaltenen Mengen an Zucker, Rohprotein, Fett usw. gleichwertig berücksichtigt werden (siehe Kap. 5).

Der Getreideeinheitenertrag (GE) als funktionelle Einheit wurde anhand des aktuellen Getreideeinheitenschlüssels nach Schulze Mönking et al. (2010) fruchtartenspezifisch wie nachfolgend beschrieben kalkuliert.

$$GE_{FF} = \frac{1}{n_{FF}} \sum \frac{FM_i \times ge_i}{A_{FAi}} \qquad (Gl.\ 8)$$

Symbol	Einheit	Beschreibung
GE_{FF}	t GE ha^{-1}	Ertrag der Fruchtfolge in Getreideeinheiten
FM_i	t FM	Ertrag in Frischmasse der Fruchtart i
ge_i	t GE t^{-1} FM	Getreideeinheitenschlüssel der Fruchtart i
A_{FAi}	ha	Anbaufläche der Fruchtart i
n_{FF}	Anzahl	Felder der Fruchtfolge

Da für ein Gemenge wie das Luzerne-Kleegras (FM-Ertrag) kein GE-Schlüssel in Schulze Mönking et al. (2010) vorhanden ist, wurde der GE-Schlüssel aus REPRO in Höhe von 0,1[27] t GE t^{-1} FM verwendet.

Allokation

In einigen Pflanzenbausystemen gibt es Koppelprodukte wie Weizenkorn und Stroh. Daher wäre hier eine Allokation erforderlich. Wie in Abbildung 6 dargestellt, verbleibt das geerntete Stroh jedoch innerhalb des jeweiligen Betriebssystems und stellt aufgrund der stofflichen

---

[27] Dieser Wert scheint sehr niedrig zu sein - Weizenstroh wird ebenfalls mit dem GE-Schlüssel von 0,10 bewertet. Dennoch wurde in der vorliegenden Arbeit dieser Wert verwendet, um eine unumstrittene Ertragsleistung ökologischer Fruchtfolgen den konventionellen Fruchtfolgeleistungen gegenüberstellen zu können.

Nutzung keinen zusätzlichen Systemoutput dar. Aus diesem Grund konnten sämtliche Aufwendungen und Umweltwirkungen den Hauptprodukten (Kornerträge, Siliergut) der Pflanzenbausysteme direkt zugeordnet und so eine Allokation vermieden werden.

Aufgrund produktbezogener Angaben war im ökologischen Marktfruchtsystem eine Allokation unumgänglich, da auf einem Feld dieses Systems das Produkt nicht geerntet, sondern gemulcht wird. Die Marktfrüchte dieses Systems sind daher mit den Emissionen aus dem Anbau von Luzerne-Kleegras anteilig belastet worden. Die flächenbezogenen THG-Emissionen dieser Fruchtart wurden den Erträgen der übrigen vier Fruchtfolgefelder zu gleichen Anteilen (jeweils 25 %) zugeordnet. Die Summe der flächenbezogenen THG-Emissionen wurde dabei auf die Ertragsleistungen der Marktfrüchte innerhalb der jeweiligen Blöcke (Versuchswiederholungen) zugeteilt. In der Bilanz, unter Berücksichtigung der Bodenkohlenstoffveränderungen (C-Sequestrierung, C-Seq.), wurden die Marktfrüchte nach dem gleichen Allokationsverfahren anteilig entlastet, da das gemulchte Luzerne-Kleegras eine humusaufbauende Wirkung erzielt.

Ein vergleichbarer Allokationsbedarf aufgrund von produktbezogenen[28] Angaben (u. a. Treibhausgase) besteht auch beim Anbau von Zwischenfrüchten in allen Pflanzenbausystemen, da diese nicht geerntet oder vermarktet wurden. Hierzu wurden die mit dem Zwischenfruchtanbau verbundenen Umweltwirkungen zu 100 % jenen Fruchtarten angerechnet, deren Anbautermine einen Zwischenfruchtanbau bedingten (Mais, Raps, Triticale). Flächenbezogen war keine Allokation erforderlich, da die THG-Emissionen aus dem Zwischenfruchtanbau in der Summe der gesamten Fruchtfolge berücksichtigt wurden.

3.3 Berechnung der Treibhausgasemissionen

3.3.1 Basisvariante der Treibhausgasbilanz

Die Basisvariante der Treibhausgasbilanz (THG-Bilanz) wurde in der vorliegenden Arbeit so konzipiert, dass sie eine möglichst hohe Vergleichbarkeit mit den THG-Analysen anderer Autoren aufweist. Aufgrund neuer THG-Emissionsfaktoren und der Notwendigkeit methodischer Variationen (Sensitivitätsanalyse) war die Kalkulation der THG-Bilanzen mit MS EXCEL, unabhängig von den in REPRO standardmäßig festgelegten Parametern, erforderlich.

Als relevante Treibhausgase (THG) der landwirtschaftlichen Produktion wurden Kohlenstoffdioxid, Methan und Lachgas berücksichtigt. Unter Rücksicht auf die unterschiedliche Treibhausgaswirkung (GWP-Faktoren nach IPCC 2006) wurden CO_2-Äquivalente (CO_2-Äq.) berechnet, um eine einheitliche Berichtsgröße zu erhalten.

---

[28] Bei produktbezogenen THG-Emissionen bestand das Problem, die flächenbezogenen THG-Emissionen durch 0 Produkte zu dividieren, was mathematisch unzulässig ist. Dies machte eine Allokation bei produktbezogenen Angaben unumgänglich.

Die N-Mengen in Ernte- und Wurzelrückständen sind nach Rösemann et al. (2015) in Anlehnung an die nationale Klimaberichterstattung kalkuliert worden. Der Energieeinsatz und die THG-Emissionen der Stickstoffsynthese wurden in einer umfassenden Literaturanalyse ermittelt und anhand aktueller GWP-Faktoren (IPCC 2006) einheitlich gewichtet. Für Phosphor und Kalium wurden Emissionsfaktoren nach Lal (2004a) angenommen. Die Treibhausgasemissionen wurden in der Basisvariante anhand der Gleichungen *Gl. 9, Gl. 10, Gl. 11* und *Gl. 12* kalkuliert. Sowohl beim Saatgut, dem Maschineneinsatz als auch bei den Dünge- und Pflanzenschutzmitteln wurden die Einsatzmengen im jeweiligen Pflanzenbausystem mit dem spezifischen Emissionsfaktor multipliziert *(Gl. 13)* und zu den anbaubedingten Gesamtemissionen addiert.

$$THG_P = \frac{(THG_{Anbau} + THG_{GD})}{FE} \tag{Gl. 9}$$

$$THG_{Anbau} = \frac{(THG_D + THG_{N2O} + THG_M + THG_{MD} + THG_{PSM} + THG_{SG})}{A_{FFj}} \tag{Gl. 10}$$

$$THG_{GD} = \frac{THG_{AnbauGD}}{(A_{FF} - A_{GD})} \tag{Gl. 11}$$

$$THG_D = (D_{BB} + D_{BS} + D_{MD} + D_{OD} + D_{PS} + D_{PF} + D_{GD} + D_{PF} + D_{PF}) \times EF_D \tag{Gl. 12}$$

$$THG_{M/MD/PSM/SG} = M_{M/MD/PSM/SG} \times EF_{M/MD/PSM/SG} \tag{Gl. 13}$$

Symbol	Einheit	Beschreibung
THG_P	CO_2-Äq. kg FE^{-1}	Produktbezogene Treibhausgasemissionen
THG_{Anbau}	CO_2-Äq. kg ha^{-1}	Flächenbezogene Treibhausgasemissionen
THG_{GD}	CO_2-Äq .kg ha^{-1}	THG-Emissionen der Gründüngung
THG_D	CO_2-Äq. kg ha^{-1}	THG-Emissionen aufgrund Dieseleinsatz
FE	Ertrag	Funktionelle Einheit (TM, GE, EO (Gl. 2))
A_{FFj}	ha	Anbaufläche der Fruchtfolge j
A_{GD}	ha	Anbaufläche für Gründüngung
D_{BB}	l ha^{-1}	Dieseleinsatz Bodenbearbeitung
D_{BS}	l ha^{-1}	Dieseleinsatz Bestellung
D_{MD}	l ha^{-1}	Dieseleinsatz Mineraldüngung
D_{OD}	l ha^{-1}	Dieseleinsatz organische Düngung
D_{PS}	l ha^{-1}	Dieseleinsatz Pflanzenschutz
D_{PF}	l ha^{-1}	Dieseleinsatz Pflegemaßnahmen
D_{ER}	l ha^{-1}	Dieseleinsatz Ernteverfahren
D_{ET}	l ha^{-1}	Dieseleinsatz Erntetransport
D_{EL}	l ha^{-1}	Dieseleinsatz Aufbereitung und Einlagerung
EF_D	CO_2-Äq. kg l^{-1}	Emissionsfaktor für Dieseleinsatz
THG_{N2O}	CO_2-Äq. kg ha^{-1}	Feldemissionen in Form von Lachgas (siehe Gl. 14)
THG_M	CO_2-Äq. kg ha^{-1}	Emissionen im Vorleistungsbereich Maschinen und Geräte
THG_{MD}	CO_2-Äq. kg ha^{-1}	Emissionen im Vorleistungsbereich Mineraldünger
THG_{PS}	CO_2-Äq. kg ha^{-1}	Emissionen im Vorleistungsbereich Pflanzenschutz
THG_{SG}	CO_2-Äq. kg ha^{-1}	Emissionen im Vorleistungsbereich Saatgut
$M_{M/MD/PSM/SG}$	kg ha^{-1}	Materialeinsatz (Maschinen, Mineraldünger, PSM, Saatgut)
$EF_{M/MD/PSM/SG}$	CO_2-Äq. kg ha^{-1}	Emissionsfaktor (Maschinen, Mineraldünger, PSM, Saatgut)

Nach Reinhardt (1993) fallen bei der Bereitstellung von einem Liter Diesel im Mittel 0,2 - 0,3 kg CO_2-Äq. als indirekte Emissionen an. Bei einer mittleren Dichte von 0,835 kg l^{-1} und einem mittleren Kohlenstoffgehalt von 0,86 C kg kg^{-1} setzt die Verbrennung im Motor weitere 2,63 kg CO_2 l^{-1} als direkte Emissionen frei. Um die Vergleichbarkeit in der Basisvariante der THG-

Bilanz mit anderen Studien zu gewährleisten, wurde der mit REPRO (KTBL-Version) ermittelte Dieselbedarf der Pflanzenbausysteme anhand eines Emissionsfaktors für direkte und indirekte Emissionen i. H. v. 3,57 kg CO_2-Äq. l^{-1} Diesel bewertet.

Die energetische Bewertung der Herstellung und Wartung von Maschinen und Geräten (Maschineneinsatz) erfolgte für jedes Arbeitsverfahren mit REPRO. Der Emissionsfaktor in Höhe von 0,047 kg CO_2-Äq. MJ^{-1} (vgl. Frank 2014) ermöglicht eine anteilige Abschätzung entsprechender Emissionen (THG_M) im Vorleistungsbereich der Pflanzenbausysteme.

Des Weiteren beruht die Bilanzierung der flächen- und produktbezogenen Treibhausgasemissionen auf folgenden methodischen Festlegungen in der Basisvariante: Die direkten Lachgasemissionen wurden gemäß Tier 1-Gleichung in IPCC (2006) anhand des mittleren Emissionsfaktors ($EF_{N2O-EF1}$) i. H. v. 1 % des N-Inputs kalkuliert. Zusätzlich dazu wurden indirekte Lachgasemissionen auf Basis methodischer Empfehlungen aus dem ExpRessBio-Projekt (vgl. TFZ 2016b; TFZ 2016c) berücksichtigt (vgl. IPCC 2006; *Gl. 6*).

$$THG_{N2Oi} = (N_2O_D + N_2O_I + N_2O_V) \times GWP_{N2O} \qquad (Gl.\ 14)$$

$$N_2O_D = (N_{MD} + N_{OD} + N_{EWR}) \times EF_{N2O-EF1} \times \frac{44,0095}{28,0134} \qquad (Gl.\ 15)$$

$$N_2O_I = (N_{MD} + N_{OD}) \times EF_{N2O-EF4} \times \frac{44,0095}{28,0134} \qquad (Gl.\ 16)$$

$$N_2O_V = (N_{MD} + N_{OD} + N_{EWR}) \times EF_{N2O-EF5} \times \frac{44,0095}{28,0134} \qquad (Gl.\ 17)$$

Symbol	Einheit	Beschreibung
THG_{N2Oi}	kg CO_2-Äq. a^{-1}	Lachgasemissionen beim Anbau der Fruchtart i
GWP_{N2O}	g CO_2-Äq. g^{-1} N_2O	100-jähriges Treibhausgaspotenzial von N_2O ggü. CO_2
N_2O_D	kg N_2O a^{-1}	Direkte Lachgasemissionen
N_2O_I	kg N_2O a^{-1}	Indirekte Lachgasemissionen
N_2O_V	kg N_2O a^{-1}	Lachgasemissionen nach Verlust von N
N_{MD}	kg N a^{-1}	N-Zufuhr über Mineraldünger
N_{OD}	kg N a^{-1}	N-Zufuhr über organische Dünger
N_{EWR}	kg N a^{-1}	N-Gehalt in Ernte- und Wurzelrückständen (Rösemann et al. 2015)
$EF_{N2O-EFn}$	kg N_2O-N kg^{-1} N	Emissionsfaktoren für Lachgasbildung (IPCC 2006)

Das Treibhausgaspotenzial von Lachgas (GWP_{N2O}) übertrifft das von CO_2 um den Faktor 298 (IPCC 2007). Der Emissionsfaktor für ausgewaschene oder über die Bodenerosion verfrachtete Stickstoffmengen beträgt nach IPCC (2006) im Mittel 0,75 % ($EF_{N2O-EF5}$) und 1 % für volatile N-Verluste ($EF_{N2O-EF4}$).

Die Abschätzung der N-Zufuhr über Ernte- und Wurzelrückstände (N_{EWR}) erfolgte anhand von Methoden, die für die nationale Klimaberichterstattung verwendet werden und mit IPCC-

Richtlinien übereinstimmen (Rösemann et al. 2015). Geringfügige Anpassungen dieser Schätzmethode waren aufgrund folgender Bedingungen notwendig:

a) Für mehrfach geerntete Fruchtarten wie Luzerne-Kleegras wird in obiger Methode standardmäßig eine dreifache Schnittnutzung berücksichtigt. Da im Feldexperiment die Luzerne-Kleegrasbestände teils häufiger geschnitten wurden, erfolgte eine Anpassung dieses Faktors.
b) Die Mulchnutzung (Gründüngung) von Luzerne-Kleegras wurde bisher methodisch nicht berücksichtigt. Um diese Nutzung bei der N_2O-Abschätzung angemessen miteinzubeziehen, sind die N-Mengen in ober- und unterirdischer Biomasse addiert worden. Dafür wurde die N-Menge in oberirdischer Biomasse anhand des mittleren N-Gehalts im Luzerne-Kleegras berechnet.

Im Zusammenhang mit der Bearbeitung und Ausbringung von organischen Düngern entstehen THG-Emissionen. Diese wurden bei der Kalkulation des Dieselverbrauchs berücksichtigt.

Gemäß dem Memorandum Product Carbon Footprint (PCF, produktbezogene THG-Bilanzen) des Bundesministeriums für Umweltschutz, Naturschutz und Reaktorsicherheit (Öko-Institut e.V. 2016) sollen biogener Kohlenstoff und indirekte Landnutzungsänderungen nicht in einen PCF einkalkuliert werden. Aus diesem Grund werden Bodenkohlenstoffveränderungen ($\Delta\ C_{org}$) in der Basisvariante der THG-Bilanz (4.3.2) nicht berücksichtigt. Die Bedeutung dieser Einflussgröße wird dennoch im Rahmen der Sensitivitätsanalyse (4.3.3) geprüft.

3.3.2 Varianten der Sensitivitätsanalyse

Die festgelegten funktionellen Einheiten und Allokationsregeln der Basisvariante wurden in der Sensitivitätsanalyse beibehalten. Der Einfluss einzelner Parameter, wie u. a. der Emissionsfaktor für Lachgasemissionen, wurde in der Sensitivitätsanalyse für alle Pflanzenbausysteme mit allen Versuchswiederholungen quantifiziert.

C-Seq: In dieser Bilanz wird die Summe der anbaubedingten Treibhausgasemissionen (siehe Gl. 10) um die Wirkung des Pflanzenbausystems auf den Bodenkohlenstoff ($\Delta\ C_{org}$) ergänzt. Bei einer positiven Humusbilanz (Gl. 18) des Pflanzenbausystems werden in dieser Variante der Treibhausgasbilanz entsprechende C-Sequestrierungsleistungen in CO_2 als innerbetriebliche Kompensation von THG-Emissionen angerechnet. Eine negative Humusbilanz bedeutet dagegen einen Abbau der Bodenkohlenstoffvorräte. Dies stellt eine zusätzliche Quelle für THG-Emissionen (CO_2-Freisetzung aus dem Boden) dar und wäre in der Basisvariante nicht berücksichtigt. Um diese Freisetzung von CO_2 aus dem Boden bzw. die C-Sequestrierungsleistungen der Pflanzenbausysteme annähernd zu quantifizieren, wurden Humusäquivalente (Häq.; kg Humus-C ha^{-1}; vgl. VDLUFA 2014) ermittelt. Dies erfolgte anhand der dynamischen Humusbilanz (vgl. Hülsbergen 2003; Hülsbergen und Küstermann 2007; Leithold et al. 2015,

Gl. 18 - 20). Die Humusäquivalente wurden schließlich zu CO_2-Äquivalenten umgerechnet[29] (Gl. 21).

$$\Delta\,Boden\;C_j = Humusreproduktionsleistung - Humusreproduktionsbedarf \quad (Gl.\;18)$$

$$Humusreproduktionsleistung = (\sum_i \frac{H\ddot{a}q_{OD}i}{A_{FA}i} + H\ddot{a}q_{HM}\,i) \div A_{FFj} \quad (Gl.\;19)$$

$$Humusreproduktionsbedarf =$$
$$(\sum_i \frac{TM_{HZ}i \times N_{HZ}i + TM_{NP}i \times N_{NP}i - N_I \times S_{SQ} - N_{MD}i \times S_{MD}}{N_{OD}i \times S_{OD}} \times HF \times 580) \div A_{FFj} \quad (Gl.\;20)$$

$$CO_2\,\Delta\,Boden\;C_j = \Delta\,Boden\;C_j \times \frac{44{,}0095}{12{,}0107} \times -1 \quad (Gl.\;21)$$

Symbol	Einheit	Beschreibung
Δ Boden C_j	kg C ha^{-1} (Häq)	Humusbilanz der Fruchtfolge j
Häq$_{OD}$ i	kg C$_{Humus}$ t^{-1} FM	Humusäquivalent der organischen Düngung zur Fruchtart i
Häq$_{HM}$ i	kg C$_{Humus}$ ha^{-1}	Humusäquivalent der Humusmehrung durch Fruchtart i
A$_{FAi}$	ha	Anbaufläche der Fruchtart i
A$_{FFj}$	ha	Anbaufläche der Fruchtfolge j
TM$_{HZ/NP}$ i	dt TM ha^{-1}	TM-Ertrag der Haupt- bzw. Nebenprodukte der humuszehrenden Fruchtart i
N$_{HP/NP}$ i	kg N dt^{-1} TM	Stickstoffgehalt in Trockenmasse der Haupt- bzw. Nebenprodukte
HF	HE t^{-1} TM	Koeffizient für Humifizierung (0,35 vor Umrechnung zu Häq)
Häq$_{HM}$ i	kg C$_{Humus}$ ha^{-1}	Humusäquivalent der Humusmehrung durch Fruchtart i
Häq$_{HZ}$ i	kg C$_{Humus}$ ha^{-1}	Humusäquivalent der Humuszehrung durch Fruchtart i
S$_{MD/OD/SQ}$	Faktor	Verwertungsrate von Stickstoff aus mineralischer/organischer Düngung oder sonstigen Quellen
N$_I$	kg N ha^{-1}	N-Zufuhr über Immissionen am Standort
N$_{MD/OD}$ i	kg N ha^{-1}	N-Zufuhr über Mineraldünger (MD) / organischer Dünger (OD)
CO_2 Δ Boden C_j	kg CO_2 ha^{-1}	CO_2-Freisetzung bzw. C-Sequestrierung der Fruchtfolge j

N₂O-low: In dieser Variante wurde der N$_2$O-Emissionsfaktor auf den unteren Unsicherheitsbereich (0,3 % des N-Inputs) nach IPCC (2006) gesetzt. Hierbei ist zu beachten, dass es sich dabei um das untere Konfidenzintervall handelt und folglich die Lachgasemissionen einer

---

[29] Eine positive Humusbilanz zeigt eine potenzielle Humusakkumulation (C-Seq.) an. Bei der Anrechnung der C-Sequestrierungsleistungen in CO_2-Äquivalenten muss daher das Vorzeichen umgekehrt werden (Faktor: -1), da CO_2 aus der Atmosphäre im Boden gespeichert wird. Bei einer negativen Humusbilanz wird umgekehrt der C$_{org}$-Vorrat im Boden abgebaut, weshalb der Boden als eine zusätzliche CO_2-Quelle zu betrachten ist. Entgegen der Auffassung von Don (2019) wurde in der Bilanzvariante mit C-Sequestrierung für Humusabbau und -aufbau einheitlich der Faktor -1 verwendet (Gl. 21).

gedüngten Fläche sich nicht wesentlich von einer ungedüngten Fläche unterscheiden können. An solchen Standorten erscheint die Verwendung des niedrigeren Emissionsfaktors legitim.

N_2O-high: In dieser Variante wurde der N_2O-Emissionsfaktor auf den oberen Unsicherheitsbereich (3 % des N-Inputs) nach IPCC (2006) gesetzt. Hierbei ist zu beachten, dass es sich dabei um das obere Konfidenzintervall handelt und an bestimmten Standorten auch höhere Lachgasemissionen in Folge der N-Düngung beobachtet wurden.

MD-Sonst: In dieser Variante wird Kieserit, ein im Ökologischen Landbau zugelassener Schwefel- und Magnesiumdünger in die Treibhausgasbilanz (als THG_{MD} in *Gl. 10*) einbezogen. Dieser Dünger wurde im Systemversuch Viehhausen im Luzerne-Kleegrasanbau (ökologische Pflanzenbausysteme) verwendet. In konventionellen Pflanzenbausystemen wurden im Rapsanbau Solubor und weitere Mikronährstoffdünger appliziert. Die Emissionsfaktoren für die Wirkstoffe Borat und Magnesiumsulfat wurden den Umweltprofilen im UIP (2015) entnommen.

EF (N_{MD}): Bei diesen Varianten wurde der Emissionsfaktor für Mineraldünger-N von 4,7 auf 2,86 reduziert (derzeitiger Standardwert in REPRO) und in einer weiteren Variante auf den Emissionsfaktor in Höhe von 7,1 kg CO_2-Äq. kg^{-1} N (höchster Mittelwert in der Literaturanalyse, Abbildung 1) erhöht. Durch diese Varianten wird der potenzielle Einfluss eines hohen bzw. niedrigen Emissionsfaktors für Mineraldünger auf die produktbezogenen Treibhausgasemissionen (siehe *Gl. 9*) analysiert.

Biodiesel: In dieser Bilanzvariante wurde ein um 23 % geringerer Emissionsfaktor gegenüber dem Emissionsfaktor für Diesel (vgl. Richter 2008; Frank 2014) mit einem erhöhten Dieselbedarf kombiniert. Der zusätzliche Dieselbedarf resultiert aus der Annahme, dass aufgrund der geringeren Energiedichte im Biodiesel (Rapsmethylester, RME) höhere Kraftstoffmengen benötigt werden, um die gleiche Arbeit zu verrichten.

3.4 Statistische Analyse

Die statistische Analyse der Versuchs- und Bilanzierungsergebnisse erfolgte unter Verwendung der Software „R" (R Development Core Team 2008) und des Packages „Rcmdr" (Fox und Bouchet-Valat 2017).

Die Analyse von Wetterdaten am Versuchsstandort erfolgte anhand von Konfidenzintervallen mit einem Sicherheitsniveau von 95 % und 99 % (zweiseitig).

Von zentralem Interesse ist der statistische Vergleich zwischen den Gruppen ökologischer und konventioneller Pflanzenbausysteme sowie innerhalb dieser Gruppen. Die qualitativen Unterschiede in Folge einer Gruppenzugehörigkeit lassen sich mit Hilfe eines Regressionsmodells untersuchen. Die Faktoren „Pflanzenbausystem" und „Anbaujahr" wurden dazu als Variablen mit 0 und 1 kodiert (Dummy Variablen, vgl. Köhler et al. 2007). Mit dieser Methode wurden alle Kategorien (öMiSt, öMiG, öMF, öBiG, kMF, kMiG sowie 2011, 2012, 2013) der Einflussfaktoren (Pflanzenbausystem, Anbaujahr) innerhalb jeder Fruchtart (Weizen, Roggen etc.) bzw. einer funktionellen Einheit (t TM, GJ, t GE) im Rahmen einer multiplen linearen Regressionsanalyse mit folgender Regressionsgleichung geprüft:

$$y_{ij} = a + bx_i + e_{ij}$$ (Gl. 22)

Dabei ist y_{ij} eine intervallskalierte Ausprägung der Pflanzenbausysteme bzw. der Anbaujahre (wie Ertrag, THG-Emissionen etc.), welche sich innerhalb der Kategorien (s.o.) überlagern kann, während x_i eine Dummy Variable (Pflanzenbausystem, Anbaujahr) ist. Eine Regression auf die Dummy Variable ergibt als Interzept (a) den Mittelwert einer Referenzkategorie der Dummy Variable (z.B. mittlerer TM-Ertrag aller Pflanzenbausysteme und Wiederholungen von Ackerbohnen im Jahr 2012). Die Steigung der Ausgleichgeraden (b), berechnet anhand der Methode der kleinsten Quadrate, gibt den mittleren Unterschied gegenüber den übrigen Kategorien an (System- oder Jahresunterschiede) an. Falls zwischen zwei Kategorien diese Steigung bei einem Signifikanzniveau von $p \leq 0{,}05$ signifikant von 0 abweicht, besteht nach diesem Testverfahren ein signifikanter Unterschied zwischen den Pflanzenbausystemen bzw. den Anbaujahren. e_{ij} stellt die (Rest-) Streuung innerhalb der Wiederholungen dar.

Nach einer Berechnung der GE-Erträge anhand von Haupt- und Nebenprodukterträgen der jeweiligen Pflanzenbausysteme war eine varianzanalytische Differenzierung der Versuchsdaten in Getreideeinheiten anhand einer ANOVA ebenfalls möglich. Eine zweifaktorielle A-NOVA ergab, dass die Wechselwirkung zwischen den Faktoren „Anbaujahr" und „Pflanzenbausystem" nicht signifikant war. Aus diesem Grund wurden die Anbaujahre als weitere Wiederholungen (insgesamt 12 Wiederholungen pro Fruchtart und Pflanzenbausystem) in einer einfaktoriellen ANOVA gewertet. Die Ergebnisse des einfaktoriellen Testverfahrens sowie des Tukey-Anschlusstests werden in Abbildung 11 und Tabelle 11 dargestellt.

Die Fehlerindikatoren in Abbildungen des Kapitels 4 indizieren meist die Standardabweichung (s_x) innerhalb der angegebenen Jahre (vier Wiederholungen pro Jahr). In Abbildungen des Abschnitts 4.1.5 „Ertragsrelationen" zeigen die Fehlerindikatoren die Standardabweichung (s_x) aller Jahre (12 Wiederholungen pro Fruchtart und Pflanzenbausystem) an. Von dieser Beschreibung abweichende Fehlerindikatoren werden bei entsprechenden Abbildungen gesondert erläutert.

Unterschiedliche Buchstaben hinter den Versuchsergebnissen bedeuten in Abbildungen und Tabellen des Kapitels 4 signifikante Unterschiede zwischen den Einflussfaktoren (Pflanzenbausystem, Anbaujahr) bei einem Signifikanzniveau $p \leq 0{,}05$. Groß- und Kleinbuchstaben dienen der Abgrenzung statistischer Ergebnisse für unterschiedliche Bilanzvarianten (u. a. Basisvariante vs. Bilanzvariante mit C-Sequestrierung).

4 Ergebnisse

Die Ertragsbildung im Systemversuch Viehhausen ist das Resultat mehrerer, sich z.T. überlagernder Einflussfaktoren:

- Vorfruchteffekte und Einfluss der Fruchtfolge auf den Ertrag der Fruchtarten,
- Menge und Qualität innerbetrieblich verfügbarer organischer Dünger,
- innerbetriebliche Ertragsverwendung (Kleegras: Schnitt vs. Mulch; Getreide: Strohdüngung vs. Einstreu vs. energetische Verwertung von Ganzpflanzen),
- Bewirtschaftungssystem (ökologisch, konventionell) und daraus resultierender Einsatz von Pflanzenschutzmitteln, Wachstumsregulatoren und Mineraldüngern.

Das Ziel der vorliegenden Arbeit bestand darin, die Effekte obiger Einflusskombinationen auf die Ertragsbildung der geprüften ökologischen und konventionellen Pflanzenbausysteme mit Hilfe eines Systemansatzes zu analysieren.

Eine Bewertung der erzielten Ertragsleistungen erfolgt in Abschnitt 4.1.2 anhand von Getreideeinheiten und in Abschnitt 4.1.3 anhand des Energiegehalts. Da innerhalb der ökologischen Systeme die Nebenprodukte einen bedeutenden Einfluss hatten, wird der Effekt der Nebenprodukterträge auf die Fruchtfolgeleistung (Abschnitt 4.1.4) gesondert ausgewiesen. Eine Gegenüberstellung der Ertragsrelation zwischen Erträgen ökologischer und konventioneller Fruchtfolgen erfolgt in Abschnitt 4.1.5. Mit den Ertragsleistungen pro Flächeneinheit hängt der Flächenbedarf der Pflanzenbausysteme reziprok zusammen. In Abschnitt 4.1.6 wird daher der Flächenbedarf der Pflanzenbausysteme anhand der mittleren Ertragsleistungen analysiert. Mit den Ertragsleistungen verbundene Energieaufwände und Treibhausgasemissionen werden in den Abschnitten 4.2 bzw. 4.3 abgeschätzt.

4.1 Ertragsleistungen und Flächenbedarf der Pflanzenbausysteme

4.1.1 Ertragsleistungen der Fruchtarten in Trockenmasse

Am Versuchsstandort Viehhausen erzielten Silomais und Luzerne-Kleegras die höchsten Trockenmasseerträge (Tabelle 8, Abbildung 8). Im Vergleich der geprüften Getreidearten hatte Körnermais mit 7,5 t ha^{-1} den höchsten Kornertrag, gefolgt von Winterroggen mit 7,1 t ha^{-1} (Tabelle 8). Die Weizenerträge lagen im Mittelwert der Jahre und Pflanzenbausysteme bei 6,6 t ha^{-1}. Bei diesen Fruchtarten bestanden signifikante Ertragsunterschiede zwischen den untersuchten Pflanzenbausystemen (siehe 4.1.1.1 ff).

Die Versuchsergebnisse werden in Tabelle 8 nach Haupt- und Nebenprodukten differenziert dargestellt und statistisch bewertet. In Abbildung 8 werden zusätzlich die Haupt- und Nebenprodukterträge zusammengefasst und die Variabilität (Standardabweichung) der Erträge abgebildet.

Tabelle 8: Fruchtartenerträge der Pflanzenbausysteme in Trockenmasse

Einheit: t TM ha⁻¹	2011	2012	2013	x̄	Stat. Analyse
Ackerbohne	**3,3 b**	**3,7 c**	**2,3 a**	**3,1**	
öMiSt	3,7	4,0	2,6	3,4	n. s.
öMiG	3,0	3,7	2,2	3,0	n. s.
öMF	2,9	3,6	2,1	2,9	n. s.
öBiG	3,6	3,7	2,3	3,2	n. s.
Luzerne-Kleegras	**13,6 a**	**12,8 a**	**18,4 b**	**14,9**	
öMiSt	14,2	13,2	19,9	15,7	c
öMiG	13,9	12,8	17,8	14,8	c
öMF	0 (12,7)	0 (12,5)	0 (16,7)	0 (14,0)	a (b)
öBiG	13,8	12,7	19,2	15,3	c
Winterraps	**2,2 a**	**4,2 b**	**4,3 b**	**3,6**	
kMiG	2,2	4,2	4,3	3,6	n. s.
kMF	2,2	4,3	4,3	3,6	n. s.
Körnermais*	**10,0 b**	**9,7 b**	**2,7 a**	**7,5**	
kMF	10,0	9,7	2,7	7,5	
Silomais*	**18,3 c**	**15,2 b**	**11,0 a**	**14,8**	
öMiSt	16,4	14,5	10,7	13,9	a
öMiG	16,0	13,9	9,2	13,0	a
kMiG	22,3	17,2	13,0	17,5	b
Wintertriticale	**5,9 b**	**7,2 c**	**4,2 a**	**5,7**	
öMF	4,5	6,1	3,2	4,6	a
öBiG	7,2	8,4	5,1	6,9 (NP: 7,2)	b
Winterroggen**	**7,3 b**	**8,1 c**	**6,0 a**	**7,1**	
öMiSt	7,2	6,8	4,0	6,0 (NP: 5,9)	ab
öMiG	6,7	6,3	3,5	5,5	ab
öMF	6,1	5,1	3,3	4,8	a
öBiG	7,0	9,0	3,5	6,5	b
kMiG	8,4	10,5	10,4	9,8	c
kMF	8,4	11,2	11,0	10,2	c
Winterweizen**	**(4,4)**	**3,7**	**4,8**	**4,3**	
öMiSt	(4,5) GP: 9	3,2	4,5	4,1 (NP: 4,5)	a
öMiG	(4,7) GP: 10	3,9	4,8	4,5	ab
öMF	(3,7) GP: 8	3,2	4,0	3,6	a
öBiG	(4,6) GP: 9	4,6	5,7	5,0	b
Vorfrucht: Raps	**9,1**	**10,0**	**9,9**	**9,7**	
kMiG I	9,0	9,9	9,4	9,4	d
kMF I	9,1	10,2	10,3	9,9	d
Vorfrucht: Mais	**7,8**	**8,4**	**7,8**	**8,0**	
kMiG II	8,3	8,8	7,7	8,3	c
kMF II	7,3	8,0	8,0	7,8	c

Statistische Analyse: Multiple lin. Regression, Signifikanzniveau $p \leq 0,05$; n. s.: nicht signifikanter Unterschied; NP: Nebenprodukt, hier verwertbarer Strohertrag; *2013 wurden in einigen Parzellen Wildschäden in den Mais-beständen beobachtet. **2012 wurde versehentlich mehr Gärrest zu Roggen gedüngt. ***2011 war der ökologische Winterweizen von Zwergsteinbrand befallen. Der Kornertrag 2011 wurde aus dem Ganzpflanzenertrag (GP) mit Hilfe mittlerer Korn-Stroh-Verhältnisse der entsprechenden Pflanzenbausysteme berechnet.

4.1.1.1 Winterweizen (*Triticum aestivum*)

Die Winterweizenerträge der konventionellen Pflanzenbausysteme waren stets signifikant höher als die Erträge der ökologischen Pflanzenbausysteme (Tabelle 8). Eine statistische Analyse der Jahreseinflüsse im Winterweizen war aufgrund des Zwergsteinbrandbefalls im Jahr 2011 am Versuchsstandort Viehhausen nicht möglich.

Innerhalb der ökologischen Pflanzenbausysteme wurden bereits in der Initialphase des Versuchs systembedingte Ertragsunterschiede im Winterweizen deutlich. Der höchste ökologische Weizenertrag wurde im öBiG-System festgestellt und lag im dreijährigen Mittel bei 5,0 t ha^{-1}. Dieser Ertrag war signifikant höher als der Weizenertrag in den Systemen öMF und öMiSt. Der niedrigste Ertrag (3,6 t ha^{-1}) wurde im öMF-System beobachtet.

Der Kornertrag des Winterweizens lag im öMiSt-System bei 4,1 t ha^{-1}. Die statistische Analyse ergab, dass dieser Ertrag im Mittel der Jahre nicht signifikant höher war als der Ertrag des ökologischen Marktfruchtsystems (öMF). Der Weizenertrag des ökologischen Milchviehsystems (öMiG) war mit 4,5 t ha^{-1} etwas höher als in den Systemen öMF und öMiSt – dieser Unterschied war jedoch nicht signifikant. Auch der Unterschied zwischen den Systemen öMiSt und öBiG war nicht signifikant (Tabelle 8).

Anhand der beobachteten Ertragsunterschiede, auch wenn diese nicht immer signifikant waren, ist eine tendenzielle Differenzierung der Düngewirkung auf den Weizenertrag in folgender Reihenfolge erkennbar: Gärreste > Gülle > Stalldung-Kompost > Gründüngung. Diese Differenzierung steht kausal im Zusammenhang mit der vorherrschenden Bindungsform von Stickstoff in der jeweiligen Düngerart (Abbildung 21).

Unter konventionellen Bedingungen übte die Stellung des Winterweizens innerhalb der Fruchtfolge einen signifikanten Einfluss auf den Kornertrag aus. Die Winterweizenerträge waren nach der Vorfrucht Raps signifikant höher als nach der Vorfrucht Mais. Die positive Vorfruchtwirkung von Raps war in der rein mineralisch gedüngten Variante (kMF) etwas stärker als im konventionellen Milchviehsystem (kMiG) ausgeprägt. Dies hing mit der höheren Mineraldüngung im Winterraps des kMF-Systems zusammen (Abbildung 21).

4.1.1.2 Winterroggen (*Secale cereale*)

Auch die Winterroggenerträge waren in den konventionellen Pflanzenbausystemen signifikant höher als in den ökologischen Systemen. Im Jahr 2013 war dieser Unterschied besonders stark ausgeprägt. Bei der Fruchtart Winterroggen war eine statistische Analyse der Jahresunterschiede möglich.

Der Winterroggenertrag des Jahres 2013 war im Mittel aller Pflanzenbausysteme am niedrigsten (signifikant niedriger als in den Jahren 2011 und 2012). Im Jahr 2012 war der mittlere Winterroggenertrag mit 8,1 t ha^{-1} am höchsten und signifikant höher als die Erträge im Jahr 2011.

Die Ertragsentwicklung der ökologischen Pflanzenbausysteme verlief im Winterroggen gegensätzlich zur Entwicklung der konventionellen Pflanzenbausysteme. Aus diesem Grund kann die Ursache für den größten Ertragsabfall im Winterroggen nicht nur auf den Witterungsverlauf des Jahres 2013 zurückgeführt werden. Da die Erträge der konventionellen Pflanzenbausysteme 2013 nur geringfügig niedriger waren als im Jahr 2012, muss der mittlere Ertragsrückgang kausal mit den ökologischen Produktionsverfahren des Roggens zusammenhängen.

Unter ökologischen Bedingungen war der Kornertrag im Winterroggen mit 6,5 t ha^{-1} im öBiG-System am höchsten. Im Jahr 2012 wurden versehentlich mehr Gärreste zum Winterroggen gedüngt. In Folge dieses Versuchsfehlers wurde deutlich, dass das Ertragspotenzial unter ökologischen Bedingungen auch 9,0 t ha^{-1} betragen kann[30]. Im Jahr 2013 zeigte sich ein anderes Bild: Die Winterroggenerträge waren in allen ökologischen Pflanzenbausystemen besonders niedrig, trotz guter Stickstoffversorgung im öBiG-System.

Des Weiteren fiel auf, dass der Winterroggenertrag im Jahr 2013 im öMiSt-System um 0,5 - 0,7 t ha^{-1} höher war als in übrigen ökologischen Pflanzenbausystemen. Dieser Unterschied zeigt einen möglichen Effekt der phytosanitären Wirkung von Stallmist an. Der Ertragsunterschied zwischen den Systemen öBiG, öMiG und öMiSt betrug 0,5 t ha^{-1}. Der Unterschied zwischen den Systemen öMiSt und öMiG war nicht signifikant. Dennoch war der Winterroggenertrag im öMiSt-System stets höher als im öMiG-System.

Aufgrund hoher Variabilität der Erträge zwischen den Parzellen und Jahren (Abbildung 8) war der Winterroggenertrag des Systems öBiG (6,5 t ha^{-1}) nur gegenüber dem öMF-System (4,8 t ha^{-1}) signifikant höher. Winterroggen wurde im öMF-System nicht direkt gedüngt.

4.1.1.3 Mais (*Zea mays*)

Die Versuchsergebnisse zeigen, dass auch unter den Bedingungen des Ökologischen Landbaus hohe Silomaiserträge realisierbar sind, wenn die entsprechenden Voraussetzungen (Nährstoffversorgung, Unkrautregulierung) gegeben sind.

Die Silomaiserträge der konventionellen und ökologischen Milchviehsysteme unterschieden sich dennoch signifikant voneinander. Die ökologischen Milchviehsysteme erzielten einen Silomaisertrag von 13,0 bis 13,9 t ha^{-1}. Der Ertrag des konventionellen Milchviehsystems betrug hingegen 17,5 t ha^{-1}. Die Ertragsrelation zwischen ökologischen und konventionellen Pflanzenbausystemen war deutlich geringer als im Winterroggen oder Winterweizen (Tabelle 8, siehe 4.1.5).

---

[30] Unter der Bedingung, dass im landwirtschaftlichen Betriebssystem entsprechende Nährstoffmengen innerbetrieblich verfügbar wären.

Wie in Abbildung 8, Abbildung 9 und Abbildung 10 dargestellt, war die Streuung bei den Silomaiserträgen am größten und nahm im Verlauf der drei Jahre zu. 2013 wurden Schädigungen durch Wild in sämtlichen Mais-Parzellen beobachtet.

Da Körnermais nur im konventionellen Marktfruchtsystem (kMF) angebaut wurde, war hier lediglich ein Vergleich der Jahreserträge innerhalb des kMF-Systems möglich. Der Körnermaisertrag war im Jahr 2013 am niedrigsten und unterschied sich signifikant von den restlichen Jahren. Wie beim Silomais hing dies mit den im Jahr 2013 beobachteten Bestandsschäden durch das Wild zusammen. Darüber hinaus war die Witterung des Jahres 2013 für sämtliche Maisbestände (siehe 5.1.2.2) nicht optimal.

4.1.1.4 Ackerbohne (*Vicia faba*)

In den konventionellen Pflanzenbausystemen wurden Ackerbohnen als Zwischenfrucht zur Gründüngung nach Raps und vor Mais angebaut. In Hauptfruchtstellung erfolgte der Ackerbohnenanbau lediglich in den ökologischen Pflanzenbausystemen. Ein Vergleich der Erträge war daher nur zwischen den jeweiligen ökologischen Pflanzenbausystemen untereinander möglich.

Es bestanden signifikante Ertragsunterschiede zwischen den Anbaujahren: Am niedrigsten war der Ackerbohnenertrag in allen ökologischen Pflanzenbausystemen im Jahr 2013. Der Witterungsverlauf im Jahr 2013 war in der Vegetationsperiode durch anhaltende Trockenperioden geprägt (kaum Niederschlag im Juli, bei maximaler Lufttemperatur im betrachteten Versuchszeitraum; Tabelle 4, Tabelle 5), wodurch die Ertragsbildung der Ackerbohne negativ beeinflusst wurde.

Die festgestellten Ertragsunterschiede der ökologischen Pflanzenbausysteme waren auf die Nachwirkungen der applizierten Dünger zurückzuführen, da die Ackerbohne nicht direkt gedüngt wurde. Der niedrigste Ackerbohnenertrag wurde konsistent (in allen drei Jahren) im öMF-System festgestellt, allerdings war in dieser Fruchtart der Ertragsunterschied gegenüber den übrigen ökologischen Pflanzenbausystemen nicht signifikant. Die höchsten Erträge wurden konsistent im öMiSt-System beobachtet, gefolgt von öBiG und öMiG. Dies kann kausal mit der Zufuhr von Makro- und Mikronährstoffen in organischen Düngern zusammenhängen.

4.1.1.5 Luzerne-Kleegras

Das Gemenge Luzerne-Kleegras (LKG) enthielt Luzerne (*Medicago sativa*), Rotklee (*Trifolium pratense*), Weißklee (*Trifolium repens*), Perserklee (*Trifolium resupinatum*), Deutsches Weidelgras (*Lolium perenne*), Wiesenlieschgras (*Phleum pratense*), Wiesenschwingel (*Festuca pratensis*) und Welsches Weidelgras (*Lolium multiflorum*).

Die Witterung des Jahres 2013 wirkte sehr positiv auf den Ertrag von Luzerne-Kleegras: Der LKG-Ertrag hatte im Jahr 2013 den mittleren Bruttoenergieertrag von Silomais (Abbildung 10) übertroffen. Der Vorteil des LKG-Gemengeanbaus wurde folglich erst deutlich als die Witterung ungewöhnlich verlief (Tabelle 4, Tabelle 5).

Für das ökologische Marktfruchtsystem (öMF) wurde kein LKG-Ertrag dargestellt (Abbildung 8), da dieses Gemenge gänzlich als Gründünger auf der Anbaufläche verblieb. Aufgrund von Versuchsbedingungen wurde die Biomassebildung von LKG im öMF-System dennoch erfasst. Dies ermöglichte eine Quantifizierung der N_2-Fixierleistungen und der Ertragsunterschiede gegenüber den übrigen Pflanzenbausystemen mit Schnittnutzung von LKG. Dieser potenzielle Ertrag des öMF-Systems ist in Tabelle 8 angegeben (Werte in Klammern). Die Schnittnutzung von Luzerne-Kleegras bedeutete somit einen signifikanten Anstieg der Biomassebildung in Höhe von 0,8 bis 1,7 t ha^{-1} im Mittel der drei Jahre.

Dieses hohe Ertragspotenzial wurde im ökologischen Marktfruchtanbau wegen der innerbetrieblichen Verwertung als Gründünger nicht effizient genutzt. Für das ökologische Marktfruchtsystem hatte der fehlende Ertrag auf 20 % der Fruchtfolgefläche (20 % Anteil von LKG am Ackerflächenverhältnis des Modellbetriebs) bei allen funktionellen Einheiten den größten nachteiligen Effekt bzgl. der Ertragsleistung des Pflanzenbausystems öMF zur Folge.

Der Ertragsunterschied zwischen den übrigen Pflanzenbausystemen mit LKG-Anbau war nicht signifikant. Wie auch bei den Ackerbohnen hatte jedoch das öMiSt-System konsistent die höchsten LKG-Erträge (Abbildung 8). Mögliche Ursachen dafür werden in der höheren Nährstoffzufuhr (Abbildung 21) und der phytosanitären Wirkung des kompostierten Stallmists vermutet.

4.1.1.6 Winterraps (*Brassica napus*)

Auch beim Winterraps bestanden signifikante Unterschiede zwischen den jeweiligen Anbaujahren. Die Rapserträge waren im Jahr 2011 signifikant niedriger als in den beiden folgenden Jahren. Dies kann einerseits mit der Initialphase des Versuchs zusammenhängen (geringe N-Nachlieferung aus dem Boden nach langjähriger, ökologischer Vorbewirtschaftung der Versuchsfläche). Andererseits waren die Winterrapserträge im Jahr 2011 bayernweit ebenfalls auf niedrigem Niveau (-11 % im Landkreis Freising, siehe 5.1.2.2).

Zwischen den beiden konventionellen Pflanzenbausystemen kMiG und kMF waren die Ertragsunterschiede bei Winterraps nicht signifikant. Die unterschiedliche N-Zufuhr (Abbildung 21) hatte jedoch tendenzielle Auswirkungen innerhalb des jeweiligen Pflanzenbausystems (Vorfruchteffekte auf Winterweizen, siehe 4.1.1.1).

4.1.1.7 Wintertriticale (*Triticosecale*)

Wintertriticale wurde ausschließlich in zwei ökologischen Pflanzenbausystemen (öMF, öBiG) angebaut. Im Vergleich zu Winterroggen und Winterweizen hatte die Gärrestdüngung auf Wintertriticale den stärksten Effekt. Kausal hing dies mit der Stellung von Triticale in der Fruchtfolge und der Düngung zusammen: Mit Gärresten gedüngte Parzellen erreichten einen um 2,3 t ha^{-1} signifikant höheren Feldertrag als die ungedüngten Parzellen im ökologischen Marktfruchtsystem (letztes Fruchtfolgefeld in der Fruchtfolge, Tabelle 8).

4.1.1.8 Interaktionen und unterschiedliche Ertragsverwendung

Zuvor beschriebene Versuchsergebnisse indizieren Interaktionen zwischen den Fruchtfolgefeldern innerhalb der Fruchtfolgen der Pflanzenbausysteme (Vorfruchteffekte, Nährstofftransfer etc.) in der landwirtschaftlichen Praxis. Auch der Einfluss innerbetrieblicher Interaktionen mit weiteren Systemkomponenten (Tierhaltung, Biogasanlage etc.) der landwirtschaftlichen Betriebe wurde ebenfalls deutlich (siehe 4.1.4). Die Ertragsleistungen der Biomassebildung für das Gesamtsystem (inkl. Nebenprodukte; ohne Produkte weiterer Systemkomponenten) werden in Abbildung 8 zusammengefasst.

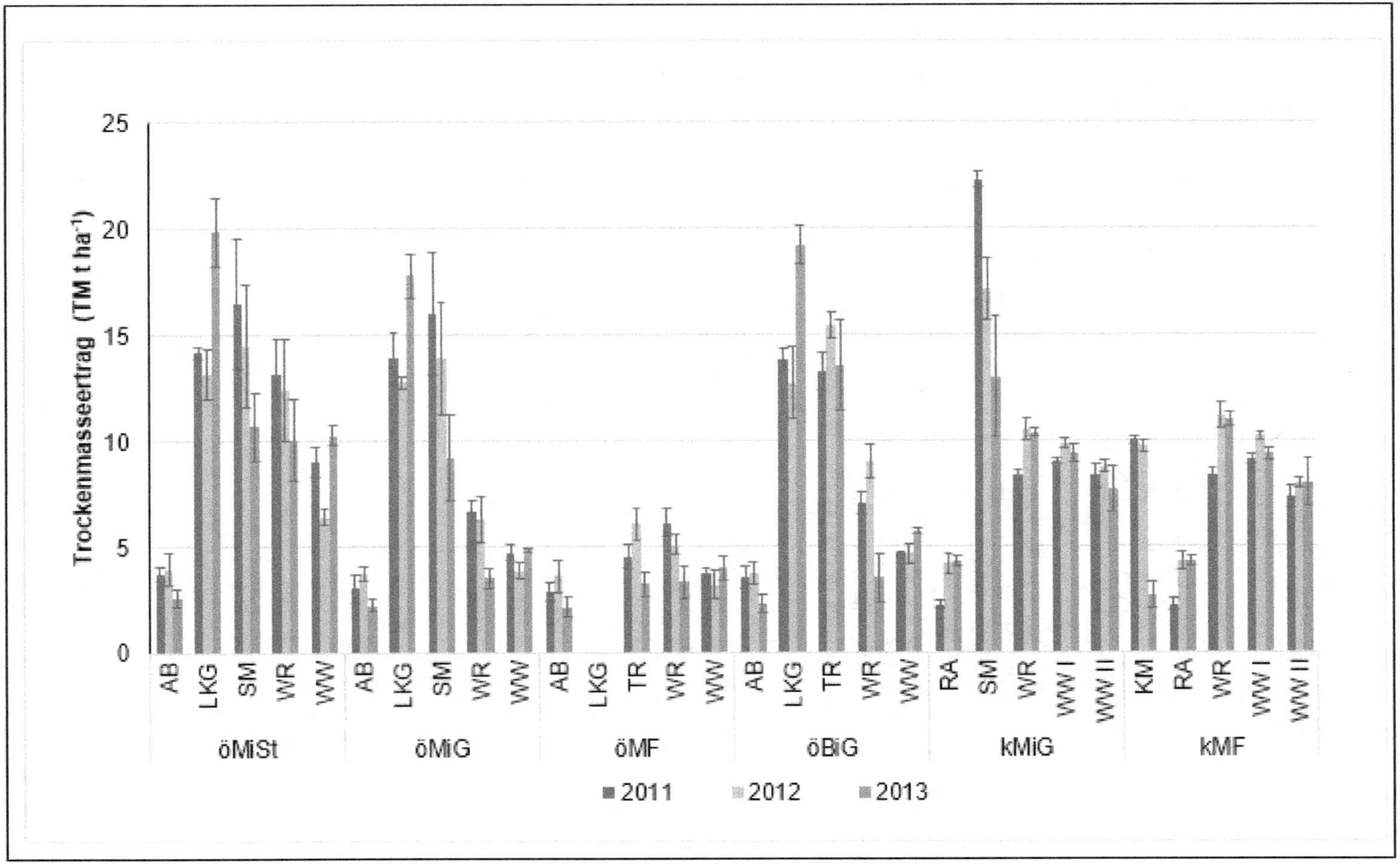

Abbildung 8: Trockenmasseertrag der Fruchtarten (inkl. NP)

4.1.2 Ertragsleistungen der Fruchtarten in Getreideeinheiten

Die Höhe des Ertrags in Getreideeinheiten (GE) wird anhand des Verhältnisses des mittleren Energieliefervermögens einer Fruchtart und der Futtergerste bestimmt. Durch diesen „gemeinsamen Nenner" können Ertragsleistungen unterschiedlicher Fruchtfolgen, Produktionszweige und Betriebe besser verglichen werden.

Der mittlere GE-Ertrag von Silomais betrug 15,9 t ha^{-1}, während Luzerne-Kleegras 7,6 t ha^{-1} GE erreichte (Tabelle 9). Der Luzerne-Kleegrasertrag der ökologischen Pflanzenbausysteme trug folglich in Getreideeinheiten[31] deutlich geringer zur Fruchtfolgeleistung bei als es in Trockenmasse oder in Gigajoule der Fall war.

Da das Nebenprodukt Stroh einen geringen Getreideeinheiten-Faktor hat (0,10), war der Winterweizenertrag des öMiSt-Systems in GE eine vergleichbare Größenordnung wie die Weizenerträge der Systeme öBiG, öMF und öMiG (Abbildung 9). Aufgrund der Strohernte, die im dargestellten GE-Ertrag einbezogen wurde, bestand im Ertrag des öMiSt-Systems und des öBiG-Systems kein signifikanter Unterschied (Tabelle 9, Tabelle 8, Abbildung 9). Der Ertrag des öMF-Systems im Winterweizen war auch in Getreideeinheiten signifikant niedriger gegenüber den übrigen Pflanzenbausystemen, obwohl im TM-Kornertrag dieser Unterschied gegenüber den Systemen öMiSt und öMiG nicht signifikant war (Tabelle 8).

Bevor die erzielten Ertragsleistungen auf der Ebene der Pflanzenbausysteme als gesamthafte Ertragsleistung der Fruchtfolgen abgebildet werden (Abbildung 11), erfolgt zunächst auf der Ebene der Fruchtfolgefelder in GE eine statistische Bewertung (Tabelle 9). Die Streuung der Versuchsergebnisse wird zusätzlich in Abbildung 9 dargestellt.

---

[31] Schulze Mönking et al. (2010) geben für Kleegras-Gemenge keinen GE-Faktor an. Für die vorliegende Arbeit wurde ein niedriger GE-Faktor angesetzt (siehe Kap. 3).

Tabelle 9: Fruchtartenerträge der Pflanzenbausysteme in Getreideeinheiten (inkl. NP)

Einheit: t GE ha⁻¹	2011	2012	2013	x̄	Stat. Analyse
Ackerbohne	**3,5 b**	**4,0 c**	**2,5 a**	**3,3**	
öMiSt	4,0	4,2	2,8	3,7	n. s.
öMiG	3,2	4,0	2,4	3,2	n. s.
öMF	3,1	3,8	2,3	3,1	n. s.
öBiG	3,8	4,0	2,5	3,4	n. s.
Luzerne-Kleegras	**7,0 a**	**6,4 a**	**9,5 b**	**7,6**	
öMiSt	7,1	6,6	9,9	7,9	b
öMiG	6,9	6,4	8,9	7,4	b
öMF	0,0	0,0	0,0	0,0	a
öBiG	6,9	6,4	9,6	7,6	b
Winterraps	**3,2 a**	**6,0 b**	**6,1 b**	**5,1**	
kMiG	3,2	5,9	6,1	5,1	n. s.
kMF	3,2	6,1	6,1	5,1	n. s.
Körnermais	**12,6 b**	**12,2 b**	**3,4 a**	**9,4**	
kMF	12,6	12,2	3,4	9,4	
Silomais	**19,6 a**	**16,3 b**	**11,8 c**	**15,9**	
öMiSt	17,6	15,6	11,5	14,9	a
öMiG	17,2	14,9	9,8	14,0	a
kMiG	23,9	18,4	14,0	18,7	b
Wintertriticale	**7,2 ab**	**8,9 b**	**5,4 a**	**7,2**	
öMF	5,3	7,1	3,8	5,4	a
öBiG (inkl. NP)	9,2	10,6	7,0	8,9	b
Winterroggen	**8,7 ab**	**9,7 b**	**7,1 a**	**8,5**	
öMiSt (inkl. NP)	9,1	8,6	5,4	7,7	b
öMiG	7,8	7,4	4,1	6,4	ab
öMF	7,2	6,0	3,9	5,7	a
öBiG	8,2	10,6	4,1	7,6	b
kMiG	9,8	12,4	12,2	11,5	c
kMF	9,9	13,1	12,9	12,0	c
Winterweizen	**5,5**	**4,6**	**5,9**	**5,3**	
öMiSt (inkl. NP)	6,0	4,3	6,2	5,5	bc
öMiG	5,7	4,7	5,8	5,4	b
öMF	4,5	3,8	4,8	4,4	a
öBiG	5,6	5,6	6,9	6,0	c
WW I	**11,0**	**12,2**	**11,9**	**11,7**	
kMiG	10,9	11,9	11,4	11,4	e
kMF	11,0	12,4	12,5	12,0	e
WW II	**9,4**	**10,1**	**9,5**	**9,7**	
kMiG	10,1	10,6	9,3	10,0	d
kMF	8,8	9,6	9,7	9,4	d

Statistische Analyse: Multiple lin. Regression; Signifikanzniveau: p ≤ 0,05; n. s.: nicht signifikanter Unterschied

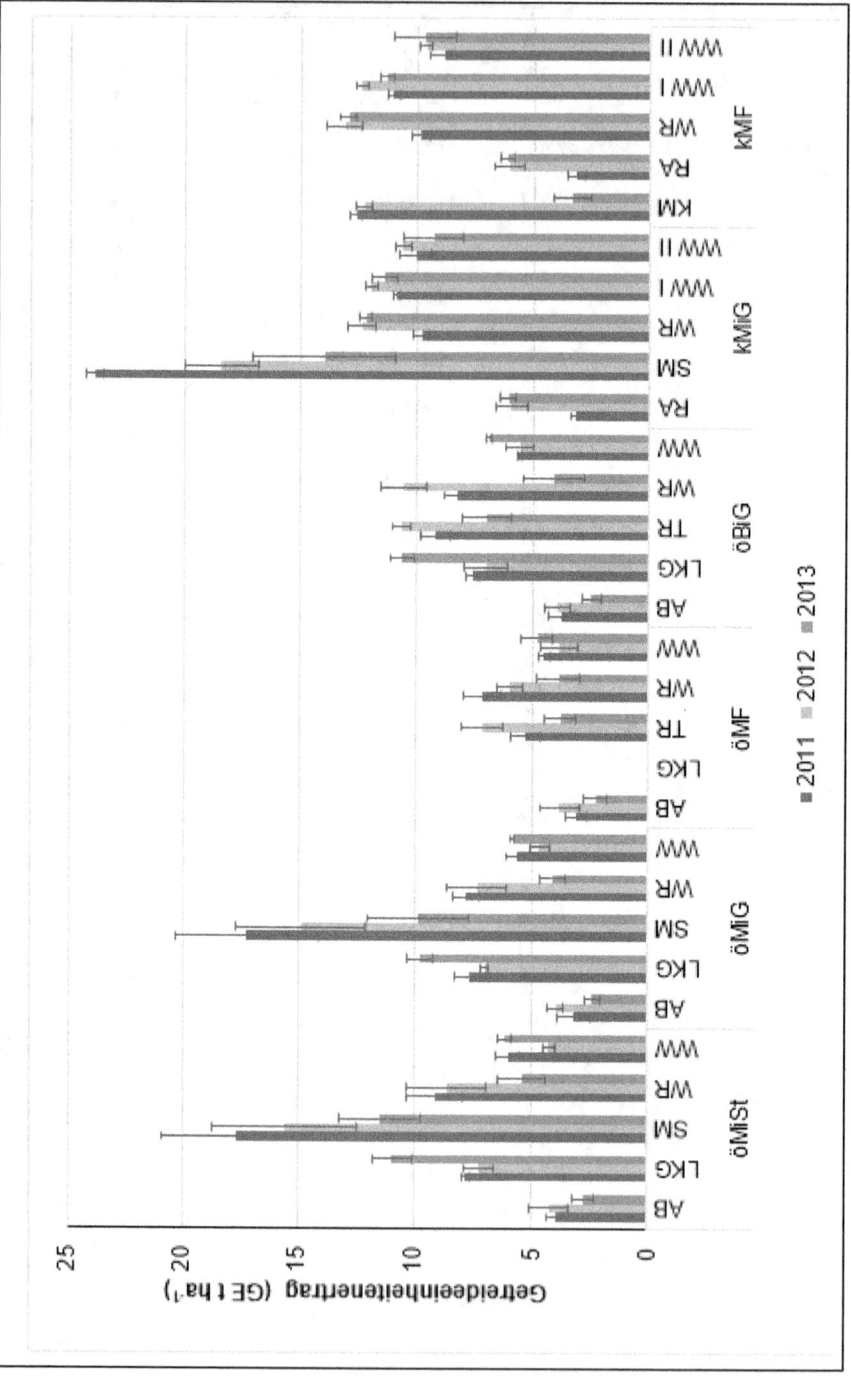

Abbildung 9: Getreideeinheitenertrag der Fruchtarten (inkl. NP)

Auch in Getreideeinheiten waren enorme Unterschiede der Ertragsleistungen einzelner Fruchtarten der Pflanzenbausysteme erkennbar. Die Nebenprodukternte steigerte den GE-Ertrag zum Teil signifikant (Tabelle 8 vs. Tabelle 9). Beim Vergleich der Fruchtarten wurde deutlich, dass die Fruchtart Silomais die höchsten GE-Erträge sowohl in ökologischen als auch in den konventionellen Systemen hatte (Abbildung 9). Körnermais erzielte einen viel geringeren GE-Ertrag als Silomais (andere Ertragsverwendung im kMF-System). Folglich wäre durch eine Integration von Silomais in die Fruchtfolge sämtlicher Pflanzenbausysteme eine Steigerung der Flächenproduktivität möglich. Allerdings müssen solche Steigerungen umsichtig erfolgen (5.2.1.4).

4.1.3 Ertragsleistungen der Fruchtarten in Gigajoule

Mit der funktionellen Einheit Joule bzw. Gigajoule (GJ) wird das energetische Ertragspotenzial der geernteten Biomasse abgeschätzt (Tabelle 10). Hierbei wird der Brennwert der Biomasse in Abhängigkeit von ihrem Gehalt an Rohfaser, Rohprotein, Rohfett und N-freien Extraktstoffen berechnet (siehe *Gl. 2* und *Gl. 3*). In dieser Einheit ist, wie zuvor in Getreideeinheiten, eine Aggregation zum Fruchtfolgeertrag möglich.

Allerdings erzielt das Nebenprodukt Stroh einen vergleichsweise hohen GJ-Ertrag (Energiegehalt im Weizenstroh vergleichbar mit dem Energiegehalt im Weizenkorn). Aus diesem Grund war der energetische Ertrag des öMiSt-Systems auf der Höhe des Ertragsniveaus konventioneller Weizenerträge (WW II).

Auch beim Winterroggen führte die Ernte von Nebenprodukten zu einem signifikant höheren GJ-Ertrag des öMiSt-Systems. Die potenzielle Verwertung der Gesamtpflanze (Wintertriticale im öBiG-System oder Silomais anstelle von Körnermais im kMiG-System) erhöhte den Energieertrag ebenfalls signifikant (Tabelle 10).

Die energetische Bewertung von Futterpflanzen in Joule erschien vergleichbar mit der Bewertung in Trockenmasse, da die Relation des GJ-Ertrag von LKG und Silomais viel enger wurde als dies in GE der Fall war (Tabelle 10 vs. Tabelle 9). Diese Fruchtarten erzielten sowohl in Trockenmasse als auch in GJ die höchsten Erträge (Silomais 240 - 322 GJ ha^{-1} und Luzerne-Kleegras 268 - 285 GJ ha^{-1}).

Bei Winterroggen erzielte das öMiSt-System den höchsten GJ-Ertrag (Abbildung 10) und war dabei signifikant höher als in konventionellen Pflanzenbausystemen (Tabelle 10). Allerdings ist eine energetische Bewertung des Nebenprodukts bei einer innerbetrieblichen Verwertung als Einstreu (stoffliche Nutzung) methodisch inkonsistent (siehe 5.1.4).

Tabelle 10: Fruchtartenerträge der Pflanzenbausysteme in Gigajoule (inkl. NP)

Einheit: GJ ha^{-1}	2011	2012	2013	x̄	Stat. Analyse
Ackerbohne	**63,5 b**	**72,2 c**	**44,8 a**	**60,2**	
öMiSt	71,6	76,2	49,9	65,9	n. s.
öMiG	58,0	71,6	43,1	57,6	n. s.
öMF	55,7	69,0	41,4	55,4	n. s.
öBiG	68,5	71,9	44,8	61,7	n. s.
Luzerne-Kleegras	**252,8 a**	**233,3 a**	**343,3 b**	**276,5**	
öMiSt	256,6	238,3	359,6	284,8	b
öMiG	251,5	231,0	321,9	268,2	b
öMF	0,0	0,0	0,0	0,0	a
öBiG	250,4	230,6	348,4	276,5	b
Winterraps	**62,9 a**	**119,2 b**	**121,3 b**	**101,1**	
kMiG	62,8	117,8	120,9	100,5	n. s.
kMF	63,0	120,5	121,8	101,8	n. s.
Körnermais	**190,6 b**	**185,2 b**	**50,7 a**	**142,2**	
kMF	190,6	185,2	50,7	142,2	
Silomais	**336,0 c**	**279,5 b**	**201,9 a**	**272,4**	
öMiSt	302,5	267,4	196,8	255,6	a
öMiG	295,3	255,5	169,1	239,9	a
kMiG	410,2	315,6	239,7	321,8	b
Wintertriticale	**163,2 b**	**196,9 c**	**153,3 a**	**171,1**	
öMF	83,5	112,4	59,6	85,2	a
öBiG	242,9	281,3	247,0	257,1	b
Winterroggen	**151,5 b**	**166,2 c**	**127,3 a**	**148,4**	
öMiSt	240,4	227,6	183,8	217,3	d
öMiG	122,0	114,9	64,3	100,4	ab
öMF	111,7	93,1	60,8	88,5	a
öBiG	128,4	164,8	63,7	119,0	b
kMiG	153,1	192,6	189,9	178,5	c
kMF	153,6	204,3	201,5	186,4	c
Winterweizen	**101,7**	**83,3**	**115,8**	**100,3**	
öMiSt	163,7	116,3	193,6	157,8	c
öMiG	87,4	71,8	89,6	82,9	b
öMF	69,4	59,2	73,9	67,5	a
öBiG	86,2	86,0	106,1	92,8	b
WW I	**168,6**	**186,9**	**183,6**	**179,7**	
kMiG	167,3	183,6	175,2	175,4	d
kMF	169,8	190,1	191,9	184,0	d
WW II	**145,3**	**155,7**	**146,0**	**149,0**	
kMiG	154,8	163,0	143,0	153,6	c
kMF	135,8	148,4	149,0	144,4	c

Statistische Analyse: Multiple lin. Regression; Signifikanzniveau: p ≤ 0,05; n. s.: nicht signifikanter Unterschied

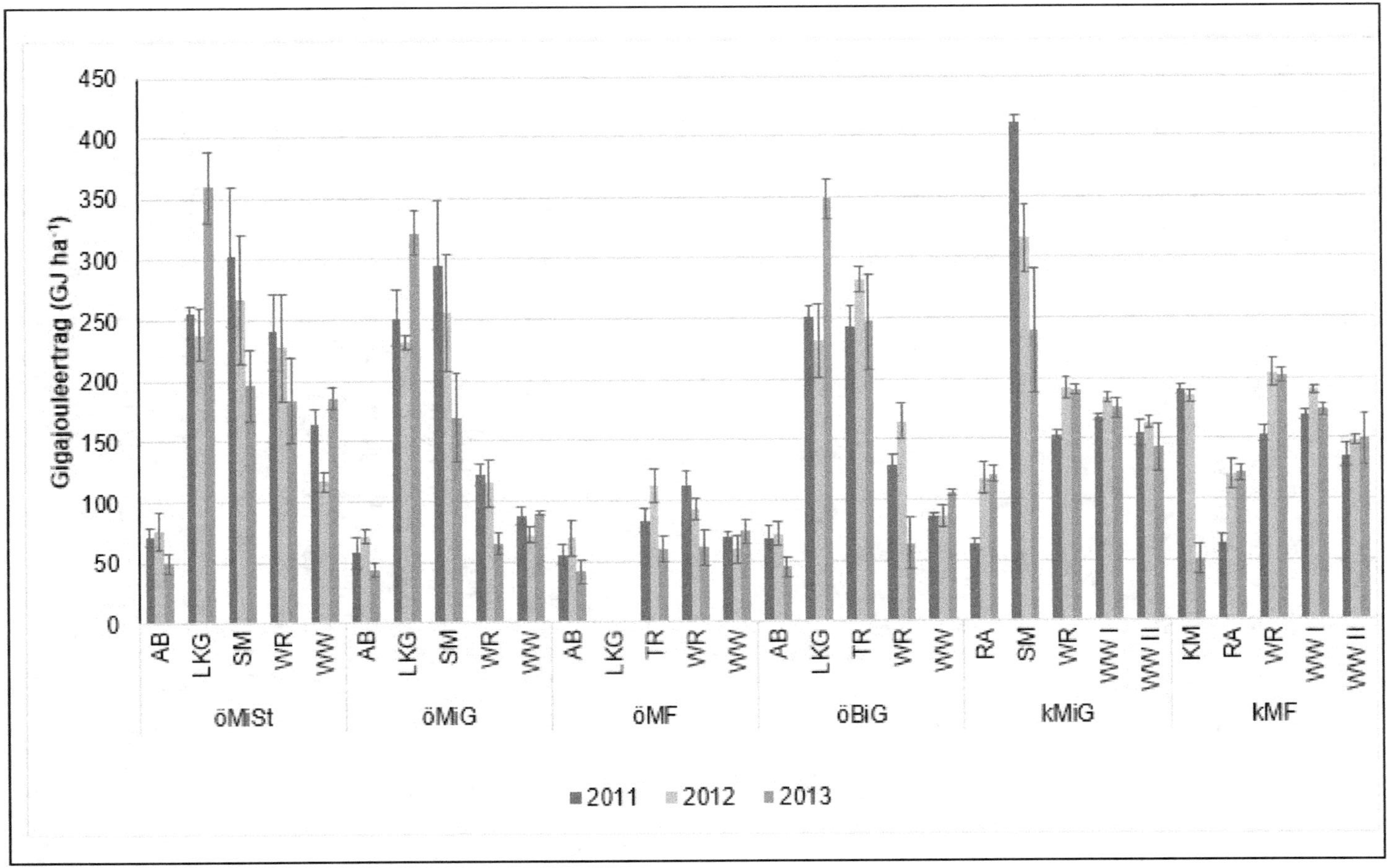

Abbildung 10: Gigajouleertrag der Fruchtarten (inkl. NP)

4.1.4 Ertragsleistungen der Pflanzenbausysteme

Fruchtartenspezifische Unterschiede zwischen den Erträgen ökologischer und konventioneller Pflanzenbausysteme lassen nur begrenzt Rückschlüsse auf die Ertragsleistungen des jeweiligen Gesamtsystems zu. Aus diesem Grund wurden die Erträge aller Fruchtarten der Pflanzenbausysteme in der funktionellen Einheit GE als gesamthafte Ertragsleistung zusammengefasst. Eine zweifaktorielle Varianzanalyse der GE-Erträge zeigte keine signifikanten Wechselwirkungen zwischen den Faktoren „Pflanzenbausystem" und „Jahr". Daher wurden die Jahre als zusätzliche Wiederholungen (n = 12) in einer einfaktoriellen Varianzanalyse verarbeitet (Abbildung 11).

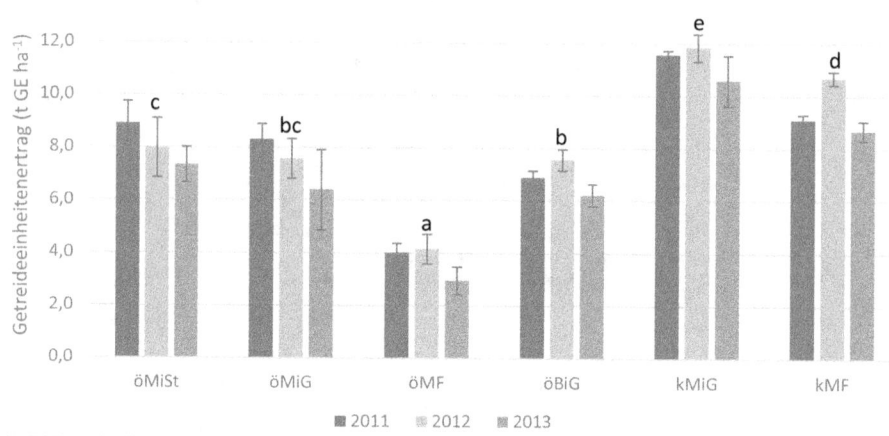

Abbildung 11: Getreideeinheitenertrag der Pflanzenbausysteme (inkl. NP)

Unterschiedliche Buchstaben bedeuten signifikante Ertragsunterschiede im Mittelwert von drei Jahren. Da auf der Ebene der Fruchtarten signifikante Jahresunterschiede bestanden, wurden die GE-Erträge der Pflanzenbausysteme je nach Untersuchungszeitraum (2011 - 2013) differenziert abgebildet.

Die mittleren Ertragsleistungen (in Getreideeinheiten) der im Versuch analysierten Pflanzenbausysteme unterscheiden sich signifikant (Abbildung 11). Eine Ausnahme bildet das ökologische Milchviehgüllesystem (öMiG): Es bestand kein signifikanter Unterschied zum ökologischen Stallmistsystem (öMiSt) und dem ökologischen Biogasgärrestsystem (öBiG). In der nachfolgenden Tabelle 11 wird deutlich, dass die Ertragsunterschiede zwischen öMiSt und öBiG nur deshalb signifikant waren, weil im öMiSt-System Nebenprodukte häufiger geerntet wurden. Jedenfalls erzielten alle ökologischen Pflanzenbausysteme signifikant niedrigere GE-Erträge als die konventionellen Pflanzenbausysteme.

Der höchste Flächenertrag (11,3 t GE ha^{-1}) wurde im konventionellen Milchviehgüllesystem (kMiG) erzielt. Daher wurde für die Berechnung der Ertragsrelationen (siehe 4.1.5) das kMiG-System als Referenzsystem für die übrigen Pflanzenbausysteme verwendet.

Auch konventionelle Systeme unterschieden sich signifikant voneinander. Das konventionelle Marktfruchtsystem unterschied sich vom kMiG-System u. a. durch eine andere Ertragsverwendung in der Fruchtart Mais (Körnermais vs. Silomais). Dies führte zu einem signifikanten Unterschied der Fruchtfolgeerträge in allen drei funktionellen Einheiten (TM, GE und GJ, Tabelle 11), da andere Fruchtartenerträge dieser Systeme sich nicht signifikant voneinander unterschieden.

Innerhalb der ökologischen Systeme erzielte das Stallmistsystem mit 7,9 t GE ha^{-1} den höchsten Fruchtfolgeertrag: Ohne Berücksichtigung der geernteten Nebenprodukte (Stroh) unterschied sich der GE-Ertrag dieses Systems nicht signifikant von den Systemen öMiG und öBiG (Tabelle 11). Das ökologische Marktfruchtsystem erzielte in TM, GE und in GJ die geringste Fruchtfolgeleistung (Tabelle 8). Hauptursache dafür ist die Ertragsverwendung von Luzerne-Kleegras als Gründünger, zumal eine andere Möglichkeit innerbetrieblicher Verwertung dieser Biomasse im öMF-System nicht gegeben ist. Darüber hinaus leistete die Gründüngung einen deutlich schlechteren Beitrag zur Ertragsbildung im öMF-System als die organisch gedüngten Fruchtarten (TR, WR, WW) in den Pflanzenbausystemen öBiG, öMiG und öMiSt (Tabelle 9).

Tabelle 11: Vergleich der funktionellen Einheiten (TM, GE, GJ) anhand der mittleren Erträge

System und Fruchtart	TM-Ertrag (t ha^{-1})	GE-Ertrag (t ha^{-1})	GJ-Ertrag (GJ ha^{-1})
öMiSt (inkl. NP)	8,6 b (10,7 c)	7,7 b (7,9 c)	158,4 b (196,2 c)
- AB	3,4	3,7	65,9
- LKG	15,7	7,9	284,8
- SM	13,9	14,9	255,6
- WR (NP)	6,0 (5,9)	7,0 (0,7)	109,7 (107,6)
- WW (NP)	4,1 (4,5)	5,0 (0,5)	76,2 (81,6)
öMiG	8,2 b	7,3 b (7,3 bc)	149,8 b
- AB	3,0	3,2	57,6
- LKG	14,8	7,4	268,2
- SM	13,0	14,0	239,9
- WR	5,5	6,4	100,4
- WW	4,5	5,4	82,9
öMF	3,2 a	3,7 a	59,3 a
- AB	2,9	3,1	55,4
- LKG	0,0	0,0	0,0
- TR	4,6	5,4	85,2
- WR	4,8	5,7	88,5
- WW	3,6	4,4	67,5
öBiG (inkl. NP)	7,4 b (8,8 b)	6,6 b (6,7 b)	135,5 b (161,5 b)
- AB	3,2	3,4	61,7
- LKG	15,3	7,6	276,5
- TR (NP)	6,9 (7,2)	8,1 (0,8)	127,5 (129,9)
- WR	6,5	7,6	119,0
- WW	5,0	6,0	92,8
kMiG	9,7 c	11,3 e	186,0 c
- RA	3,6	5,1	100,5
- SM	17,5	18,7	321,8
- WR	9,8	11,5	178,5
- WW I	9,4	11,4	175,4
- WW II	8,3	10,0	153,6
kMF	7,8 b	9,6 d	151,7 b
- KM	7,5	9,4	142,2
- RA	3,6	5,1	101,8
- WR	10,2	12,0	186,4
- WW I	9,9	12,0	184,0
- WW II	7,8	9,4	144,4

Stat. Analyse: ANOVA I und Tukey-Test im GE-Ertrag; Multiple lin. Regression bei TM- und GJ-Erträgen; Signifikanzniveau $p \leq 0{,}05$.
Die Werte in Klammern hinter den Fruchtartenerträgen geben die Ertragshöhe der entsprechenden Nebenprodukte (NP) an. Auf der Ebene der Fruchtfolgen wird die Ertragsleistung mit Nebenprodukterträgen in Klammern angegeben.

Die Ertragsleistungen der Fruchtfolgen werden nicht nur vom Ertrag einzelner Fruchtarten beeinflusst, sondern auch von der Anbaustruktur (Ackerflächenverhältnisse in Tabelle 6) sowie der Ertragsverwendung (Ernte vs. Stroh- und Gründüngung) wesentlich geprägt.

Zusammenfassend bleibt festzuhalten, dass die im Versuch festgestellten Unterschiede zwischen den Pflanzenbausystemen im GE-Ertrag aus mehreren Faktoren resultieren:

- Der erzielte fruchtartenspezifische Ertrag kann in Abhängigkeit von der Vorfrucht, der Düngung und dem Pflanzenschutz systemtypisch variieren.
- Das Ertragspotenzial der Fruchtarten ist unterschiedlich: Silomais und/oder Luzerne-Kleegras erhöhen die GE-Erträge der Fruchtfolge.
- Es existieren systembedingte Unterschiede im Ackerflächenverhältnis.
- Die Ertragsverwendung (Stroh- und Gründüngung vs. Ernte) spielt eine bedeutende Rolle, die bei modellhaften Betrachtungen möglicherweise unterschätzt wird.

Diese Unterschiede sind zur Beurteilung der Pflanzenbausysteme (siehe 5.3) wichtig, da sie anhand von Erträgen einzelner Fruchtarten nur unzureichend analysiert werden können.

4.1.5 Ertragsrelationen

4.1.5.1 Ertragsrelationen der Fruchtarten

Nachfolgend werden Ertragsrelationen dargestellt, bei denen die Erträge der einzelnen Pflanzenbausysteme ins Verhältnis zu den Erträgen des ertragsstärksten Pflanzenbausystems (kMiG) gesetzt wurden. Da der Winterweizen in diesem Pflanzenbausystem zweimal in der Fruchtfolge vorkommt, wurde der Winterweizenertrag mit der Vorfrucht Raps (WW I) des kMiG-Systems als Referenzertrag[32] verwendet (kMiG I in Abbildung 12).

---

[32] Auf der Ebene einzelner Fruchtarten erzielte das konv. Marktfruchtsystem (kMF) teils höhere Erträge als das kMiG-System. Für die vorliegende Arbeit steht jedoch ein Systemvergleich auf der Ebene der Fruchtfolgen im Vordergrund. Aus diesem Grund wurde das kMiG-System als Referenzsystem (Werte mit 1 bzw. 100 %) beibehalten, da dieses System den höchsten Ertrag als Fruchtfolge erzielte.

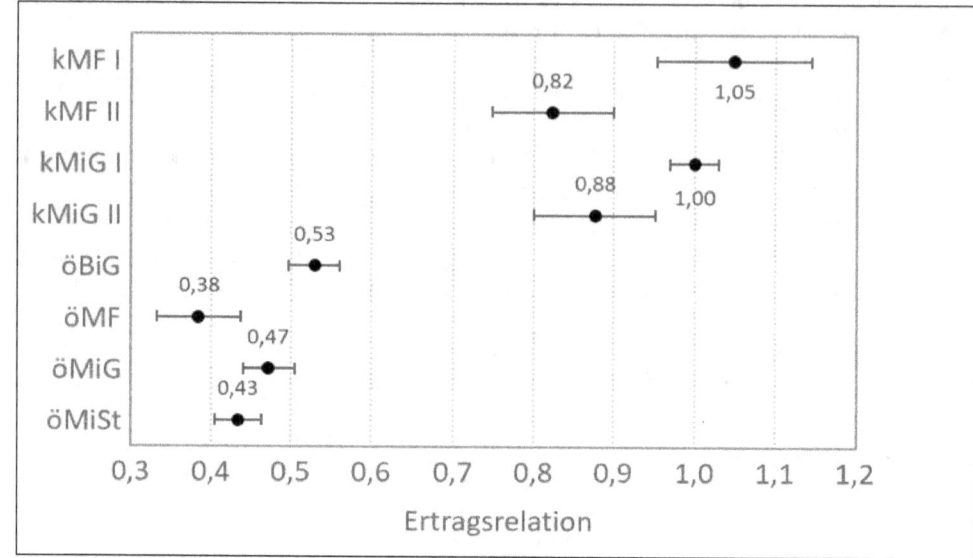

Abbildung 12: Ertragsrelation Winterweizen (TM ohne NP)

Im Systemversuch bestanden signifikante Unterschiede zwischen ökologischen und konventionellen Winterweizenerträgen[33]. Ökologische Pflanzenbausysteme erzielten im Winterweizen eine Ertragsrelation von 0,38 bis 0,53. Darüber hinaus wurden die Unterschiede innerhalb der ökologischen und konventionellen Pflanzenbausysteme deutlich. Bereits die Stellung des Winterweizens in den konventionellen Fruchtfolgen übte einen signifikanten Einfluss auf die Winterweizenerträge aus (0,12 bis 0,23). Die Winterweizenerträge und Ertragsrelationen unterschieden sich auch innerhalb der ökologischen Pflanzenbausysteme deutlich voneinander. Die größte Differenz bestand zwischen dem ökologischen Marktfruchtsystem und dem ökologischen Biogasgärrestsystem.

Im Vergleich zum Winterweizen war im Winterroggen die Ertragsrelation deutlich enger (Abbildung 13).

---

[33] In Ertragsrelationen wurde der Strohertrag nicht berücksichtigt.

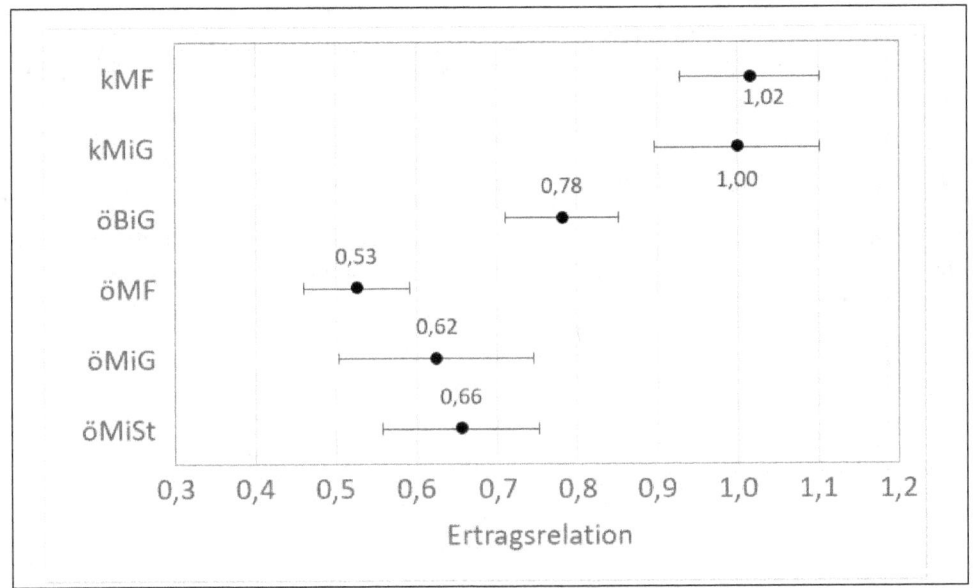

Abbildung 13: Ertragsrelation Winterroggen (TM ohne NP)

Die Hauptfruchterträge der ökologischen Pflanzenbausysteme ergaben beim Winterroggen eine Ertragsrelation von 0,53 – 0,78. Auch für diese Fruchtart bedeutete die Düngung mit Gärresten die größte Annäherung an das konventionelle Ertragsniveau. Entsprechend lagen die Systeme öMF und öBiG innerhalb der ökologischen Pflanzenbausysteme erneut am weitesten auseinander.

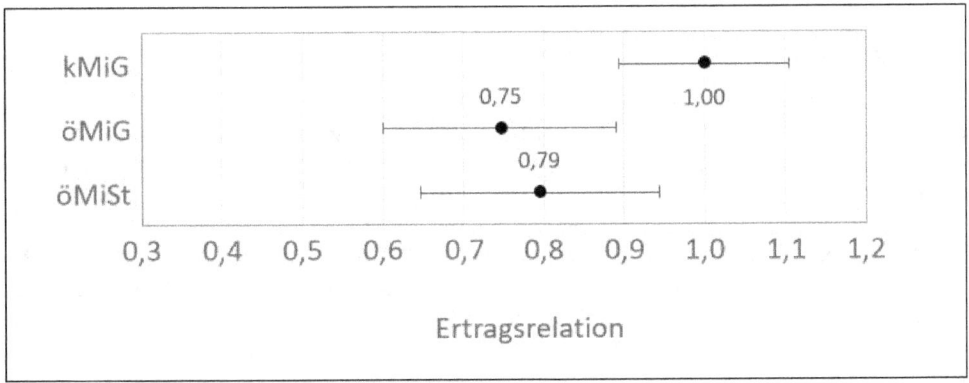

Abbildung 14: Ertragsrelation Silomais (TM)

Die mittlere Ertragsrelation zwischen ökologischen Pflanzenbausystemen und dem kMiG-System war beim Silomais mit 0,75 – 0,79 am engsten (Abbildung 14). Der Unterschied im Ertrag der ökologischen Milchviehsysteme gegenüber dem konventionellen Milchviehsystem war dennoch signifikant (Tabelle 8).

4.1.5.2 Ertragsrelationen der Fruchtfolgen

Die Ertragsrelationen der Fruchtfolgen wurden in allen funktionellen Einheiten dargestellt. Zunächst wurde die Ertragsrelation von geernteten Haupt- und Nebenprodukten in Trockenmasse kalkuliert (Abbildung 15).

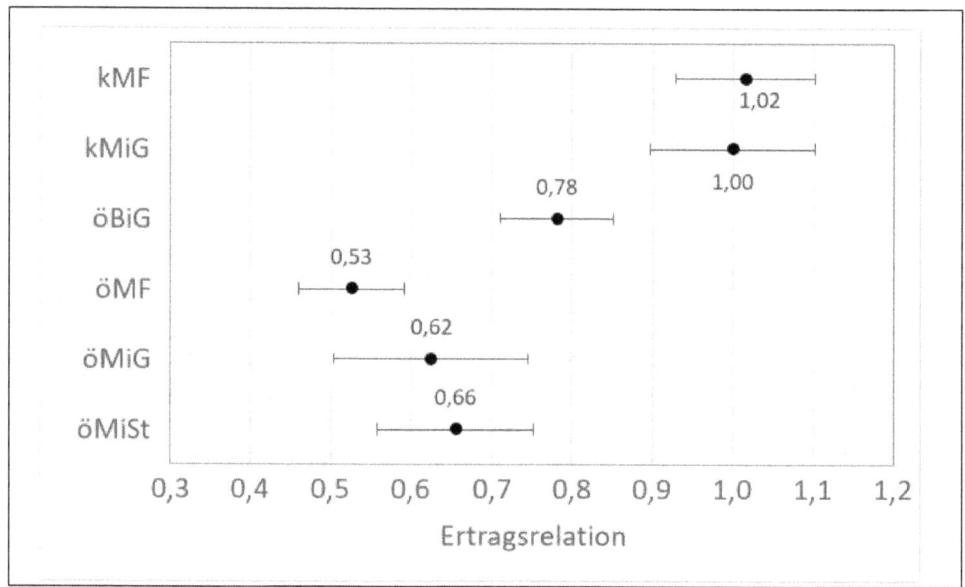

Abbildung 15: Ertragsrelation der Pflanzenbausysteme in Trockenmasse (inkl. NP)

Zusätzlich wurde der Einfluss von Nebenprodukterträgen ausgeschlossen und die Ertragsrelation der Pflanzenbausysteme ausschließlich anhand von Hauptprodukterträgen abgebildet (Abbildung 16).

Das konventionelle Marktfruchtsystem hatte in Trockenmasse eine Ertragsrelation von 0,81. Den Trockenmasseertrag des kMF-Systems erzielten auch die meisten ökologischen Pflanzenbausysteme, mit Ausnahme des öMF-Systems (Abbildung 15). Selbst ohne Nebenprodukterträge lag die Ertragsrelation des ökologischen Stallmistsystems (öMiSt) dem Trockenmasseertrag des konventionellen Milchviehsystems (kMiG) am nächsten (Abbildung 16).

Die Ertragsleistung in Getreideeinheiten berücksichtigt näherungsweise die unterschiedliche stoffliche Zusammensetzung (Proteingehalt, Fettgehalt) sowie die ungleiche Verdaulichkeit und Energiekonzentration der geernteten Biomasse. Die Gewichtung der Erträge anhand von GE-Faktoren bildet somit den Wert der geernteten Biomasse für die Human- und Tierernährung annähernd ab (Abbildung 17).

Beim konventionellen Marktfruchtsystem lag der Fruchtfolgeertrag in Getreideeinheiten um 0,04 näher am Referenzsystem kMiG als zuvor in Trockenmasse. Die Ernte von Nebenprodukterträgen begünstigte die Ertragsrelation des öMiSt-Systems um 0,018 und die des öBiG-Systems um 0,009 Getreideeinheiten (Abbildung 17 vs. Abbildung 18).

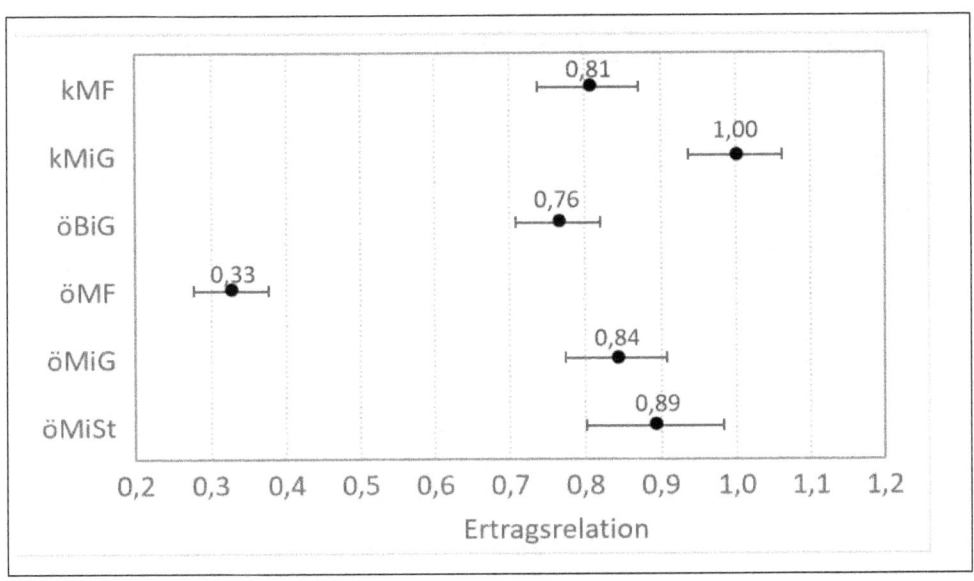

Abbildung 16: Ertragsrelation der Pflanzenbausysteme in Trockenmasse (ohne NP)

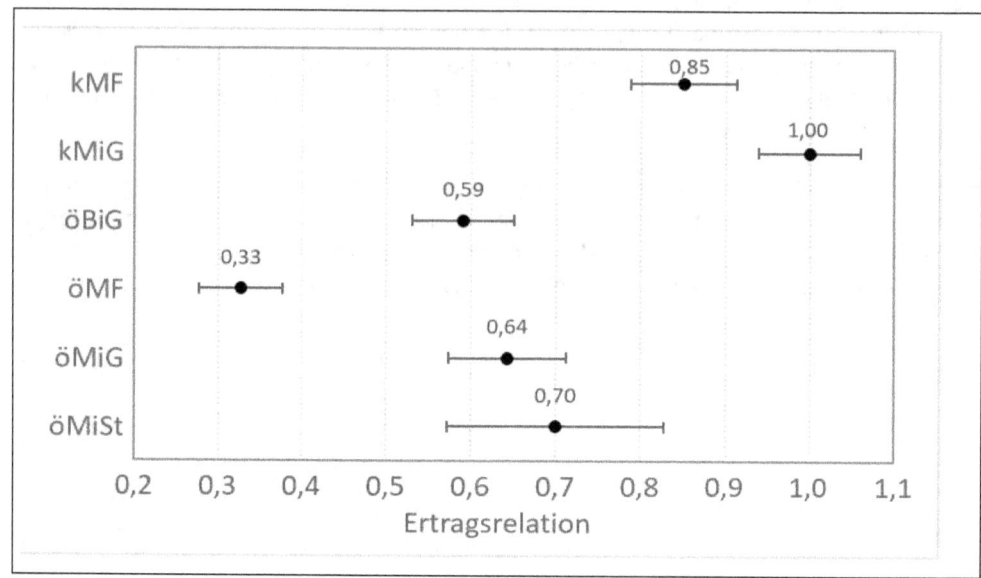

Abbildung 17: Ertragsrelation der Pflanzenbausysteme in Getreideeinheiten (inkl. NP)

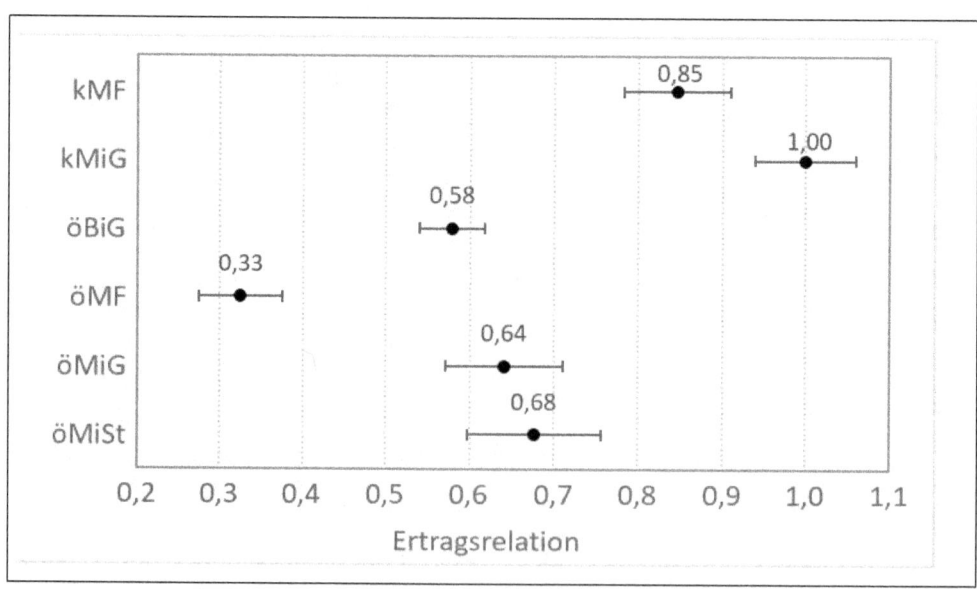

Abbildung 18: Ertragsrelation der Pflanzenbausysteme in Getreideeinheiten (ohne NP)

Die Ertragsrelation der Hauptprodukte in Getreideeinheiten (Abbildung 18) war deutlich weiter auseinander (0,33 – 0,85) als in Trockenmasse (Abbildung 16). Somit hatte die Gewichtung der Erträge anhand von GE-Faktoren auf die Ertragsrelation der ökologischen Systeme einen hohen methodischen Einfluss: Die Ertragsrelation der Pflanzenbausysteme öBiG, ö-MiG und öMiSt nahm dadurch um rund 20 % ab (Abbildung 16 vs. Abbildung 18). Unverändert war die Ertragsrelation des ökologischen Marktfruchtsystems, welches sowohl in TM als auch in GE lediglich 33 % des Referenzsystems (kMiG) erzielte.

In Bezug auf den GJ-Ertrag erschienen die Ertragsrelationen deutlich enger. In den untersuchten Pflanzenbausystemen war die Ernte von Nebenprodukten unterschiedlich (methodisch bedingter Einfluss). Dies führte dazu, dass das Ertragsniveau konventioneller Pflanzenbausysteme in GJ durch das öMiSt-System, wie zuvor in Trockenmasseerträgen (Abbildung 16) beschrieben, übertroffen wurde (Abbildung 19). Unabhängig davon, ob Nebenprodukte berücksichtigt wurden, verringerte sich die Ertragsrelation des öMF-Systems nur um 1 % wenn die funktionelle Einheit GJ zugrunde gelegt wurde.

Bemerkenswert erschien jedenfalls, dass selbst bei einem Fokus auf die Erträge von Hauptprodukten, der energetische Ertrag des kMF-Systems und der GJ-Ertrag der ökologischen Systeme öMiSt, öMiG und öBiG auf vergleichbarer Höhe lagen (Abbildung 20, Tabelle 11).

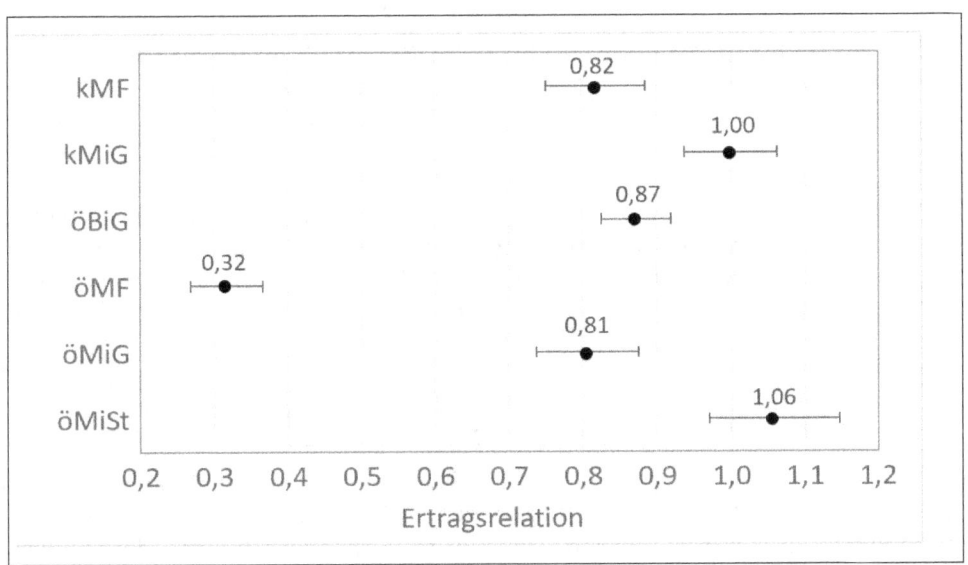

Abbildung 19: Ertragsrelation der Pflanzenbausysteme in Gigajoule (inkl. NP)

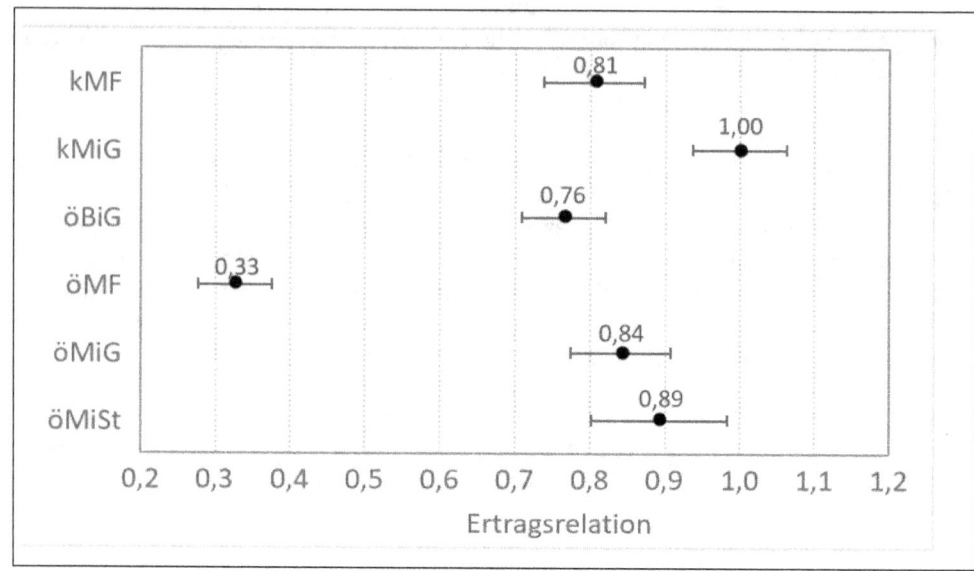

Abbildung 20: Ertragsrelation der Pflanzenbausysteme in Gigajoule (ohne NP)

Ähnlich wie im TM-Ertrag wurden die Nebenprodukte und Futtererträge (jeweils in GJ) den Getreideerträgen der Pflanzenbausysteme gleichgestellt. Aus diesem Grund erschien es für die nachfolgende Analyse des Flächenbedarfs sowie für die Gesamtbewertung der Systeme (5.3) zielführend, die Ertragsleistungen anhand der funktionellen Einheit GE zu bewerten und die Nebenprodukterträge einzelner Pflanzenbausysteme für diesen Zweck (Flächenbedarf, Gesamtbewertung) nicht zu berücksichtigen.

4.1.6 Flächenbedarf der Pflanzenbausysteme

Der Flächenbedarf der untersuchten Pflanzenbausysteme wurde in Relation zum ertragsstärksten System (kMiG) gesetzt. Die Kalkulation des Flächenbedarfs erfolgte anhand der Ertragsleistungen in Getreideeinheiten. Dabei wurden die Mindesterträge der jeweiligen Pflanzenbausysteme einander gegenübergestellt, da mögliche Nebenprodukterträge nicht berücksichtigt wurden und das Gemenge Luzerne-Kleegras mit relativ geringen GE-Faktoren bewertet wurde. Die Unterschiede der Pflanzenbausysteme hinsichtlich ihrer Flächenbeanspruchung für die Produktion einer Getreideeinheit waren signifikant (Tabelle 12).

Der Flächenbedarf des öMF-Systems unterschied sich deutlich von dem Flächenbedarf der übrigen ökologischen Pflanzenbausysteme. Letztere unterschieden sich ebenfalls signifikant vom Flächenbedarf der konventionellen Pflanzenbausysteme.

Auch konventionelle Erträge unterlagen natürlichen Ertragsschwankungen, weshalb für das konventionelle Marktfruchtsystem 27 % mehr Fläche im Jahr 2011 notwendig gewesen wären, um die Produktivität des Referenzsystems kMiG erreichen zu können.

Da das ökologische Marktfruchtsystem (öMF) in Getreideeinheiten lediglich ein Drittel des Fruchtfolgeertrags des konventionellen Milchviehsystems (kMiG) erzielte, war der Flächenbedarf dieses Systems entsprechend dreimal höher als im Referenzsystem: Faktor 3 im Mittelwert der Jahre ($\bar{x}$).

Tabelle 12: Flächenbedarfsfaktoren der Pflanzenbausysteme bei gleicher Produktivität in Getreideeinheiten (ohne NP)

System	2011	2012	2013	$\bar{x}$	s_x
kMiG	1,00	1,00	1,00	1,00 a	(±0,07)
kMF	1,27	1,11	1,19	1,19 a	(±0,09)
öBiG	1,75	1,63	1,82	1,73 b	(±0,12)
öMF	2,77	2,76	3,43	3,00 c	(±0,68)
öMiG	1,43	1,60	1,71	1,58 b	(±0,16)
öMiSt	1,38	1,57	1,54	1,49 b	(±0,17)

Stat. Analyse: Multiple lin. Regression, Signifikanzniveau: $p \leq 0,05$; $\bar{x}$: Mittelwert; s_x: Standardabweichung; HP - Hauptprodukte

4.2 Stoffflüsse und Energiebilanzen der Pflanzenbausysteme

4.2.1 Stickstoff- und Humusbilanzen der Pflanzenbausysteme

4.2.1.1 Stickstoffbilanz

Die Stickstoffversorgung der Kulturpflanzen ist einer der größten Einflussfaktoren auf die Ertragsleistungen der Pflanzenbausysteme. Aufgrund unterschiedlicher Düngermengen und -qualitäten (N-Bindungsform) war die Verfügbarkeit von Stickstoff für die Pflanzenernährung in jedem Pflanzenbausystem unterschiedlich (systemtypisch). Der pflanzenverfügbare Stickstoff (N löslich) in der zugeführten Stickstoffmenge (N Gesamt) wird zur Erklärung der unterschiedlichen Ertragswirksamkeit im jeweiligen Anbau- und Pflanzenbausystem gesondert abgebildet (Abbildung 21). In den konventionellen Pflanzenbausystemen wurde überwiegend schnell wirksamer, direkt pflanzenverfügbarer Mineraldüngerstickstoff eingesetzt; nur die Fruchtarten Winterraps und Silomais erhielten im System kMiG eine organisch-mineralische Düngung (Gülle + Mineral-N).

Im System öMiSt wurde der Stickstoff als Stallmist-Kompost appliziert. Dieser Stickstoff liegt in organischer Bindung vor und wird erst nach einer Mineralisierung pflanzenverfügbar. Das System öMiSt erhielt deutlich mehr Stickstoff als das Milchviehsystem öMiG und das Biogassystem öBiG, allerdings war in der Milchviehgülle und im Gärrest deutlich mehr Ammonium-N enthalten.

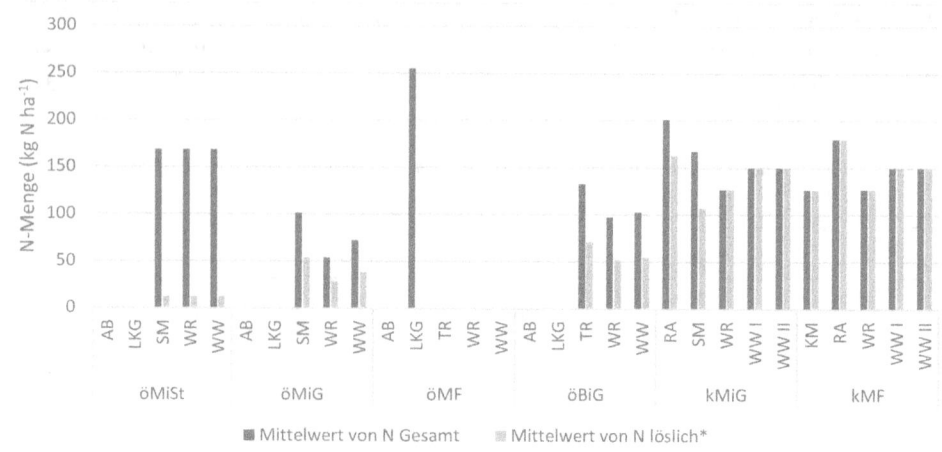

Abbildung 21: Mittlere Stickstoffzufuhr der Pflanzenbausysteme

*N löslich: Ammonium und Nitrat in Mineraldüngern bzw. organischen Düngern

Im ökologischen Marktfruchtsystem (öMF) verblieb die Luzerne-Kleegras-Biomasse als Gründünger auf dem Feld. Die in dieser Biomasse gebundenen Stickstoffmengen wurden als N-Zufuhr des öMF-Systems für die gesamte Fruchtfolge gewertet (Abbildung 21), da die Verfügbarkeit des Stickstoffs für die einzelnen Fruchtarten der Fruchtfolge, z. B. in Abhängigkeit von Mineralisierungsprozessen, nicht untersucht wurde. Während die N_2-Fixierung der Leguminosen eine N-Zufuhr in das Pflanzenbausystem darstellt, wurden die organischen Dünger (Gülle, Stallmist, Gärreste) sowie die Stroh- und Gründüngung als innerbetriebliche N-Flüsse aus N-Recyclingprozessen betrachtet.

In den ökologischen Pflanzenbausystemen wurden sehr hohe N_2-Fixierleistungen berechnet, vor allem aufgrund der außergewöhnlich hohen Kleegraserträge. Unter Berücksichtigung der Leguminosenerträge, der Bestandeszusammensetzung (Leguminosenanteile im Gemengeanbau) und des Leguminosenanteils in den Fruchtfolgen (20 % Kleegras, 20 % Ackerbohnen, Leguminosen in Zwischenfruchtgemengen) betrug die berechnete mittlere N_2-Fixierung der ökologischen Pflanzenbausysteme 80 bis 94 kg ha^{-1}. Ertragsabhängig wurde die höchste N_2-Fixierung im System öMiSt, die geringste N_2-Fixierung im System öMF ermittelt.

In den konventionellen Systemen wurde ebenfalls eine N_2-Fixierung ermittelt, da Leguminosen als Zwischenfrüchte angebaut wurden – jedoch betrug die berechnete N_2-Fixierung nur 13 bis 17 kg ha^{-1} im Mittel der Fruchtfolgen, und war somit für die N-Versorgung der konventionellen Systeme von untergeordneter Bedeutung (Tabelle 13).

Am Versuchsstandort wurde für alle Pflanzenbausysteme eine mittlere atmogene N-Deposition in Höhe von 30 kg N ha^{-1} a^{-1} angenommen (N-Immission, Tabelle 13).

Das Modell REPRO (siehe 3.2) ermöglicht eine Modellierung von Stickstoffflüssen der untersuchten Pflanzenbausysteme, um die N-Verlustpotenziale (N-Salden) und die N-Effizienz zu quantifizieren. Die von den Pflanzenbeständen entzogenen N-Mengen wurden über den

Nutzpflanzenertrag anhand von mittleren N-Gehalten in Haupt- und Nebenprodukten kalkuliert (N-Entzug, Tabelle 13). Das ertragsschwächste Pflanzenbausystem (öMF) hatte die geringsten N-Entzüge (101,4 kg N ha^{-1}), während im ertragsstärksten System (kMiG) die höchsten N-Entzüge (244,1 kg N ha^{-1}) festgestellt wurden (Tabelle 13).

Die N-Effizienz zeigt das Verhältnis zwischen N-Entzug und N-Zufuhr der Pflanzenbausysteme. Die höchste N-Effizienz wurde im öMiG-System („scheinbare" N-Verwertung von über 100 %) ermittelt, da von den Pflanzen mehr Stickstoff aufgenommen als dem System zugeführt wurde. Das öMF-System wies hingegen mit 46,3 % die niedrigste N-Effizienz auf, da weniger als die Hälfte des dem Pflanzenbausystem verfügbaren Stickstoffs ertragswirksam genutzt wurde (Tabelle 13). Kausal hängt die außergewöhnlich geringe N-Effizienz dieses Systems mit dem Mulchen des Kleegrases zur Gründüngung (verbunden mit sehr hohen N-Verlustpotenzialen) und den signifikant niedrigeren Erträgen (N-Entzüge der angebauten Marktfrüchte) zusammen.

Tabelle 13: Stickstoffbilanz der Pflanzenbausysteme

Stickstoffbilanz (kg N ha^{-1})	öMiSt	öMiG**	öMF***	öBiG	kMiG	kMF
N-Zufuhr	254,6	192,3	219,2	218,9	261,3	258,0
- Saatgut	3,4	3,4	3,9	3,9	5,0	5,0
- Mineraldüngung					116,8	146,6
- N$_2$-Fixierung	93,9	84,5	80,4	88,1	16,7	13,4
- Organische Düngung	127,3	74,4	104,9	96,9	92,8	63,0
• Strohdüngung	15,1	22,7	26,5	24,7	28,9	41,6
• Gründüngung	11,2	6,2	78,4	5,6	27,4	21,4
• Wirtschaftsdünger	101,0	45,5		66,6	36,5	
- N-Immission	30,0	30,0	30,0	30,0	30,0	30,0
N-Entzug (Biomasse)	220,8	202,6	179,8	214,6	244,1	227,9
- N-Entzug Hauptprodukt	196,4	179,8	153,3	182,7	215,2	186,3
- N-Entzug Nebenprodukt	24,4	22,7	26,5	31,9	28,9	41,6
N-Entzug (Ernteprodukt)	220,8	202,6	101,4	214,6	244,1	227,9
N-Effizienz (in %)*	86,7	>100,0	46,3	98,0	93,4	88,4
Δ Boden-N-Vorrat (N$_{org}$)	43,4	6,3	29,1	17,8	-8,0	3,2
N-Saldo (ohne Δ N$_{org}$)	33,8	-10,3	117,8	4,8	17,2	30,1
N-Saldo (mit Δ N$_{org}$)	-9,5	-16,6	88,7	-13,6	25,3	26,9
N-Saldo bewertet (Fruchtfolge)	0,91	0,83	0,61	0,86	1,00	1,00

* Berechnet aus dem Verhältnis der N-Menge im Ernteprodukt und der N-Zufuhr ohne Rücksicht auf mögliche N-Vorräte im Boden (ohne Δ N$_{org}$). **Im öMiG-System lag die „scheinbare" N-Effizienz oberhalb von 100 %, da der N-Entzug höher war als die zugeführte N-Menge. ***Die N-Salden und die N-Effizienz des öMF-Systems wurden anhand der N-Menge in Ernteprodukten berechnet.

Die N-Salden in Tabelle 13 resultieren aus der Differenz zwischen der N-Zufuhr, den N-Entzügen; sie sind mit und ohne Boden-N-Vorratsänderung (Δ N$_{org}$) ausgewiesen. Eine deutliche N$_{org}$-Anreicherung im Boden (43 kg ha^{-1} a^{-1}) wurde für das System öMiSt aufgrund der hohen

Düngung mit Stallmistkompost ermittelt. Im kMiG-System wurde eine geringe Abnahme des Boden-N_{org}-Vorrats (-8 kg ha^{-1} a^{-1}) modelliert.

Die N-Salden für alle Pflanzenbausysteme lagen ggü. den N-Salden der Pilotbetriebe im Mittel von drei Jahren in einer niedrigen Höhe vor (Tabelle A6). Das höchste N-Saldo wies das öMF-System (> 50 kg ha^{-1}) auf, gefolgt von den konventionellen Pflanzenbausystemen mit moderaten N-Salden (<50 kg ha^{-1}). Die Bewertung der N-Salden (mit $\Delta\ N_{org}$) ergab für ökologische Pflanzenbausysteme geringste Werte, aufgrund von Abweichungen ggü. dem Optimalbereich für N-Salden zwischen 0 - 50 kg N ha^{-1} (siehe 5.2.2.1).

4.2.1.2 Humusbilanz

Der Humusbedarf (Tabelle 14) wurde ertragsabhängig ermittelt (dynamische Humusbilanz, siehe Kapitel 3). Systembedingte Unterschiede im Humusbedarf zwischen ökologischen und konventionellen Pflanzenbausystemen resultieren aus den deutlich differenzierten Ertragsleistungen und den systemspezifischen Anbaustrukturen (siehe Tabelle 6). Das öMF-System hatte den niedrigsten Humusbedarf. Im ersten Fruchtfolgefeld wurden unterschiedliche Fruchtarten (Winterraps in konventionellen, Luzerne-Kleegras in ökologischen Systemen) angebaut. Winterraps ist eine humuszehrende Fruchtart - der Anbau von Luzerne-Kleegras hat dagegen eine humusmehrende Wirkung. Der Einfluss des ersten Fruchtfolgefelds war jedoch geringer als der Einfluss der Fruchtart auf dem dritten Fruchtfolgefeld: Silomais vs. Körnermais vs. Triticale. Pflanzenbausysteme mit Silomaisanbau (Systeme mit Tierhaltung: öMiSt, öMiG, kMiG) hatten einen höheren Humusbedarf als Systeme ohne Silomais (öMF, öBiG, kMF; Tabelle 14).

Trotz vergleichbarer Erträge der Systeme kMiG und kMF war der Humusbedarf des kMF-Systems niedriger als im kMiG-System. Dies hängt mit geringeren Humusbedarfskoeffizienten für Körnermais auf dem dritten Fruchtfolgefeld des kMF-Systems zusammen.

Die Humusersatzleistungen der Pflanzenbausysteme waren ebenfalls unterschiedlich: Ökologische Pflanzenbausysteme erzielten mit Luzerne-Kleegras eine hohe Humusmehrerleistung. Die organische Düngung war in den Systemen öMiSt, öMiG und öBiG höher als im kMiG-System. Insbesondere die Stallmistdüngung im öMiSt-System führte zu einer sehr hohen Humusersatzleistung (Tabelle 14).

Der Umfang der Stroh- und Gründüngung war systemabhängig und daher sehr unterschiedlich. Die höchste Strohdüngung wurde im kMF-System festgestellt, da hier das Maisstroh nach der Körnermaisernte auf der Anbaufläche verblieb. Das öMF-System hatte die höchste Gründüngung. In diesem System wurden nicht nur die Zwischenfrüchte, sondern auch das Luzerne-Kleegras gemulcht.

Die Humussalden der Pflanzenbausysteme resultieren aus der Differenz zwischen Humusbedarf und Humusersatzleistung. Die meisten Pflanzenbausysteme hatten positive Humussalden. Lediglich das kMiG-System hatte einen negativen Humussaldo (Humusabbau). Die übrigen Pflanzenbausysteme hatten ausgeglichene Humussalden (Tabelle 14) mit der Versorgungsklasse C nach VDLUFA (ebd.). In dieser Klasse werden humusabbauende Prozesse innerhalb der Fruchtfolge durch entsprechende Humusersatzleistungen ausgeglichen (ebd.). Die Humussalden der Systeme öMF und öMiSt indizieren eine starke Humusanreicherung. Somit hatten diese Systeme das höchste Potenzial zur C-Sequestrierung (> 1 t CO_2-Äq. ha^{-1}).

Tabelle 14: Dynamische Humusbilanz der Pflanzenbausysteme

Humusbilanz (kg C ha^{-1})*	öMiSt	öMiG	öMF	öBiG	kMiG	kMF
Humusbruttobedarf	-643	-642	-476	-530	-685	-552
• Winterweizen	-783	-850	-702	-892	-609	-609
• Winterroggen	-875	-850	-815	-841	-609	-609
• Silomais/Körnermais	-1559	-1509			-1122	-476
• Triticale			-863	-916		
• Winterraps					-494	-496
• Winterweizen II					-592	-572
Humusersatzleistung	1098	706	783	717	601	586
- Organische Dünger	674	135	0	119	100	0
- Humusmehrerleistung	326	310	295	314	50	39
• Luzerne-Kleegras	1459	1420	1346	1433		
• Ackerbohne	85	73	73	80		
• Zwischenfrucht	87	58	58	58	160	127
- Strohdüngung	76	250	314	273	395	503
- Gründüngung	22	12	174	10	57	44
Humussaldo (Δ C_{org})	455	65	306	187	-84	34
Humusversorgung (in %)	172	112	165	136	88	106
Versorgungsklasse	D	C	D	C	B	C
C-Seq. Δ C_{org} (kg CO_2-Äq. ha^{-1})	-1667	-237	-1122	-684	307	-123

*Mittelwerte der Jahre 2011, 2012, 2013

4.2.2 Energiebilanzen

4.2.2.1 Energiebilanz der Anbausysteme Winterweizen

Detaillierte Energiebilanzen aller im Systemversuch Viehhausen angebauter Fruchtarten bilden die Grundlage für die Energiebilanzen auf der Fruchtfolgenebene (4.2.2.2). Die Unterschiede zwischen den Pflanzenbausystemen werden vorwiegend auf der Fruchtfolgenebene beschrieben. Nachfolgend wird beispielhaft anhand von Energiebilanzen des Winterweizens die Ebene einzelner Fruchtarten repräsentiert (Tabelle 15).

Hinsichtlich des Energieinputs unterschieden sich die Pflanzenbausysteme des Systemversuchs Viehhausen wesentlich voneinander. Der Energieinput der ökologischen Pflanzenbausysteme umfasst den Energieinput in Form von Diesel, Investitionsgütern (Maschinen und Geräte) und Saatgut (Low-Inputsysteme). In konventionellen Systemen wurden zusätzlich Mineraldünger, Wachstumsregulatoren und chemische Pflanzenschutzmittel eingesetzt, was den gesamten Energieinput mehr als verdoppelte (High-Inputsysteme).

Der Energieoutput der konventionellen High-Inputsysteme zum Teil doppelt so hoch wie in den ökologischen Low-Inputsystemen. In Abhängigkeit vom Ertrag und der Verwendung von Nebenprodukten (Stroh) war der Energieoutput der ökologischen Pflanzenbausysteme hoch variabel. Die Nebenproduktverwendung hat einen hohen Einfluss auf den Energieoutput und die Energieeffizienz. Die Energieeffizienz war u.a. davon abhängig, ob organische Dünger energetisch bewertet wurden (Tabelle 15).

In der Basisvariante der Energiebilanz wurde der organische Dünger keiner energetischen Bewertung unterzogen, da im Systemversuch die Pflanzenbausysteme als ein Teil des landwirtschaftlichen Betriebssystems abgebildet wurden (Abbildung 5, ff.). Daher fallen die organischen Dünger innerbetrieblich an und erfordern keine energetische Bewertung.

Die niedrigste Energieeffizienz in der Basisvariante hatte der Weizen nach Körnermais (kMF II: 11,5); die höchste Energieeffizienz erzielte das öMiSt-System (27,2). Ohne Nebenprodukterträge (Variante 2 in Tabelle 15) erreichte das öBiG-System die höchste Energieeffizienz (19,6), welche nicht signifikant höher als im öMiG-System war (17,4). In der Basisvariante der Energiebilanz lag die Energieeffizienz der Pflanzenbausysteme öMiSt, öMiG und öBiG signifikant höher als in den übrigen Pflanzenbausystemen (Tabelle 15).

Somit wurde der Winterweizen überwiegend in ökologischen Pflanzenbausystemen effizienter produziert. Lediglich im kMF-System hatte der Winterweizen mit der Vorfrucht Raps eine vergleichbare Effizienz wie im öMF-System.

Tabelle 15: Energiebilanz der Weizenproduktion und der Einfluss methodischer Variationen

Basisvariante	Einheit	öMiSt	öMiG	öMF	öBiG	kMiG I	kMF I	kMiG II	kMF II
Energieinput (Basis)	GJ ha⁻¹	5,6	4,6	4,1	4,6	13,0	13,1	12,3	12,3
Org. Dünger (Var. 1**)	GJ ha⁻¹	5,9	2,9		3,8				
Mineraldünger	GJ ha⁻¹					5,7	5,7	5,7	5,7
- N	GJ ha⁻¹					5,3	5,3	5,3	5,3
- P	GJ ha⁻¹					0,2	0,2	0,2	0,2
- K	GJ ha⁻¹					0,2	0,2	0,2	0,2
Saatgut	GJ ha⁻¹	3,8	3,8	3,8	3,8	3,9	3,9	3,9	3,9
- Brennwert	GJ ha⁻¹	2,8	2,8	2,8	2,8	2,9	2,9	2,9	2,9
- Erzeugung	GJ ha⁻¹	1,0	1,0	1,0	1,0	1,0	1,0	1,0	1,0
Pflanzenschutz	GJ ha⁻¹					1,9	1,9	1,5	1,5
- Herbizide	GJ ha⁻¹					1,0	1,0	0,6	0,6
- Fungizide	GJ ha⁻¹					0,7	0,7	0,7	0,7
- Insektizide	GJ ha⁻¹								
- Wachstumsreg.	GJ ha⁻¹					0,2	0,2	0,2	0,2
Dieselkraftstoff	GJ ha⁻¹	3,9	3,0	2,6	3,0	3,8	3,8	3,5	3,4
- Anbau	GJ ha⁻¹	2,5	2,4	2,1	2,4	3,0	3,0	2,5	2,5
- Ernte HP	GJ ha⁻¹	0,8	0,6	0,5	0,6	0,7	0,8	1,0	0,9
- Ernte NP	GJ ha⁻¹	0,3							
- Sonstiges	GJ ha⁻¹	0,2							
Investitionsgüter	GJ ha⁻¹	0,8	0,6	0,5	0,6	0,6	0,6	0,6	0,6
- Anbau	GJ ha⁻¹	0,4	0,4	0,2	0,3	0,4	0,4	0,3	0,3
- Ernte HP	GJ ha⁻¹	0,2	0,2	0,2	0,2	0,2	0,2	0,2	0,2
- Ernte NP	GJ ha⁻¹	0,1							
- Sonstiges	GJ ha⁻¹	0,1			0,1	0,1	0,1	0,1	0,1
Output	GJ ha⁻¹	153,5	80,1	65,0	90,0	172,5	181,1	151,0	142,0
Energiebindung	GJ ha⁻¹	155,3	82,9	67,5	92,8	175,4	184,0	153,6	144,4
- Hauptprodukt	GJ ha⁻¹	76,2	82,9	67,5	92,8	175,4	184,0	153,6	144,4
- Nebenprodukt	GJ ha⁻¹	79,1							
Netto-Output	GJ ha⁻¹	147,0	76,0	61,0	85,0	159,0	168,0	138,0	129,0
Intensität	MJ t⁻¹ GE	1018,0	852,0	931,8	766,7	1140,4	1091,7	1230,0	1308,5
Effizienz* (Basis)	GJ GJ⁻¹	27,2 e	17,4 d	15,8 c	19,6 d	13,3 b	13,8 bc	12,2 b	11,5 a
Effizienz* (Var. 1**)	GJ GJ⁻¹	13,3 b	10,7 a	15,8 c	10,7 a	13,3 b	13,8 bc	12,2 b	11,5 a
Ohne Nebenprodukte (Variante 2)									
Output	GJ ha⁻¹	73	80	65	90	173	181	151	142
Intensität	MJ t⁻¹ GE	1120	852	932	767	1140	1092	1230	1309
Effizienz* (Var. 2)	GJ GJ⁻¹	13,1 b	17,4 d	15,8 c	19,6 d	13,3 b	13,8 bc	12,2 b	11,5 a

* Statistische Analyse: Multiple lineare Regression; Signifikanzniveau: p ≤ 0,05; ** Organische Dünger wurden in dieser Bilanz anhand von Substitutionswerten energetisch bewertet. Solch eine Bewertung ist methodisch umstritten, da der Herstellung von Nährstoffen im organischen Dünger ein äquivalenter Energieaufwand wie bei der Mineraldüngerherstellung unterstellt wird. Eine energetische Bewertung wäre jedenfalls nur dann notwendig, wenn die im Versuch abgebildeten Pflanzen- und Betriebssysteme ihre organischen Dünger nicht innerbetrieblich erzeugen, sondern vollständig aus anderen Betriebssystemen beziehen würden.

Die Ergebnisse zeigen insgesamt, dass die Energieeffizienz auf der Fruchtartebene (dargestellt am Beispiel von Winterweizen), abhängig ist:
- Vom Energieinput im Produktionsverfahren (Arbeitsgänge, Technik- und Betriebsmitteleinsatz),
- von der Stickstoffdüngung und deren Bewertung (organische Dünger),
- von der Fruchtfolge (Vorfruchteffekte, z.B. Raps vs. Mais),
- vom Ernteertrag und der Ertragsverwendung (z.B. Strohernte vs. Strohdüngung).

Bei der Interpretation der in Tabelle 15 dargestellten Ergebnisse ist zu beachten, dass nur in einer Variante (öMiSt) das Stroh geerntet und damit energetisch bewertet wurde (Basisvariante). Korn und Stroh stellen aber sehr unterschiedliche Produkte mit unterschiedlichen Inhaltsstoffen und ernährungsphysiologischem Wert in der Tierernährung dar (siehe Kapitel 5).

4.2.2.2 Energiebilanz und -effizienz der Pflanzenbausysteme

Die energetische Bewertung von Betriebsmitteln und Produktionsprozessen übt einen bedeutenden Einfluss auf die Energieeffizienz der Pflanzenbausysteme aus. Aus diesem Grund wurde auch auf der Ebene der Fruchtfolgen eine Sensitivitätsanalyse für Energiebilanzen erstellt, bei der die für die Basisvariante festgelegten Systemgrenzen variiert wurden. Um die energetische Bewertung der Betriebsmittel in allen Bilanzvarianten nachvollziehen zu können, wurden die für das jeweilige Pflanzenbausystem spezifischen Inputs aufgelistet und die Ergebnisse der Basisvariante dargestellt (Tabelle 16).

Der Energieinput der konventionellen Pflanzenbausysteme (11,5-12,6 GJ ha^{-1}) war signifikant höher als in den ökologischen Pflanzenbausystemen (4,7 - 6,9 GJ ha^{-1}). Innerhalb dieser Gruppen waren die Unterschiede im Energieinput nicht signifikant - mit Ausnahme des ökologischen Marktfruchtsystems (4,7 GJ ha^{-1}). Im öMF-System wurde der geringste Energieinput aufgrund geringer Aufwendungen[34] und der geringsten Erträge verzeichnet (geringster Dieselverbrauch und niedrigster Einsatz von Investitionsgütern). Das konventionelle Marktfruchtsystem wies aufgrund der ausschließlichen Düngung mit Mineraldüngern bei allen Fruchtarten der Fruchtfolge den höchsten Energieinput auf (12,6 GJ ha^{-1}).

Die Energiebindung der Pflanzenbausysteme repräsentiert den Brennwert der geernteten Biomasse. Dabei wurde zwischen dem Brennwert der Hauptprodukte (HP) und dem der geernteten Nebenprodukte (NP) unterschieden. Das konventionelle Milchviehgüllesystem erzielte die höchste Energiebindung (Abbildung 19). Die Energiebindung der Hauptprodukte der ökologischen Pflanzenbausysteme erreichte ein vergleichbares Niveau wie das konventionelle Marktfruchtsystem - mit Ausnahme des ökologischen Marktfruchtsystems.

Die Ernte von Nebenprodukten hatte auch auf Fruchtfolgenebene einen hohen Einfluss auf den Energieoutput. Mit Nebenprodukten erzielte das öMiSt-System mit 194 GJ ha^{-1} den

---

[34] Im öMF-System besteht u. a. kein Aufwand zur Ausbringung organischer Dünger sowie zur Ernte und Konservierung von Luzerne-Kleegras.

höchsten Energieoutput. Ohne Nebenprodukte hatte das kMiG-System mit 183 GJ ha^{-1} den höchsten Energieoutput. Den niedrigsten Energieoutput erzielte das öMF-System (57 GJ ha^{-1}).

Die konventionellen Pflanzenbausysteme erzielten somit einen um den Faktor 2,6 - 3,2 höheren Energieoutput als das öMF-System. Die Unterschiede in der Energieeffizienz der Systeme öMF, kMF und kMiG waren jedoch nicht signifikant. Demgegenüber produzierten die Pflanzenbausysteme öMiSt, öMiG und öBiG ihre Produkte mit einer signifikant höheren Energieeffizienz (Tabelle 16).

Tabelle 16: Energetische Bewertung verwendeter Produktionsmittel und Basisvariante der Energiebilanz der Pflanzenbausysteme

Einheit: GJ ha^{-1}	öMiSt	öMiG	öMF	öBiG	kMiG	kMF
Org. Dünger	3,5	1,8	0,0	2,5	1,2	0,0
- Stalldung	3,5					
- Gülle		1,8			1,2	
- Gärrest				2,5		
Mineraldünger	0,2	0,2	0,2	0,2	4,6	6,0
- Mineraldünger-N					4,1	5,2
- Mineraldünger-P					0,3	0,5
- Mineraldünger-K					0,2	0,3
- Sonstige (MDsonst)*	(0,2)	(0,2)	(0,2)	(0,2)	(0,4)	(0,4)
Saatgut	3,0	3,0	3,5	3,5	3,5	3,5
- Brennwert	2,1	2,1	2,5	2,5	2,9	2,9
- Erzeugung	0,9	0,9	1,0	1,0	0,6	0,6
Pflanzenschutz	0,0	0,0	0,0	0,0	1,6	1,6
- Herbizide					1,0	1,0
- Fungizide					0,4	0,4
- Insektizide					0,1	0,1
- Wachstumsregulatoren					0,1	0,1
Dieselkraftstoff	4,8	4,5	3,2	4,3	3,9	3,7
- Anbau	2,9	2,8	2,5	2,7	2,9	2,8
- Ernte HP	1,5	1,4	0,7	1,4	0,9	0,9
- Ernte NP	0,1			0,1		
- Sonstiges	0,3	0,2		0,2	0,2	
Investitionsgüter	1,2	1,0	0,5	1,0	0,8	0,7
- Anbau	0,4	0,4	0,3	0,3	0,4	0,4
- Ernte HP	0,4	0,4	0,2	0,4	0,2	0,3
- Ernte NP	0,0			0,0		
- Sonstiges	0,3	0,3		0,2	0,2	0,1
Energieinput**	6,9 b	6,4 b	4,7 a	6,3 b	11,5 c	12,6 c
- Dieselkraftstoff	4,8	4,5	3,2	4,3	3,9	3,7
- Investitionsgüter	1,2	1,0	0,5	1,0	0,8	0,7
- Saatgut (Erzeugung)	0,9	0,9	1,0	1,0	0,6	0,6
- Mineraldünger					4,6	6,0
- Pflanzenschutz					1,6	1,6
Energiebindung	196,2	149,8	59,3	161,5	186,0	151,7
- Hauptprodukt (HP)	158,4	149,8	59,3	135,5	186,0	151,7
- Nebenprodukt (NP)	37,8			26,0		
Energieoutput	194,1	147,7	56,8	159,0	183,1	148,6
Netto-Energieoutput	187,2	141,3	52,1	152,7	171,6	136,0
Energieeffizienz**	28,1 c	23,1 b	12,1 a	25,2 bc	15,9 a	11,8 a

*Im Rahmen der Sensitivitätsanalyse erfolgte die Bewertung sonstiger Mineraldünger (Kieserit; Solubor; Nutrimix - Mikronährstoffdünger für Raps) anhand von Literaturwerten. Die energetische Bewertung erfolgte in anderen Fällen anhand der in REPRO hinterlegten Energieäquivalente. **Stat. Analyse: Multiple lineare Regression; Signifikanzniveau: $p \leq 0,05$;

4.2.2.3 Sensitivitätsanalyse der Energiebilanz

Der Einfluss von Systemgrenzen und methodischen Variationen auf die Energiebilanz der Pflanzenbausysteme wird in der nachfolgenden Sensitivitätsanalyse quantifiziert und statistisch analysiert.

Die Ergebnisse in Tabelle 17 zeigen bemerkenswerte Unterschiede zwischen den Varianten der Energiebilanz. In der Variante 1 blieben die Nebenprodukterträge im Energieoutput der Pflanzenbausysteme unberücksichtigt. Mit der Variante 2 wurde der Einfluss einer energetischen Bewertung[35] organischer Dünger quantifiziert. Eine energetische Bewertung organischer Dünger wäre notwendig, wenn diese Dünger aus einem anderen Pflanzenbau-/Betriebssystem zugekauft wären. In der Variante 3 der Energiebilanz wurden sonstige Mineraldünger[36] ebenfalls energetisch bewertet.

---

[35] Organische Dünger wurden in dieser Bilanzvariante anhand von Substitutionswerten energetisch bewertet. Bei dieser Bewertung wird für die Bereitstellung von Nährstoffen im organischen Dünger ein äquivalenter Energieaufwand wie bei der Mineraldüngerherstellung unterstellt.

[36] Beim Anbau von Winterweizen kamen sonstige Mineraldünger nicht zur Anwendung. Aus diesem Grund wurde auf der Fruchtartenebene (4.2.2.1) nur die 1. und 2. Variante der Energiebilanz analysiert.

Tabelle 17: Sensitivitätsanalyse der Energiebilanz der Pflanzenbausysteme

Basisvariante	Einheit	öMiSt	öMiG	öMF	öBiG	kMiG	kMF
Energieinput	GJ ha^{-1}	6,9	6,4	4,7	6,3	11,5	12,6
Energieoutput	GJ ha^{-1}	194	148	57	159	183	149
Netto-Output	GJ ha^{-1}	187	141	52	153	172	136
Energieeffizienz*	**GJ GJ^{-1}**	**28,1 c**	**23,1 b**	**12,1 a**	**25,2 bc**	**15,9 a**	**11,8 a**
Bewertung organischer Dünger (Variante 1)							
Δ Energieinput	GJ ha^{-1}	+3,5	+2,2		+2,5	+1,2	
Energieinput	GJ ha^{-1}	10,4	8,2	4,7	8,8	12,7	12,6
Energieoutput	GJ ha^{-1}	194	148	57	159	183	149
Netto-Output	GJ ha^{-1}	184	140	52	150	170	136
Energieeffizienz*	**GJ GJ^{-1}**	**18,6 b**	**18,0 b**	**12,1 a**	**18,1 b**	**14,4 a**	**11,8 a**
Δ ggü. Basisvariante	GJ GJ^{-1}	-9,4	-5,1	0,0	-7,2	-1,5	0,0
Relative Veränderung	%	-34 %	-22 %	0 %	-28 %	-9 %	0 %
Ohne Nebenprodukte (Variante 2)							
Energieinput	GJ ha^{-1}	6,9	6,4	4,7	6,3	11,5	12,6
Δ Energieoutput	GJ ha^{-1}	-38			-26		
Energieoutput	GJ ha^{-1}	156	148	57	133	183	149
Netto-Output	GJ ha^{-1}	149	141	52	127	172	136
Energieeffizienz*	**GJ GJ^{-1}**	**22,7 b**	**23,1 b**	**12,1 a**	**21,1 b**	**15,9 a**	**11,8 a**
Δ ggü. Basisvariante	GJ GJ^{-1}	-5,4	0,0	0,0	-4,1	0,0	0,0
Relative Veränderung	%	-19 %	0 %	0 %	-16 %	0 %	0 %
Bewertung sonstiger Mineraldünger (Variante 3)							
Δ Energieinput	GJ ha^{-1}	+0,2	+0,2	+0,2	+0,2	+0,4	+0,4
Energieinput	GJ ha^{-1}	7,1	6,6	4,9	6,5	11,9	13,0
Energieoutput	GJ ha^{-1}	194	148	57	159	183	149
Netto-Output	GJ ha^{-1}	187	141	52	152	171	136
Energieeffizienz*	**GJ GJ^{-1}**	**27,3 c**	**22,4 b**	**11,6 a**	**24,5 b**	**15,4 a**	**11,5 a**
Δ ggü. Basisvariante	GJ GJ^{-1}	-0,8	-0,7	-0,5	-0,7	-0,6	-0,3
Relative Veränderung	%	-3 %	-3 %	-4 %	-3 %	-4 %	-3 %

*Statistische Analyse: Multiple lineare Regression; Signifikanzniveau: p ≤ 0,05;

Die Variante 1 der Energiebilanz verdeutlicht die Höhe der Effizienzverluste, sobald die organischen Dünger energetisch zu bewerten[37] wären. Dies würde die Energieeffizienz am stärksten mindern. Der statistische Unterschied in der Energieeffizienz zwischen der Gruppe

---

[37] Beispielsweise wenn organische Dünger aus anderen Betriebssystemen zugekauft werden.

energieeffizienter Systeme (öMiSt, öMiG und öBiG) blieb auch in solch einem Szenario gegenüber den restlichen Systemen (öMF, kMiG, kMF) dennoch signifikant.

Die Energieeffizienz reduzierte sich in der Variante 2 lediglich in den Systemen öMiSt und öBiG, da in diesen Systemen die Nebenprodukte geerntet wurden. Ohne Nebenprodukte wurde die höchste Energieeffizienz im öMiG-System verzeichnet, wobei der Unterschied zu den Systemen öMiSt und öBiG weiterhin nicht signifikant war (Tabelle 17).

In der Variante 3 wurde Kieserit (im Ökologischen Landbau zugelassener Schwefeldünger) energetisch bewertet und in die Energiebilanz als weiterer Energieinput integriert. Obwohl der Energieinput sich dadurch lediglich um 0,2 GJ ha^{-1} veränderte, bewirkte dies eine Änderung der Energieeffizienz um 0,5 - 0,8 GJ GJ^{-1}. In konventionellen Systemen veränderte sich die Energieeffizienz lediglich um 0,3 - 0,6 GJ GJ^{-1}, obwohl der Energieinput durch Solubor und weitere Mikronährstoffdünger im Raps stärker zunahm (0,4 GJ ha^{-1}).

4.3 Flächen- und produktbezogene Treibhausgasemissionen

Nachfolgend werden die Ursachen und die Höhe der flächenbezogenen Treibhausgasemissionen auf der Fruchtarten- (Abbildung 22) und Fruchtfolgenebene (Abbildung 26) beschrieben. Zusätzlich wurden produktbezogene Treibhausgasemissionen kalkuliert (Abbildung 24, Abbildung 25, Abbildung 28, Abbildung 29), um einerseits einen Bezug den Ertragsleistungen der Pflanzenbausysteme (4.1) und andererseits zu den Produktionsaufwänden (Tabelle 16) herzustellen. Die Varianten und die Berechnung der Treibhausgasbilanzen wurde im Abschnitt 3.3 beschrieben.

4.3.1 Treibhausgasemissionen der Winterweizen-Anbausysteme

In der Basisvariante lagen die flächenbezogenen Treibhausgasemissionen (THG) in CO_2-Äq. beim Winterweizenanbau zwischen 440 und 2490 kg ha^{-1}. Die Höhe der Treibhausgasemissionen wurde in allen Pflanzenbausystemen maßgeblich von den Lachgasemissionen geprägt; der Anteil der Lachgasemissionen an den Gesamtemissionen betrug 40 bis 76 % (Abbildung 22).

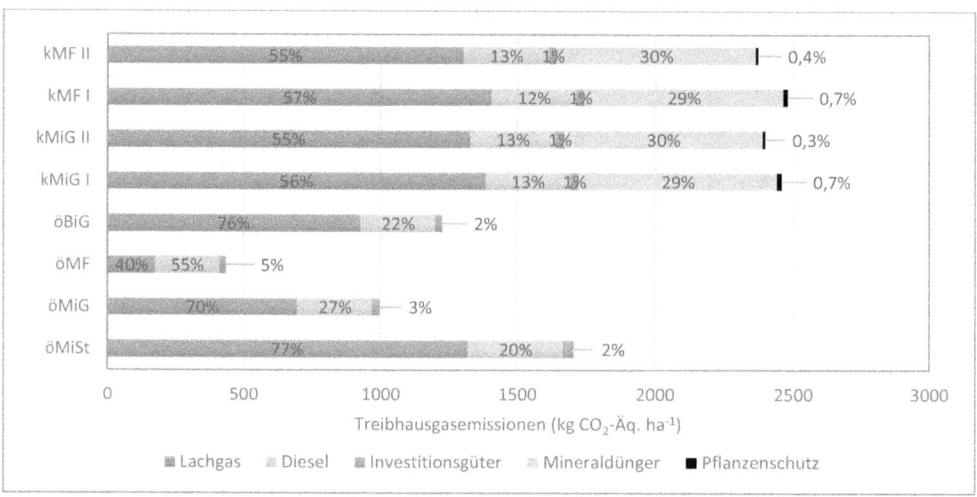

Abbildung 22: Flächenbezogene Treibhausgasemissionen (Basisvariante) der Winterweizenproduktion (TM inkl. NP) differenziert nach Emissionsquellen

In den konventionellen Systemen kam Winterweizen zweimal in der Fruchtfolge zum Anbau. Der Winterweizen mit der Vorfrucht Raps ist mit kMiG I und kMF I; der Winterweizen mit der Vorfrucht Mais mit kMiG II und kMiG II gekennzeichnet.

Die zweitgrößte Emissionsursache der ökologischen Pflanzenbausysteme war die Dieselnutzung. In den konventionellen Pflanzenbausystemen lag die zweitgrößte Emissionsursache außerhalb der landwirtschaftlichen Systemgrenzen im Vorleistungsbereich - die Emissionen der Mineraldüngerherstellung.

Die ökologischen Pflanzenbausysteme hatten mit 435 - 1705 kg ha^{-1} CO_2-Äq.-Emissionen ein signifikant niedrigeres THG-Potenzial als die konventionellen Weizenbausysteme (> 2350 kg CO_2-Äq. ha^{-1}). Die Unterschiede innerhalb der ökologischen Weizenbausysteme waren jedenfalls signifikant (Tabelle 18).

Das geringste flächenbezogene THG-Potenzial im Weizenanbau hatte das ökologische Marktfruchtsystem (öMF). Dies hing mit der extensiven Bewirtschaftung des Weizens in diesem System zusammen (keine organische Düngung; wenige Arbeitsvorgänge; geringste Erntemenge). Dagegen hatte das ökologische Stallmistsystem (öMiSt) das höchste THG-Potenzial aufgrund des hohen N-Inputs, des Aufwands für die Stallmistausbringung und der aufwändigeren Ernteprozesse (u. a. Strohbergung).

Innerhalb der konventionellen Pflanzenbausysteme bestanden ebenfalls signifikante Unterschiede bei den flächenbezogenen THG-Emissionen (Abbildung 23). Dies war insofern überraschend, da die Stickstoffdüngung als wesentlicher Einflussfaktor auf die Höhe der Lachgasemissionen, in diesen Pflanzenbausystemen jeweils gleich war. Der signifikante Unterschied bestand jedoch nicht zwischen den konventionellen Pflanzenbausystemen, sondern im Winterweizen mit unterschiedlichen Vorfrüchten (Raps: kMiG I, kMF I vs. Mais: kMiG II, kMF II; Abbildung 23). Die Ursache für diese Differenzen war die unterschiedliche Höhe des Sickstoffs in Ernte- und Wurzelrückständen. Da diese Stickstoffmengen ertragsabhängig kalkuliert wurden, führten somit die signifikanten Ertragsunterschiede im Winterweizen mit der Vorfrucht Raps und dem Weizen mit der Vorfrucht Mais (Tabelle 8) zu signifikanten Unterschieden im THG-Potenzial der konventionellen Weizenanbausysteme (Basisvariante, Abbildung 23).

Ergänzend zur Basisvariante wurde die C-Sequestrierung als Ergebnis der dynamischen Humusbilanz (Tabelle 14) in der THG-Bilanz berücksichtigt (Abbildung 23).

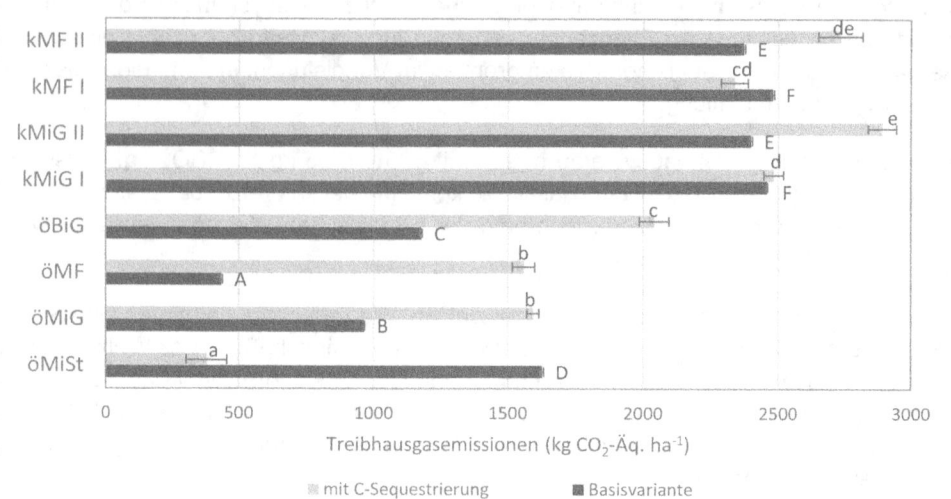

Abbildung 23: *Flächenbezogene Treibhausgasemissionen der Winterweizenproduktion (Basisvariante vs. Variante mit C-Sequestrierung)*

In den konventionellen Systemen kam Winterweizen zweimal in der Fruchtfolge zum Anbau. Der Winterweizen mit der Vorfrucht Raps ist mit kMiG I und kMF I; der Winterweizen mit der Vorfrucht Mais mit kMiG II und kMiG II gekennzeichnet. Die Fehlerbalken zeigen hier die Standardabweichung, berechnet aus drei Jahren à vier Wiederholungen. Unterschiedliche Buchstaben zeigen signifikante Unterschiede (Multiple lineare Regression, p ≤ 0,05) zwischen den Pflanzenbausystemen an. Groß- und Kleinbuchstaben grenzen die Ergebnisse der Bilanzvarianten voneinander ab.

Bei der Berücksichtigung der C-Sequestrierung in der THG-Bilanz nahmen die flächenbezogenen Emissionen zu, mit Ausnahme der Systeme öMiSt und kMF I. Dies hing mit der differenzierten Humuswirkung des Winterweizenanbaus zusammen.

Nach den Berechnungen der dynamischen Humusbilanz beeinflusst der Anbau von Winterweizen die Humusgehalte im Boden negativ (humuszehrende Fruchtart): dies gilt für den Anbau ohne Strohdüng und organische Düngung.

Die Ergebnisse der dynamischen Humusbilanz auf der Fruchtartenebene (Winterweizen) zeigen an, dass es in den untersuchten Anbausystemen zu einer Freisetzung von Bodenkohlenstoff kommen würde. Die Gesamtemissionen nahmen deshalb gegenüber der Basisvariante meist zu, da auf der Fruchtartenebene dem Humusreproduktionsbedarf nicht ausschließlich über eine Strohdüngung entsprochen werden kann.

Kompensationsmöglichkeiten bestehen auf der Ebene der jeweiligen Fruchtfolge, die jedoch in der flächenbezogenen THG-Bilanz von Winterweizen nicht dargestellt werden (5.1). Beispielsweise hätte im öMF-System die Humuswirkung der Gründüngung von Luzerne-Kleegras anteilig dem Winterweizen angerechnet werden können. Allerdings erfolgt dies in der vorliegenden Arbeit erst bei den produktbezogenen THG-Emissionen (Abbildung 24), da die THG-Emissionen von Luzerne-Kleegras in diesem System eine Allokation auf die Produkte dieses Pflanzenbausystems erfordern (3.2.2).

Die Berücksichtigung der Bodenkohlenstoffveränderungen in der THG-Bilanz des Winterweizens (Variante mit C-Sequestrierung) bewirkte eine weitere Zunahme der Differenzen im THG-Potenzial der Pflanzenbausysteme (u. a. öMiSt: 380 vs. kMiG II: rund 2890 CO_2-Äq. kg ha^{-1}; Abbildung 23). Die größte Zunahme der THG-Emissionen gegenüber der Basisvariante war in den Systemen öMF, öBiG, und öMiG sowie im Weizen mit der Vorfrucht Mais (kMiG II, kMF II) aufgrund geringerer Strohbiomasse[38], die zur Strohdüngung zur Verfügung stand, zu verzeichnen. Die größte Abnahme gegenüber der Basisvariante wurde im ökologischen Stallmistsystem (öMiSt) festgestellt. Das öMiSt-System hatte aufgrund der hohen Stallmistgaben zum Winterweizen und der hohen Humusersatzleistung von Stallmist in der Variante mit C-Sequestrierung ein um 1200 kg CO_2-Äq. ha^{-1} geringeres THG-Potenzial.

Eine ähnliche Tendenz bestand auch im Weizenanbau des konventionellen Marktfruchtsystems mit der Vorfrucht Raps (kMF I), wobei hier das THG-Potenzial in der Variante mit C-Sequestrierung nicht so sehr abnahm (120 kg CO_2-Äq. ha^{-1}) wie im öMiSt-System. Dies war auf die deutlich höheren Humusersatzleistungen in Folge ertragsabhängiger Strohdüngung zurückzuführen.

---

[38] Die Strohbiomasse wurde anhand der Korn: Stroh-Verhältnisse kalkuliert.

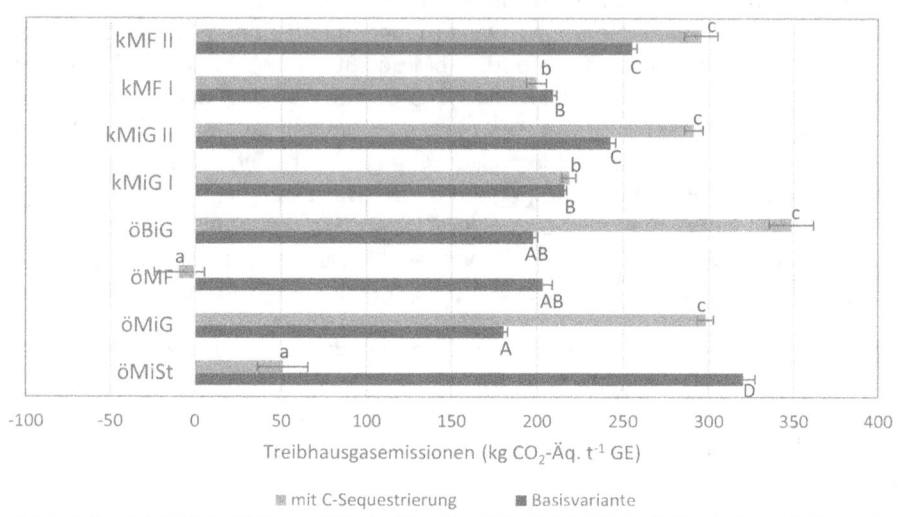

Abbildung 24: Produktbezogene Treibhausgasemissionen der Winterweizenproduktion (GE inkl. NP)

In den konventionellen Systemen kam Winterweizen zweimal in der Fruchtfolge zum Anbau. Der Winterweizen mit der Vorfrucht Raps ist mit kMiG I und kMF I; der Winterweizen mit der Vorfrucht Mais mit kMiG II und kMiG II gekennzeichnet. Die Fehlerbalken zeigen hier die Standardabweichung, berechnet aus drei Jahren à vier Wiederholungen. Unterschiedliche Buchstaben bedeuten signifikante Unterschiede (Multiple lineare Regression, $p \leq 0{,}05$) zwischen den Pflanzenbausystemen. Groß- und Kleinbuchstaben grenzen die Ergebnisse der Bilanzvarianten voneinander ab.

Produktbezogen waren die Emissionsunterschiede der Pflanzenbausysteme in der Weizenproduktion ebenfalls signifikant (Abbildung 24). In der Basisvariante emittierten die meisten Pflanzenbausysteme 180 bis 350 kg CO_2-Äq. t^{-1} GE. Die niedrigsten produktbezogenen THG-Emissionen in der Basisvariante hatte das öMiG-System (180 kg CO_2-Äq. t^{-1} GE).

Das öMiSt-System hatte die höchsten produktbezogenen THG-Emissionen in der Basisvariante, obwohl in der funktionellen Einheit „GE" der zusätzliche Nebenproduktertrag (Strohernte) einkalkuliert wurde. Aufgrund einer N_2O-Emissionsabschätzung nach IPCC (2006) hatte dieses System hohe Lachgasemissionen. Hauptursache dafür war die höchste Applikationsmenge an organischen Düngern (20 t ha^{-1} Stallmist)für den Winterweizen (Tabelle 7). Die Strohernte in diesem System hatte zur Folge, dass die Lachgasemissionen aus Ernte- und Wurzelrückständen etwas geringer waren. Mit der Stallmistdüngung kamen diese Stoffe weitgehend wieder zurück auf die Anbaufläche. Deshalb erschien für dieses Anbausystem die Berücksichtigung des Bodenkohlenstoffs (Variante mit C-Seq.) von höchster Relevanz.

Das zweithöchste, produktbezogene THG-Potenzial hatten in der Basisvariante die beiden konventionellen Systeme im Weizenanbau mit der Vorfrucht Mais (kMF II, kMiG II). Die Emissionshöhe des konventionell angebauten Winterweizens mit der Vorfrucht Raps unterschied sich nicht signifikant von dem THG-Potenzial der Systeme öBiG und öMF.

In der Variante mit C-Sequestrierung waren die produktbezogenen THG-Emissionen im ökologischen Biogassystem (öBiG) am höchsten (349 kg CO_2-Äq. t^{-1} GE). Der Unterschied der

THG-Emissionen in der Variante mit C-Sequestrierung des öBiG-Systems gegenüber den Systemen kMF II, kMiG II und öMiG war nicht signifikant.

Die produktbezogenen Treibhausgasemissionen verringerten sich in den Systemen öMiSt, öMF und kMF I, wenn Bodenkohlenstoffveränderungen in der THG-Bilanz berücksichtigt wurden (Basisvariante vs. Variante mit C-Sequestrierung, Abbildung 24).

Die Systeme öMF und öMiSt hatten signifikant niedrigere THG-Emissionen je t GE gegenüber den übrigen Systemen. Im Gegensatz zu flächenbezogenen THG-Emissionen des öMF-Systems mussten bei produktbezogenen Betrachtungen die Effekte der Gründüngung in die THG-Bilanz aller Fruchtarten dieses Systems einbezogen werden. Dies hängt mit der fehlenden Ertragsleistung (LKG als Gründünger) im ersten Fruchtfolgefeld des öMF-Systems zusammen und macht eine Allokation der Aufwendungen und Umweltwirkungen aus dem Anbau von Luzerne-Kleegras (LKG) auf die übrigen Ertragsleistungen dieses Pflanzenbausystems unumgänglich. Anderenfalls wären bei produktbezogenen Betrachtungen die Emissionen bzw. die Humuswirkung eines Fruchtfolgefeldes unberücksichtigt, da ein Fruchtfolgefeld dieses Systems kein vermarktungsfähiges Produkt hervorbringt (siehe Allokation; 3.2.2).

Anhand der Variante mit C-Sequestrierung wurde deutlich, dass die anteilige Humuswirkung aus dem LKG-Anbau die gesamte Emissionshöhe der Weizenproduktion (rund 200 kg CO_2-Äq. t^{-1} GE) im öMF-System innerbetrieblich kompensieren kann. Ein nicht signifikanter Unterschied in der Bilanzvariante mit C-Sequestrierung wurde beim Winterweizen lediglich zwischen dem öMF-System und dem ökologischen öMiSt-System (51 kg CO_2-Äq. t^{-1} GE) festgestellt.

Produktbezogene THG-Emissionen mit der funktionellen Einheit GJ zeigten andere Unterschiede zwischen den Pflanzenbausystemen auf (Abbildung 24 vs. Abbildung 25).

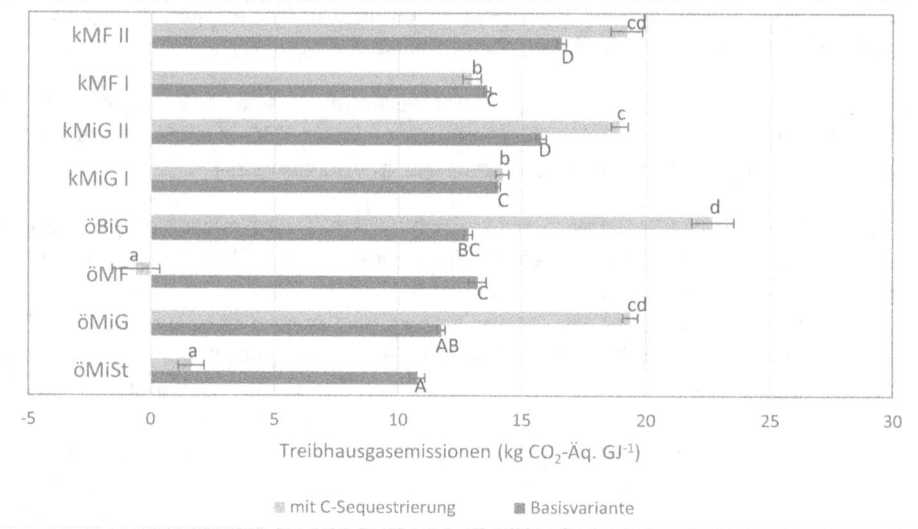

Abbildung 25: Produktbezogene Treibhausgasemissionen der Winterweizenproduktion (GJ inkl. NP)

In den konventionellen Systemen kam Winterweizen zweimal in der Fruchtfolge zum Anbau. Der Winterweizen mit der Vorfrucht Raps ist mit kMiG I und kMF I; der Winterweizen mit der Vorfrucht Mais mit kMiG II und kMF II gekennzeichnet. Die Fehlerbalken zeigen hier die Standardabweichung, berechnet aus drei Jahren à vier Wiederholungen. Unterschiedliche Buchstaben bedeuten signifikante Unterschiede (Multiple lineare Regression, $p \leq 0{,}05$) zwischen den Pflanzenbausystemen. Groß- und Kleinbuchstaben grenzen die Ergebnisse der beiden Bilanzvarianten voneinander ab.

In der Basisvariante hatte der konventionell erzeugte Winterweizen mit der Vorfrucht Mais signifikante Unterschiede gegenüber den THG-Emissionen des Winterweizens mit der Vorfrucht Raps im kMF- und kMiG-System sowie den übrigen Systemen. Zwischen den produktbezogenen THG-Emissionen der Systeme kMF I, kMiG I, öBiG und öMF wurden keine signifikanten Unterschiede festgestellt. Der Unterschied letzterer Systeme war gegenüber den Systemen öMiG und öMiSt bei den produktbezogenen THG-Emissionen pro GJ signifikant.

In der Basisvariante waren die produktbezogenen THG-Emissionen (pro GJ) im öMiSt-System am niedrigsten. Dies hängt vorwiegend mit den Nebenprodukterträgen zusammen, da diese hier deutlich höher bewertet wurden als in Getreideeinheiten (siehe oben).

In den ökologischen Pflanzenbausystemen öMF und öMiSt wurde erst in der THG-Variante mit C-Sequestrierung deutlich, dass die THG-Emissionen aus dem Winterweizenanbau auch unter Verwendung der funktionellen Einheit GJ innerbetrieblich ausgeglichen werden können.

Anhand der Fruchtartenebene war zu erkennen, dass eine ganzheitliche Bewertung der Pflanzenbausysteme auf dieser Ebene kaum möglich war. In der Basisvariante traten bedeutende methodische Unsicherheiten auf, die eine Allokation in den Systemen mit Zwischenfrüchten und Gründüngung erforderten: Es bestanden Zuordnungsprobleme von Maßnahmen, die eigentlich der gesamten Fruchtfolge anzulasten wären. Aus diesem Grund steht in der vorliegenden Arbeit der Systemvergleich auf der Ebene der Fruchtfolgen im Vordergrund.

4.3.2 Treibhausgasemissionen der Pflanzenbausysteme

4.3.2.1 Flächenbezogene Treibhausgasemissionen und Emissionsursachen in der Basisvariante

Die flächenbezogenen Treibhausgasemissionen (THG-Emissionen) der ökologischen und konventionellen Pflanzenbausysteme waren in der Basisvariante sehr unterschiedlich (912 - 2662 kg CO_2-Äq. ha^{-1}, Tabelle 18). Die höchsten THG-Emissionen hatten die konventionellen Systeme kMiG und kMF (> 2600 kg CO_2-Äq. ha^{-1}). Unter den ökologischen Pflanzenbausystemen hatte das ökologische Stallmistsystem (öMiSt) mit 1616 kg CO_2-Äq. ha^{-1} das höchste THG-Potenzial.

Um nachvollziehen zu können, wie die mittlere Emissionshöhe der Pflanzenbausysteme zustande kam, wurden in Tabelle 18 die flächenbezogenen Emissionen einzelner Fruchtarten aufgelistet. Aufgrund zahlreicher Emissionsquellen (Abbildung 26) mit jeweils vielzähligen Faktoren wie N-Input, ertragsabhängigen Parametern (Dieselverbrauch, Anfall von Ernte- und Wurzelrückständen etc.), konnten die Unterschiede zwischen den Jahren nur exemplarisch an der Fruchtarten Winterweizen erläutert werden (siehe 4.3.1).

Tabelle 18: Flächenbezogene Treibhausgasemissionen der einzelnen Fruchtarten (Basisvariante)

kg CO$_2$-Äq. ha^{-1}	2011	2012	2013	x̄
öMiSt	**1599,7**	**1628,6**	**1620,8**	**1616,4 C**
- AB	1094,2	1179,7	850,0	1041,3
- LKG	1046,3	1155,1	1564,0	1255,1
- SM	1854,2	1841,1	1816,7	1837,3
- WR	1960,3	1942,6	1753,6	1885,5
- WW	1686,6	1667,8	1762,9	1705,7 D
- ZwF	357,0	357,0	357,0	357,0
öMiG	**1138,0**	**1179,3**	**1121,8**	**1146,4 AB**
- AB	948,5	1126,4	778,9	951,2
- LKG	1038,1	1153,0	1466,0	1219,0
- SM	1392,2	1376,7	1299,2	1356,0
- WR	1100,9	1078,4	845,4	1008,2
- WW	1009,3	960,9	1018,6	996,3 B
- ZwF	201,0	201,0	201,0	201,0
öMF	**862,2**	**930,8**	**943,4**	**912,1 A**
- AB	839,9	1017,5	723,5	860,3
- LKG	1443,1	1571,2	2201,6	1738,6
- TR	769,1	846,0	694,1	769,7
- WR	658,2	596,1	443,2	565,8
- WW	409,3	431,5	462,9	434,6 A
- ZwF	191,6	191,6	191,6	191,6
öBiG	**1314,0**	**1483,6**	**1303,1**	**1366,9 B**
- AB	978,6	1048,0	758,6	928,4
- LKG	1040,1	1137,0	1534,8	1237,3
- TR (NP)	1899,5	1993,1	1781,9	1891,5
- WR	1271,9	1812,7	1005,9	1363,5
- WW	1191,5	1238,9	1246,0	1225,5 C
- ZwF	188,3	188,3	188,3	188,3
kMiG	**2509,1**	**2760,9**	**2683,6**	**2661,6 D**
- RA	2578,5	3120,4	2793,9	2830,9
- SM	2541,3	2336,9	2269,9	2382,7
- WR	1961,6	2542,0	2500,8	2334,8
- WW I	2466,4	2453,1	2453,6	2457,7 F
- WW II	2406,4	2399,2	2386,5	2397,4 E
- ZwF	591,3	952,7	1013,4	904,7
kMF	**2557,8**	**2735,3**	**2586,9**	**2634,8 D**
- KM	2622,1	2510,7	1895,6	2342,8
- RA	2919,8	3013,6	2813,8	2915,7
- WR	1963,2	2578,3	2530,8	2357,4
- WW I	2470,9	2470,1	2497,3	2479,5 F
- WW II	2350,2	2357,9	2405,5	2371,2 E
- ZwF	462,9	745,7	791,7	707,5

Stat. Analyse: Multiple lineare Regression; Signifikanzniveau p ≤ 0,05; Die Angaben der statistischen Unterschiede beziehen sich auf die Unterschiede im Mittelwert von drei Jahren.

Die höchsten, flächenbezogenen THG-Emissionen hatte die Fruchtart Winterraps (2831 - 2916 kg CO_2-Äq. ha^{-1}, Tabelle 18). Mit Ausnahme der Zwischenfrüchte hatten alle Fruchtarten unter konventionellen Anbaubedingungen THG-Emissionen von > 2000 kg CO_2-Äq. ha^{-1}. In einigen ökologischen Systemen erreichten nur einzelne Fruchtarten dieses Niveau (Roggen und Silomais im öMiSt-System; Luzerne-Kleegras im öMF-System; Triticale mit Nebenprodukten im öBiG-System).

Der Anbau von Luzerne-Kleegras hatte in den ökologischen Pflanzenbausystemen unterschiedliche THG-Emissionen zur Folge, da die N-Zufuhr durch Ernte- und Wurzelrückstände bzw. Gründüngungs-Biomasse verschieden war. Im öMF-System waren die THG-Emissionen von Luzerne-Kleegras am höchsten, da auch der Stickstoff in der gedüngten oberirdischen Biomasse bei der Berechnung der potenziellen Lachgasemissionen[39] berücksichtigt wurde.

Beim Winterroggen waren die Unterschiede bei den THG-Emissionen ebenfalls mit der N-Zufuhr am stärksten verknüpft. Beim Anbau von Winterroggen des Systems öBiG wurden im Jahr 2012 deutlich mehr Gärreste ausgebracht als im Düngungsplan vorgesehen waren. Dies führte zu einem entsprechenden Anstieg der THG-Emissionen des öBiG-Systems.

Besonders interessant erschienen die Unterschiede zwischen den Systemen öMiG und öMiSt in den Treibhausgasemissionen, da sich diese Systeme konzeptionell nur geringfügig unterscheiden (gleiche Fruchtarten, jeweils mit Interaktionen zur Milchviehhaltung, aber unterschiedliche Düngerformen und Aufwendungen). Das öMiSt-System hatte im Mittel um 500 kg ha^{-1} höhere CO_2-Äq.-Emissionen als das öMiG-System. Im öMiG-System wurde eine geringere N-Menge gedüngt. Dies führte in der Folge zu geringeren Lachgasemissionen. Zusätzlich verursachte die Düngung mit Gülle im Vergleich zur Düngung mit Stallmist einen geringeren energetischen Aufwand als im öMiSt-System.

Hinsichtlich der Emissionsquellen von Treibhausgasen bestanden bedeutende Unterschiede zwischen den Pflanzenbausystemen (Abbildung 26).

---

[39] Die Methodik der nationalen und internationalen Klimaberichterstattung (vgl. Haenel et al. 2016) enthält keine Koeffizienten für die Gründüngung, obwohl hierdurch erhebliche Kohlenstoffmengen aus der Biomasse dem Boden zugeführt werden könnten.

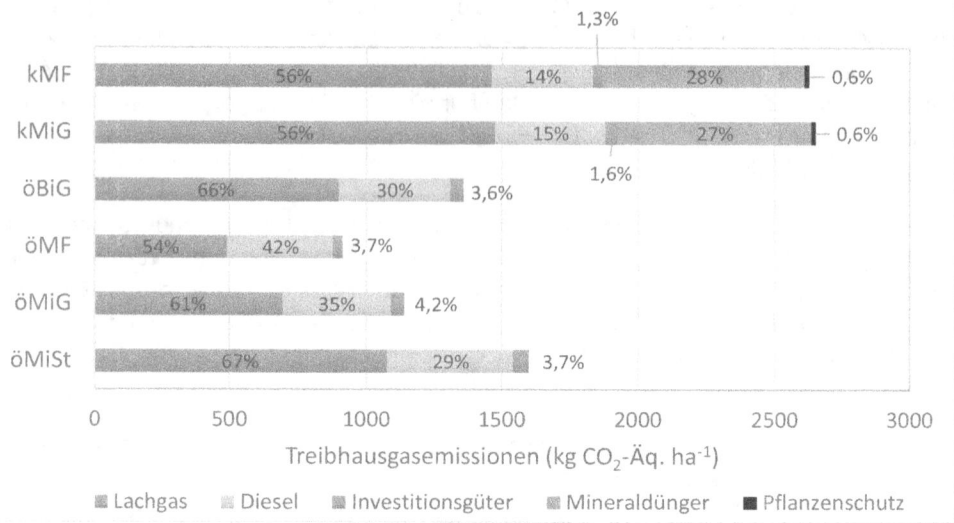

Abbildung 26: Flächenbezogene Treibhausgasemissionen der Pflanzenbausysteme differenziert nach Emissionsquellen (Basisvariante)

Mit Investitionsgütern werden hier THG-Emissionen aus der Herstellung und Wartung von Maschinen und Geräten zusammengefasst, die im jeweiligen Pflanzenbausystem verwendet wurden.

In allen Pflanzenbausystemen waren die Lachgasemissionen der bewirtschafteten Flächen (1,65 bis 4,95 kg N_2O ha^{-1} a^{-1}) die dominierende Emissionsquelle. Die Lachgasemissionen wurden in Abhängigkeit von der N-Zufuhr kalkuliert (IPCC 2006; Kapitel 3). Die Investitionsgüter hatten dagegen einen geringen Anteil an den Gesamtemissionen der jeweiligen Pflanzenbausysteme.

Die Treibhausgasemissionen bei der Herstellung und Nutzung von Diesel waren im Mittel der Jahre im ökologischen Stallmistsystem mit rund 460 kg CO_2-Äq. ha^{-1} signifikant höher als in den beiden Marktfruchtvarianten (öMF 385 und kMF 370 kg CO_2-Äq. ha^{-1}). In Relation zur Gesamtemission der Pflanzenbausysteme waren die Anteile aus der Dieselnutzung unterschiedlich hoch (zwischen 14 % und 42 %).

Die Emissionen bei der Herstellung und Wartung von Investitionsgütern (Maschinen und Geräte) waren ebenfalls beim ökologischen Stallmistsystem mit rund 60 kg CO_2-Äq. ha^{-1} am höchsten und signifikant höher im Vergleich zu den Marktfruchtsystemen (öMF 34 und kMF 35 kg CO_2-Äq. ha^{-1}) und dem konventionellen Milchviehgüllesystem (kMiG 44 kg CO_2-Äq. ha^{-1}). In ökologischen Milchviehsystemen war die Emissionshöhe für den Maschineneinsatz (Dieselnutzung und Investitionsgüter) nicht signifikant höher als in konventionellen Systemen. Innerhalb der Pflanzenbausysteme ohne Tierhaltung hatte das öBiG-System signifikant höhere Emissionen aus der Nutzung von Investitionsgütern als in den Systemen öMF und kMF.

Ausschlaggebend für die höheren flächenbezogenen THG-Emissionen der konventionellen Pflanzenbausysteme waren die THG-Emissionen bei der Herstellung von N-Düngern (710 - 740 kg CO_2-Äq. ha^{-1}).

Die Unterschiede der flächenbezogenen THG-Emissionen von ökologischen und konventionellen Pflanzenbausystemen waren in den Bilanzvarianten mit und ohne Berücksichtigung der C-Sequestrierung signifikant (Abbildung 27). In der Basisvariante bestanden im öMiSt-System signifikante Unterschiede gegenüber den höheren THG-Emissionen der konventionellen Pflanzenbausysteme und den niedrigeren THG-Emissionen der ökologischen Systeme öBiG, öMF und öMiG.

Das öMF-System hatte die niedrigsten flächenbezogenen CO_2-Äq.-Emissionen (912 kg ha^{-1}). Es bestand ein signifikanter Unterschied zwischen den Systemen öMF und öBiG (1367 kg CO_2-Äq. ha^{-1}). Dabei war der Unterschied der THG-Emissionen des öMiG-Systems gegenüber den Systemen öMF und öBiG nicht signifikant.

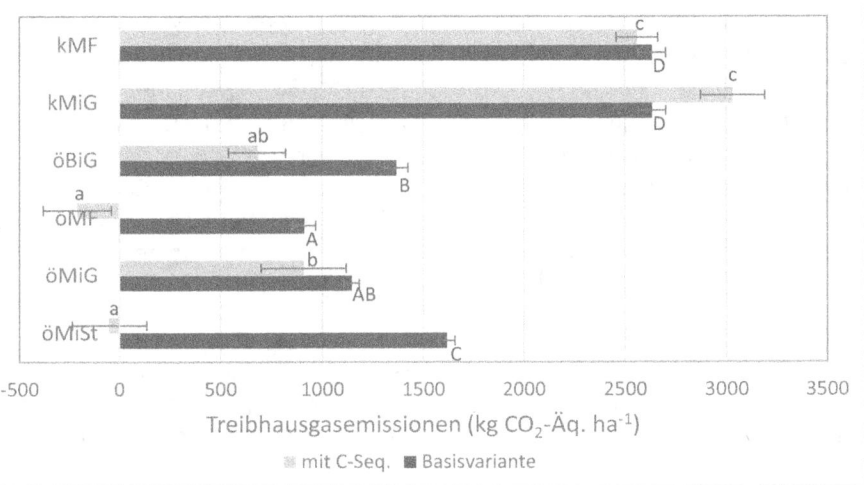

Abbildung 27: Flächenbezogene Treibhausgasemissionen der Pflanzenbausysteme (Basisvariante vs. Variante mit C-Sequestrierung)

Die Fehlerindikatoren zeigen hier den Standardfehler ($s_{\bar{x}}$) der Jahre 2011, 2012, 2013 an; Stat. Analyse: Multiple lineare Regression; Signifikanzniveau $p \leq 0,05$; Groß- und Kleinbuchstaben grenzen die unterschiedlichen Bilanzvarianten voneinander ab.

Die potenziellen Gesamtemissionen der konventionellen Pflanzenbausysteme waren auch in der Variante mit C-Sequestrierung signifikant höher als die der ökologischen Pflanzenbausysteme. Aufgrund der positiven Humusbilanz führte die Berücksichtigung der C-Sequestrierung in der THG-Bilanz der Pflanzenbausysteme, mit Ausnahme des Systems kMiG, zu einer Verminderung der flächenbezogenen THG-Emissionen. Im konventionellen Milchviehsystem (kMiG) war die Humusbilanz (Tabelle 14) negativ. Die Anrechnung der Bodenkohlenstoffveränderungen führte in diesem System folglich zu einer Erhöhung der flächenbezogenen THG-Emissionen: Die potenziellen Gesamtemissionen (CO_2-Äq.) des ertragsstärksten Systems kMiG stiegen auf 3032 kg ha^{-1} an. Im kMF-System nahm die THG-Emissionshöhe in der Variante mit C-Sequestrierung aufgrund der positiven Humusbilanz dieses Systems etwas ab. Innerhalb der ökologischen Systeme nahm die Emissionshöhe deutlich stärker ab als im kMF-System (öMiSt > öMF > öBiG > öMiG > kMF; Abbildung 27, Tabelle 14).

Die landwirtschaftliche Produktion der Pflanzenbausysteme öMF und öMiSt könnte[40] folglich als klimaneutral bezeichnet werden, da die Gesamtemissionen der Basisvariante durch die erhöhte Humusreproduktion und C-Sequestrierung innerbetrieblich kompensiert wären. Allerdings ist derzeit nicht hinreichend geklärt, wie lange die Pflanzenbausysteme entsprechende C-Sequestrierungsleistungen erbringen können (siehe 5.3 und 5.6).

4.3.2.2 Produktbezogene Treibhausgasemissionen der Pflanzenbausysteme

Produktbezogene THG-Emissionen resultieren aus dem Verhältnis zwischen den flächenbezogenen THG-Emissionen und dem Ertragsniveau der Pflanzenbausysteme in GE (4.1.2) und in GJ (4.1.3). Die höchsten produktbezogenen CO_2-Äq.-Emissionen wies das konventionelle Marktfruchtsystem (kMF: 351 kg t^{-1} GE) auf (Abbildung 28). Das konventionelle Milchviehgüllesystem (kMiG) erzielte im Systemversuch die größte Ertragsleistung und hatte deshalb produktbezogen etwas geringere CO_2-Äq.-Emissionen (305 kg t^{-1} GE) als das kMF-System. Dieser Unterschied war jedoch in beiden Bilanzvarianten nicht signifikant (Abbildung 28). Auch der Unterschied zwischen dem THG-Potenzial (Basisvariante) des kMiG-Systems und den Systemen öMiSt, öMF und öMiG war nicht signifikant.

Das ökologische Marktfruchtsystem (öMF) erzielte im Systemversuch die geringste Ertragsleistung. Aufgrund des geringsten Energieinputs hatte dieses System die geringsten flächenbezogenen THG-Emissionen (siehe oben). Es bestanden jedoch signifikante Unterschiede bei den produktbezogenen THG-Emissionen der Systeme öMF (283 CO_2-Äq. kg t^{-1} GE) und kMF.

In der Basisvariante hatte das ökologische Milchviehgüllesystem (öMiG) die niedrigsten produktbezogenen CO_2-Äq.-Emissionen (188 kg t^{-1} GE). Der Unterschied in den produktbezogenen CO_2-Äq.-Emissionen des öBiG-Systems (215 kg t^{-1} GE) und des öMiG-Systems war nicht signifikant. Auch in der Variante mit C-Sequestrierung waren die Unterschiede der Systeme öBiG und öMiG nicht signifikant (Abbildung 28).

---

[40] Im Rahmen der vorliegenden Arbeit konnte die C-Sequestrierung nicht gemessen und folglich die entsprechenden Bilanzierungsergebnisse noch nicht kontrolliert werden (siehe Kapitel 5).

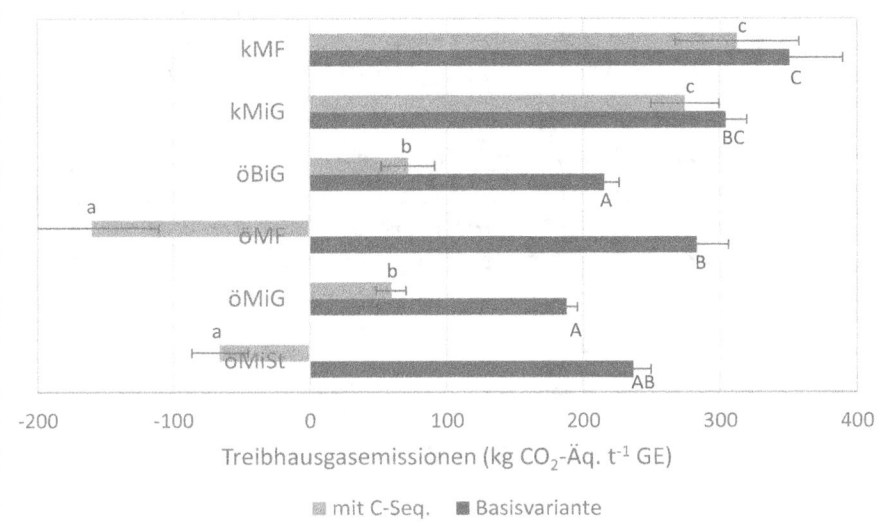

Abbildung 28: Produktbezogene Treibhausgasemissionen der Pflanzenbausysteme (GE inkl. NP)

Die Fehlerindikatoren zeigen hier den Standardfehler ($s_{\bar{x}}$) der Jahre 2011, 2012, 2013 an; Stat. Analyse: Multiple lineare Regression; Signifikanzniveau $p \leq 0,05$; Groß- und Kleinbuchstaben grenzen die statischen Ergebnisse der unterschiedlichen Bilanzvarianten voneinander ab.

In der Variante mit C-Sequestrierung lag die produktbezogene Emissionshöhe des öMF-Systems auf dem niedrigsten Niveau (-160 kg CO_2-Äq. t^{-1} GE) und war somit signifikant niedriger als die übrigen Systeme - mit Ausnahme des ökologischen Stallmistsystems (öMiSt: -66 CO_2-Äq. kg t^{-1} GE).

Flächenbezogen hatte das kMiG-System in der Variante mit C-Sequestrierung ein höheres THG-Potenzial. Produktbezogen verringerte sich das THG-Potenzial des kMiG-Systems, wenn C-Sequestrierung in der THG-Bilanz berücksichtigt wurde. Dies war mit der THG-Bilanz von Silomais zu erklären. Mais erzielte den größten GE-Ertrag in diesem System. Ähnlich wie beim Gründünger war eine Allokation von energetischen Aufwendungen und THG-Emissionen aus dem Zwischenfruchtanbau bei produktbezogenen Angaben erforderlich, da diese Emissionen anderenfalls nicht in der THG-Bilanz berücksichtigt wären. Allerdings wurde die Wirkung auf den Bodenkohlenstoff sowie die Anbauemissionen der Zwischenfrüchte nicht pauschal auf die gesamte Fruchtfolge verteilt, sondern in die THG-Bilanz jener Fruchtarten integriert, deren Anbautermine den Zwischenfruchtanbau ermöglichten (Mais, Triticale, Raps).

Des Weiteren wurden nicht nur die mittleren Erträge der Fruchtfolgen mit ihren mittleren flächenbezogenen THG-Emissionen, sondern auch die Erträge und THG-Emissionen einzelner Parzellen und Wiederholungen in Beziehung zueinander gesetzt. Bei diesem methodischen Ansatz war die Varianz der Ergebnisse relativ hoch.

Die geprüften Pflanzenbausysteme unterschieden sich deutlich in ihren Ertragsleistungen (siehe 4.1.2) und den flächenbezogenen THG-Emissionen. Die Unterschiede zwischen den Systemen öMF und kMiG waren flächenbezogen deutlich ausgeprägt, produktbezogen aber nicht signifikant.

Auch die Wahl der funktionellen Einheit (GE vs. GJ) für Ertragsleistungen hatte einen Einfluss auf die Höhe der produktbezogenen THG-Emissionen. Bezogen auf den Energiegehalt in den Ernteprodukten (GJ) waren die THG-Potenziale der Pflanzenbausysteme teils abweichend gegenüber den Ergebnissen, bezogen auf GE (Abbildung 28 vs. Abbildung 29).

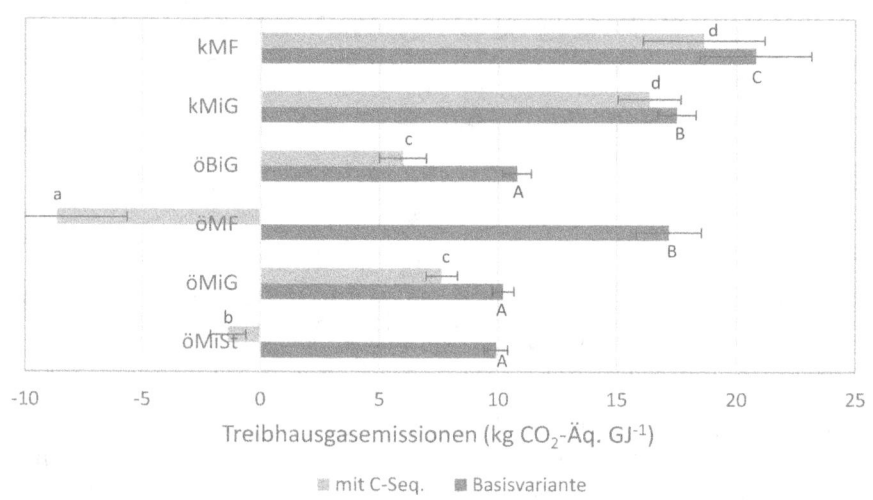

Abbildung 29: Produktbezogene Treibhausgasemissionen der Pflanzenbausysteme (GJ inkl. NP)

Die Fehlerindikatoren zeigen hier den Standardfehler ($s_{\bar{x}}$) der Jahre 2011, 2012, 2013 an; Stat. Analyse: Multiple lineare Regression; Signifikanzniveau $p \leq 0{,}05$; Groß- und Kleinbuchstaben grenzen die unterschiedlichen Bilanzvarianten voneinander ab.

Der Unterschied zwischen den beiden konventionellen Systemen war in der Basisvariante im THG-Potenzial pro GJ signifikant. Auch das öMiSt-System unterschied sich in beiden Bilanzvarianten signifikant von dem öMF-System, wenn die funktionelle Einheit GJ verwendet wurde. In der Basisvariante hatte das öMiSt-System die niedrigsten Treibhausgasemissionen pro GJ.

Die Änderung der funktionellen Einheit von GE auf GJ führte bei den Systemen öBiG und öMiG zu einer marginalen Veränderung: Das öMiG-System hatte das niedrigere THG-Potenzial pro t GE im Vergleich zum öBiG-System. In Bezug auf ein Gigajoule war dies umgekehrt. Diese Unterschiede waren jedoch in beiden Bilanzvarianten nicht signifikant.

4.3.3 Sensitivitätsanalyse der Treibhausgasbilanzen

Abbildungen 27 – 29 enthielten bereits eine Gegenüberstellung von zwei Bilanzvarianten[41] der Treibhausgasbilanz (mit und ohne Berücksichtigung der C-Sequestrierung). Im Rahmen einer Sensitivitätsanalyse soll der Einfluss weiterer Faktoren auf die THG-Emissionen quantifiziert werden (Tabelle 19).

Der Emissionsfaktor für Lachgasemissionen, bezogen auf den N-Input betrug in der Basisvariante 1 % (Standardwert nach IPCC 2006). Die Variation dieses Emissionsfaktors aufgrund des oberen (3 %) und unteren (0,3 %) Unsicherheitsbereichs, der in IPCC (2006) angegeben wird, verdeutlicht, dass dies deutlichen Einfluss auf die Höhe der THG-Emissionen aller Pflanzenbausysteme zur Folge hätte.

Die Bewertung des im Ökologischen Landbau zugelassenen Mineraldüngers Kieserit führte zu einer marginalen Erhöhung der THG-Bilanzergebnisse in ökologischen Pflanzenbausystemen (ca. +0,0025 %). Die Integration des Vorleistungsbereichs weiterer Mikronährstoffdünger war in konventionellen Systemen etwas höhe, bedeutete jedoch einen Anstieg der Bilanzergebnisse um lediglich 1,3 - 2,6 % gegenüber der Basisvariante.

Die Bewertung der Herstellungsemissionen des N-Düngers mit einem hohen Emissionsfaktor (Kalkammonsalpeter) oder des am theoretischen Minimum orientierten Emissionsfaktors (wie in REPRO hinterlegt) hatte produktbezogen eine Abnahme der Emissionen um 9 % bzw. eine Zunahme um 13 % zur Folge. Diese Varianten der Treibhausgasbilanzen sollen zur groben Abschätzung folgender Szenarien dienen:

a) Wie würde sich eine deutliche THG-Emissionsminderung bei der Produktion von mineralischen N-Düngern auf die THG-Emissionen der konventionellen Pflanzenbausysteme auswirken?
b) Mit welcher Zunahme der THG-Emissionen von konventionellen Pflanzenbausystemen wäre bei einem hohen[42] Emissionsfaktor zu rechnen, wenn z. B. vermehrt Ammoniak und N-Dünger eingesetzt werden und/oder diese Produkte auf Kohle basierter Technologie hergestellt werden?

Die achte Variante der Treibhausgasbilanz bildet ein Biodiesel-Szenario ab. Dabei wurde unterstellt, dass die Emissionen aus der Herstellung von Biodiesel zwar geringer wären, aber aufgrund der geringeren Energiedichte entsprechend höhere Dieselmengen erfordern würden. Bei der Verwendung von Biodiesel könnten die ökologischen Pflanzenbausysteme ihre

---

[41] Gemäß dem PCF-Memorandum des Öko-Institut e.V. 2016 sollen biogener Kohlenstoff und indirekte Landnutzungsänderungen nicht direkt in die Klimabilanz von Produkten integriert werden.

[42] Wie in Kapitel 2 (Abbildung 2) beschrieben, ergab die Literaturauswertung, dass Kalkammonsalpeter (KAS) den höchsten Emissionsfaktor unter den ausgewählten Stickstoffdüngern hatte. Dieser Faktor wurde in der Sensitivitätsanalyse der THG-Bilanz als Beispiel für einen hohen Emissionsfaktor herangezogen. Da es sich um einen Mittelwert handelt, liegen in der Literatur entsprechend auch höhere Emissionsfaktoren vor.

THG-Bilanz um etwa 19 - 25 % weiter reduzieren. Konventionelle Pflanzenbausysteme würden mit dieser Maßnahme ihre produktbezogenen Emissionen ebenfalls um ca. 10-11 % mindern. Zu beachten ist bei diesem Szenario, dass unter Umständen direkte und indirekte Landnutzugsänderungen auftreten könnten, die diese Vorteile relativieren oder gar aufheben würden (siehe 5.2.3.3).

Tabelle 19: Sensitivitätsanalyse der Treibhausgasbilanz (flächen- und produktbezogen)

kg CO_2-Äq. ha^{-1}	1: Basisvariante	2: Mit C-Seq.[1]	3: N_2O low[2]	4: N_2O high[2]	5: MD sonst[3]	6: EF 2,86[4]	7: EF 7,1[4]	8: Bio-diesel[5]
öMiSt	1616	-51	1018	3330	1619	1616	1616	1309
öMiG	1146	909	768	2236	1149	1146	1146	860
öMF	912	-211	575	1879	914	912	912	693
öBiG	1367	682	875	2775	1369	1367	1367	1080
kMiG	2662	3032	1810	5084	2699	2395,4	2981,0	2369
kMF	2635	2561	1792	5006	2687	2345,0	2977,3	2371
x̄ ökol. Systeme	1260	333	809	2555	1263	1260	1260	986
x̄ konv. Systeme	2648	2797	1801	5045	2693	2370	2979	2370
kg CO_2-Äq. t^{-1} GE								
öMiSt	234	-66	150	472	234	234	234	187
öMiG	187	59	125	362	187	187	187	140
öMF	283	-160	150	586	284	283	283	218
öBiG	214	72	139	431	215	214	214	167
kMiG	305	275	219	545	309	277	338,0	271
kMF	351	313	256	621	360	312	396,6	316
x̄ ökol. Systeme	229	-24	141	463	230	229	229	178
x̄ konv. Systeme	328	294	238	586	334	295	367	293
kg CO_2-Äq. GJ^{-1}								
öMiSt	9,8	-1,3	6,3	19,8	9,8	9,8	9,8	7,8
öMiG	10,1	7,6	6,8	19,7	10,1	10,1	10,1	7,7
öMF	17,2	-8,6	10,8	35,6	17,2	17,2	17,2	13,1
öBiG	10,7	6,0	6,8	21,8	10,7	10,7	10,7	8,5
kMiG	17,5	16,4	12,6	31,5	17,7	15,8	19,4	15,6
kMF	20,8	18,6	15,2	37,0	21,4	18,5	23,5	18,7
x̄ ökol. Systeme	12,0	0,9	7,7	24,2	12,0	12,0	12,0	9,3
x̄ konv. Systeme	19,5	17,5	13,9	34,3	19,5	17,1	21,5	17,1

[1] Mit C-Seq.: Bilanzvariante, in der die Veränderungen der C_{org}-Vorräte im Boden anhand von Humusbilanzergebnissen berücksichtigt wurden.
[2] N_2O low/high: Bilanzvariante, in der die Lachgasemissionen anhand des unteren bzw. oberen Unsicherheitsbereichs nach IPCC (2006) berechnet wurden.
[3] MD sonst: In dieser Bilanzvariante wurden Emissionen sonstiger Mineraldünger (Mikronährstoffe) in die Treibhausgasbilanz der Pflanzenbausysteme inkludiert.
[4] EF 2,86/7,1: Anhand dieser Bilanzen wurde der Einflussbereich aufgrund einer Reduktion (Optimierung der Herstellung von N-Düngern; ein am theoretischen Minimum orientierter Emissionsfaktor beträgt 2,9 kg CO_2-Äq. kg^{-1} N) bzw. einer Mehrung (Emissionsfaktor 7,1 kg CO_2-Äq. kg^{-1} N bei energieintensiver Produktion basierend auf Kohle bzw. verstärktem Import von Ammoniak) quantifiziert.
[5] Biodiesel: In dieser Bilanzvariante wurde unterstellt, dass Biodiesel ein geringeres THG-Potenzial hat. Aufgrund der geringeren Energiedichte von Biodiesel wurde ein erhöhter Dieselbedarf einkalkuliert.

5 Diskussion

5.1 Diskussion der methodischen Einflüsse

5.1.1 Ertragsanalysen und -erfassung auf unterschiedlichen Ebenen

Bei einem multidimensionalen Vergleich ökologischer und konventioneller Pflanzenbausysteme sind die Ertragsleistungen von maßgeblicher Bedeutung. Der Ertrag beeinflusst direkt den Flächenbedarf der Systeme, die Energieeffizienz und die produktbezogenen Umweltwirkungen (Treibhausgasemissionen, Energieintensität etc.).

Meta-Studien zum Ertragsvergleich ökologischer und konventioneller Produktionssysteme setzen überwiegend die Erträge ökologischer Anbausysteme in Relation (Ertragsrelation) zum konventionellen Ertrag der jeweiligen Fruchtart (Seufert et al. 2012; Ponti et al. 2012; Ponisio et al. 2014b). Die Ertragsrelationen resultieren oft aus Feldversuchen, in denen die Anbausysteme der einzelnen Fruchtarten analysiert wurden. Auf der Ebene einzelner Fruchtarten können jedoch kaum Rückschlüsse auf die Erträge höherer Systemebenen (z. B. Fruchtfolge, Betrieb) erfolgen (Seufert et al. 2012). Außerdem hängt die Ertragsrelation von der Wahl des Referenzsystems ab (siehe 5.1.3).

Um Fruchtfolgen mit unterschiedlichen Fruchtarten bewerten zu können, schlagen Brankatschk und Finkbeiner (2012) eine einheitliche Verwendung der Getreideeinheiten-Methodik vor. In der vorliegenden Arbeit wurde die Getreideeinheit neben zwei weiteren funktionellen Einheiten (t TM, GJ) angewandt. Die Fruchtfolgeleistungen wurden darüber hinaus mit und ohne Berücksichtigung der Nebenprodukterträge bewertet (Tabelle 11).

Die Getreideeinheitenschlüssel wurden mehrfach überarbeitet, angepasst und präzisiert, wie zuletzt durch Schulze Mönking et al. (2010). Ziel der Anpassungen des GE-Schlüssels war es u. a., den tatsächlichen ernährungsphysiologischen Wert der Produkte für die Humus- und Tierernährung besser abzubilden. So wurden bei der letzten Überarbeitung die GE-Faktoren für Silomais angehoben, um den tatsächlichen Futterwert präziser zu bewerten. Allerdings gibt es immer noch Diskrepanzen im GE-Schlüssel, die auch die Ergebnisse der vorliegenden Arbeit beeinflussten; Luzerne-Kleegras wird im Vergleich zu anderen pflanzlichen Produkten deutlich unterbewertet.

Die Berechnung von GE-Erträgen von Pflanzenbausystemen ist generell davon abhängig, mit welchen GE-Faktoren pflanzliche Produkte bewertet werden. Um Fehlbewertungen zu vermeiden, sollten die GE-Faktoren den Wert eines pflanzlichen Produktes für die Human- und/oder die Tierernährung näherungsweise wiedergeben, vor allem aufgrund der stofflichen Zusammensetzung der Biomasse und deren Verdaulichkeit.

In anderen Feldversuchen am gleichen Versuchsstandort Viehhausen wurden z. T. modifizierte GE-Faktoren verwendet (Schneider et al. 2012). Aufgrund einer hohen Bewertung von Kleegras in GE, u. a. als Kleegras-Heu und andererseits als frische Biomasse, erzielten die Fruchtfolgen mit Schnittnutzung von Kleegras (in einem Dauerfeldversuch der Bayerischen Landesanstalt für Landwirtschaft; Schneider et al. 2012) einen GE-Ertrag oberhalb von 7 t ha^{-1}, obwohl in diesen Fruchtfolgen kein Silomais angebaut wurde. Zu einem späteren Zeitpunkt wurde im gleichen Versuch die Kleegrasbiomasse mit einem eigenen GE-Faktor[43] (> 1) bewertet. Aufgrund dieser Änderung lagen die GE-Erträge dieser Fruchtfolgen nun oberhalb von 10 t ha^{-1} (vgl. Castell et al. 2016).

Bei der Kalkulation von GE-Faktoren für pflanzliche Erzeugnisse wird seit 1988 der gewichtete Energiegehalt von Futtergerste (12,35 MJ umsetzbare Energie) zu Grunde gelegt. Schulze Mönking et al. (2010) präzisieren die Definition einer GE wie folgt:

„Die Getreideeinheit (GE) ist eine Kennzahl, die „in Abhängigkeit von der Verwendungsstruktur des landwirtschaftlichen Erzeugnisses in der Fütterung"[44] *das Energieliefervermögen eines Erzeugnisses im Verhältnis zum errechneten Energieliefervermögen von Futtergerste wiedergibt. Die tierischen Erzeugnisse werden nicht nach ihrem eigenen Nettoenergiegehalt, sondern nach dem Gehalt umsetzbarer Energie des Futters bewertet, das durchschnittlich zu ihrer Erzeugung notwendig ist."*

Je nach Schnitt, Entwicklungsstadium sowie Anteilen von Gräsern, Klee und Luzerne liegt die metabolisch umsetzbare Energie bei Rindern zwischen 9,7 und 10,3 MJ kg^{-1} TM (LfL 2013). In Bezug auf den gewichteten Energiegehalt von Futtergerste könnten die GE-Faktoren für dieses Gemenge im Bereich zwischen 0,79 und 0,83 t GE je t FM liegen[45].

Aufgrund der zahlreichen Einflussgrößen werden in Tabellenwerken für Gemenge wie Luzerne-Kleegras meist keine Angaben gemacht. Im Modell REPRO liegt für Luzerne-Kleegras ein niedriger GE-Faktor (0,10), bezogen auf die FM (bei 18% TM) zu Grunde. Damit werden die Ertragsleistungen der ökologischen Fruchtfolgen unterschätzt. Im Rahmen der vorliegenden Arbeit wurde dennoch der in REPRO verwendete GE-Faktor beibehalten. Dies sicherte einerseits die Vergleichbarkeit mit früheren Studien, die zuvor mit REPRO[46] erstellt wurden. Andererseits kann dadurch ein Informationsbias aufgrund methodischer Festlegungen durch „Ideologen" des Ökologischen Landbaus, wie Beispielweise durch Kirchmann et al. (2016) beschrieben, ausgeschlossen werden.

---

[43] Unter Verwendung der Bezugbasis von 11,7 MJME.

[44] Demnach handelt es sich ausschließlich um das Energieliefervermögen in der Verdauung durch Nutztiere.

[45] Bei Verwendung dieser Faktoren würde der GE-Ertrag von Luzerne-Kleegras im Systemversuch Viehhausen bei 11,7-12,4 t ha^{-1} liegen.

[46] Gleichwohl sollte bei einer grundlegenden Überarbeitung des Modells REPRO auch der gesamte GE-Schlüssel überprüft und angepasst werden. Bei GE-Anpassungen ist aber auch zu berücksichtigen, dass (a) einige pflanzliche Produkte primär der Humanernährung dienen, (b) stofflich als Nachwachsender Rohstoff genutzt werden, (c) bedeutende Unterschiede im Futterwert eines Produktes bestehen können – je nach Futterqualität, aber auch hinsichtlich des Einsatzes bei unterschiedlichen Nutztieren.

Die Fruchtfolgeleistungen ökologischer Pflanzenbausysteme wurden somit aufgrund der methodischen Festlegungen unterschätzt, der Flächenbedarf sowie die produktbezogenen Umweltwirkungen (Energieintensität, THG-Emissionen) entsprechend überschätzt. Die konventionellen Anbausysteme waren hiervon nicht betroffen, da kein Luzerne-Kleegras in diesen Systemen angebaut wurde.

5.1.2 Einfluss der Versuchskonzeption und -durchführung auf die Ertragsleistungen

5.1.2.1 Versuchskonzeption, Datenqualität und Versuchsfehler

Die Nachhaltigkeit landwirtschaftlicher Produktionssysteme kann am besten anhand von Dauerfeldexperimenten, dies sind pflanzenbauliche Versuche mit einer Laufzeit länger als 20 Jahre, analysiert und bewertet werden (Hülsbergen und Diepenbrock 2000). Im Kontext einer feldexperimentellen Untersuchung ökologischer und konventioneller Pflanzenbausysteme stellt die Gestaltung der Systeme bzw. die Versuchskonzeption eine besondere Herausforderung dar. Feldexperimentelle Untersuchungen ökologischer und konventioneller Pflanzenbausysteme müssten zahlreiche Faktoren variieren:

- Mineralische vs. organische Düngung,
- gedüngte vs. ungedüngte Fruchtarten,
- chemischer vs. mechanischer Pflanzenschutz,
- Fruchtfolgen mit und ohne Leguminosen,
- den Anbaubedingungen entsprechende Sorten,
- unterschiedliche Interaktionen zu weiteren Betriebszweigen etc.

Zahlreiche Vergleichsanalysen ökologischer und konventioneller Pflanzenbausysteme beschränken sich auf die Ertragsleistungen einzelner Fruchtarten. Ponisio et al. (2014) verwenden in ihrer Meta-Studie über 1000 Vergleichswerte für verschiedene Fruchtarten aus der Literatur (siehe 2.2). Seufert et al. (2012) berichten über einen weiteren Forschungsbedarf auf höheren Systemebenen, da von der Fruchtartenebene kaum Rückschlüsse auf die Gesamtsysteme gezogen werden können.

Bei der Konzeption praxisnaher Feldversuche sollten die Fruchtfolgen ökologischer und konventioneller Pflanzenbausysteme nicht einheitlich sein, da systematische Unterschiede zwischen den Systemen bestehen. Andererseits vermuten Kirchmann et al. (2016) einen „Informationsbias" aufgrund eines Versuchsdesigns, das für einzelne Systeme eine höhere Nährstoffzufuhr vorsieht oder in einzelnen Fruchtfolgen die Feldfrüchte gemulcht bzw. die Nebenprodukte auf dem Feld verbleiben, während sie in anderen Systemen geerntet werden. Folglich wäre aufgrund dieses Dilemmas gar kein Vergleich zwischen ökologischen und konventionellen Systemen möglich.

Im Systemversuch Viehhausen stand der Anspruch, verschiedene ökologische und konventionelle Systeme möglichst realitätsnah abzubilden, und hierbei die Fruchtfolgen, die Düngung und Anbauverfahren sowie die Produktverwendung systemtypisch zu gestalten. Diese

Vorgehensweise wirft durchaus auch methodische Probleme auf, z. B. die Bewertung der Nebenprodukterträge in Systemen mit und ohne Stroh- bzw. Gründüngung (vor allem beim Vergleich von Marktfrucht- und Milchviehsystemen). Daher wurden die Auswertungen der Ertragsleistungen mit und ohne Nebenprodukterträge dargestellt (u. a. Tabelle 11, Abbildung 16).

Einer der längsten Dauerfeldversuche, die das Ziel eines vielschichtigen Vergleichs ökologischer und konventioneller Anbausysteme verfolgen, ist der DOK-Versuch in der Schweiz. Dieser folgt einem integrativen Systemansatz, bei dem nicht einzelne Faktoren, sondern ganze Landwirtschaftssysteme variiert werden (FiBL und Bio Suisse 2016). Der DOK-Versuch wurde 1978 in Leimental bei Basel in einer randomisierten Blockanlage mit 96 Parzellen von je 100 m² (5x20 m) angelegt. Das ursprüngliche Ziel sollte der Überprüfung dienen, ob eine ökologische Bewirtschaftung langfristig möglich ist.

Die Versuchskonzeption des Systemversuchs Viehhausen unterscheidet sich gegenüber dem DOK-Versuch hinsichtlich der Varianten der Anbausysteme. Im DOK-Versuch werden die Systeme biologisch-dynamisch (D), organisch-biologisch (O), konventionell mit organisch-mineralischer Düngung (K), konventionell, rein mineralisch gedüngt (M) und ungedüngte Variante (N) geprüft. Somit existieren im DOK-Versuch keine Marktfruchtvarianten oder Varianten mit Biogassystemen.

Im DOK-Versuch werden die Faktoren Düngung und Pflanzenschutz variiert, d. h. die Bodenbearbeitung, die Fruchtarten und -folgen sind in ökologischen und konventionellen Systemen gleich. Pro Jahr werden drei Fruchtarten der insgesamt siebenfeldrigen Fruchtfolgen zeitgleich angebaut. Die Düngung erfolgt in zwei Düngungsstufen (D1/D2, O1/O2, K1/K2) wobei das konventionelle, rein mineralische System (M) nur in Höhe der zweiten Düngungsstufe gedüngt wird. Im konventionellen System (K) wird zusätzlich zu Mist und Gülle auch mineralisch gedüngt. Der mittlere Gesamtstickstoffgehalt der Düngungsstufe K2 beträgt 157 kg ha^{-1}. In Relation zu K2 ist die Stickstoffzufuhr in den Varianten D2 und O2 um 40 % niedriger. Beim Vergleich der N_{min}-Gehalte der zugeführten Dünger beträgt der relative Unterschied zwischen der Düngung ökologischer und konventioneller Systeme rund 70 %. Anpassungen der Fruchtfolgen, Pflanzenschutzmittel und Sorten erfolgten nach jeder Fruchtfolgeperiode (alle sieben Jahre; vgl. FiBL und Bio Suisse 2016).

Im Ackerbauversuch an der Universität Gießen (Schulz 2012; Schulz et al. 2013) werden ausschließlich ökologische Betriebssysteme mit und ohne Tierhaltung untersucht. Diesem Forschungsschwerpunkt entsprechend wurden bei dieser Versuchskonzeption auch innerhalb der ökologischen Systeme die Fruchtfolgen an die praxisüblichen Gegebenheiten angelehnt. In ökologischen Marktfruchtsystemen (ohne Tierhaltung) wird der Anbau von Leguminosen auf ein notwendiges Minimum verkürzt. Milchviehhaltende Systeme bauen Leguminosen meist zweijährig an. Falls diese Unterschiede aufgrund feldexperimenteller Erfordernisse nicht abgebildet werden, so sind die Rückschlüsse aus dem Feldexperiment auf die Praxisbedingungen nur mit Einschränkungen möglich.

Generell geht von der Versuchskonzeption ein bedeutender Einfluss auf die Versuchsergebnisse aus (vgl. Seufert et al. 2012). Auf der Fruchtartenebene können die Nährstoffzufuhr

(Nährstoffmenge, Bindungsform, Applikationstermine), die Fruchtfolge (Vorfrucht, Leguminosenanteil in der Fruchtfolge), die Anbauverfahren (eingesetzte Technik, agrotechnische Termine, Pflanzenschutz und Unkrautregulierung), aber auch die Sorten und deren Ertragspotenzial einen starken Einfluss auf die Ertragsleistungen ausüben. So ist beim Vergleich ökologischer und konventioneller Systeme auch zu entscheiden, ob gleiche Sorten verwendet werden, oder beispielsweise an den ökologischen Landbau adaptierte Sorten, mit speziellen Resistenzeigenschaften, verwendet werden. Im Systemversuch Viehhausen wurden bisher in den ökologischen und konventionellen Pflanzenbausystemen jeweils gleiche Sorten verwendet, um eine bessere Vergleichbarkeit der Systeme zu wahren. Die Sortenwahl ist aber auch im Systemversuch Viehhausen eine dauerhafte Frage; die Sorten werden von Zeit zu Zeit angepasst[47].

Wenn höhere Systemebenen (Fruchtfolgen, Pflanzenbausystem, Betrieb) und ihre langfristigen Einflüsse auf die Umwelt (Bodenqualität, Biodiversität etc.) untersucht werden sollen, so ist eine praxisnahe Gestaltung der Fruchtfolgen auf feldexperimenteller Ebene von zentraler Bedeutung. Im Systemversuch Viehhausen wurden die Fruchtfolgen den entsprechenden Systemen aus der landwirtschaftlichen Praxis angepasst, um realitätsnahe Systeme abzubilden und die Übertragbarkeit der Ergebnisse auf Praxisbedingungen zu ermöglichen. Dementsprechend enthalten die ökologischen Fruchtfolgen 20 % Futter- und Körnerleguminosen, die konventionellen Fruchtfolgen 20 % Winterraps und 20 % Körner- bzw. Silomais. Bei der Interpretation der Versuchsergebnisse ist allerdings zu beachten, dass diese Fruchtarten unterschiedliche Ertragspotenziale, unterschiedliche Wirkungen auf die Humus- und Nährstoffdynamik sowie die THG-Emissionen haben.

Ein weiterer methodischer Aspekt, der ökologische und konventionelle Pflanzenbausysteme gleichermaßen betrifft, ist die unterschiedliche Datenqualität aufgrund der unterschiedlichen Ertragserfassung in Feldversuchen und unter Praxisbedingungen (Fallstudien, Ertragsstatistiken). Unter feldexperimentellen Bedingungen wird auf die exakte Ertragserfassung größte Aufmerksamkeit gelegt, während unter Praxisbedingungen die Erträge einzelner Schläge nicht immer sorgfältig erfasst und dokumentiert werden können. Selbst bei Verwendung technischer Hilfsmittel, z. B. Ertragserfassung am Mähdrescher oder Ertragsschätzung über Satelliten- und Sensordaten, können schwer quantifizierbare Transport- und Lagerungsverluste schließlich den vermarktbaren Feldertrag reduzieren.

Im Netzwerk von Pilotbetrieben (Hülsbergen und Rahmann 2013) wurde der Ertragserfassung unter Praxisbedingungen hohe Aufmerksamkeit gewidmet. Neben den schlagbezogenen mittleren Erträgen, die mit Fuhrwerkswaagen erfasst wurden, sind z. B. die Erträge von Winterweizen in den Pilotbetrieben auf georeferenzierten Testflächen durch Handschnitte und stationären Drusch ermittelt worden. Die Ergebnisse des Systemversuchs sind daher mit den Ergebnissen dieser Studie von ökologischen und konventionellen Pilotbetrieben aus Sicht der Datenqualität durchaus vergleichbar. Zu beachten ist jedoch, dass die mittleren

---

[47] So wurde Beispielsweise nach dem massiven Auftreten von Zwergsteinbrand im Jahr 2011 eine Zwergsteinbrand-tolerante skandinavische Weizensorte angebaut, die allerdings geringere Erträge erzielte.

Erträge der Pilotbetriebe auf einer Vielfalt von Einflussgrößen und Standortbedingungen beruhen. Aufgrund der hohen Heterogenität innerhalb der Gruppen wurden neben den Systemvergleichen auch einzelbetriebliche Analysen (z. B. Fallstudien über 10 Jahre) durchgeführt (vgl. ebd.). Dagegen wurden die Pflanzenbausysteme im Systemversuch an einem einzigen Standort unter nahezu gleichen Versuchsbedingungen analysiert. Auch der Betriebsleiter- und Managementeinfluss ist im Versuch geringer, denn alle versuchstechnischen Arbeiten wurden in allen Systemen von den gleichen Versuchstechnikern durchgeführt.

Der Systemversuch Viehhausen wurde als ein Dauerfeldversuch im Herbst 2009 angelegt. Die Auswertung der Ergebnisse in der vorliegenden Arbeit (Versuchsjahre 2011 bis 2013) bezieht sich auf die erste Rotation der Fruchtfolgen im Versuch, nach der Etablierungsphase (2009, 2010). Die vorliegenden Ergebnisse (Kapitel 4) stellen daher die Differenzen der untersuchten Pflanzenbausysteme in der Initialphase des Systemversuchs dar. Mit der Initialphase und der Versuchsdurchführung stehen u. a. folgende methodischen Einflüsse und Versuchsfehler im Zusammenhang:

a) Die ersten Fruchtartenerträge wurden im Systemversuch bereits im Jahr 2010 erfasst. Diese wurden jedoch für die vorliegende Arbeit nicht berücksichtigt, da die Ertragseffekte noch deutlich von der Vorbewirtschaftung (ausschließlich ökologische Vorbewirtschaftung seit 1996) geprägt waren. Außerdem konnten im ersten Versuchsjahr die Vorfruchtwirkungen einzelner Fruchtarten noch nicht geprüft werden.

b) Die konventionellen Pflanzenbausysteme könnten durch die ökologische Vorbewirtschaftung der Versuchsfläche in den ersten beiden Jahren (2010, 2011) bei der Ertragsbildung negativ beeinflusst worden sein, aufgrund geringerer Stickstoff- bzw. Nährstoffverfügbarkeit. Dieser Nachteil für die konventionellen Systeme war vermutlich auf den Zeitraum der Jahre 2010 - 2011 begrenzt, da ab 2012 u. a. der Rapsertrag im Systemversuch das regionale Ertragsniveau überstieg.

c) Die Versuchskonzeption übte ebenfalls ihren Einfluss auf die Resultate aus (Auswahl der angebauten Fruchtarten, Stellung der Fruchtarten in der Fruchtfolge). Da unter Versuchsbedingungen auch der Sorteneffekt nicht ins Gewicht fallen sollte, gestaltete sich die Sortenwahl besonders schwierig: Die Sorten sollten sowohl bei einer mineralischen (Parzellen konventioneller Pflanzenbausysteme) als auch einer organischen Stickstoffzufuhr jeweils hohe Erträge erzielen und zugleich mit und ohne chemischen Pflanzenschutz konkurrenzfähig sein. Im Weizen, Roggen und Mais wurden schließlich sowohl in konventionellen als auch in ökologischen Pflanzenbausystemen gleiche Sorten angebaut – bis in ökologischen Pflanzenbausystemen 2011 ein massiver witterungsbedingter Zwergsteinbrand den Weizen befiel.

d) Vor der Versuchsdurchführung mussten die Applikationsmengen organischer Dünger anhand mittlerer Nährstoffgehalte berechnet werden. Der tatsächliche N-Gehalt im ausgebrachten ökologischen Stallmist (öMiSt) und im Gärrest (öBiG) war jedoch deutlich höher als der ursprünglich angenommene N-Gehalt. Deshalb war in diesen Pflanzenbausystemen die Stickstoffdüngung zunächst höher als im ökologischen Milchviehsystem mit Gülle (Tabelle 7). Wird die organische Düngung immer wieder den tatsächlichen N-Gehalten der Dünger angepasst, so werden in Dauerfeldversuchen

langfristig die Ziel-Applikationsmengen exakt erreicht und der Versuchsfehler minimiert (vgl. Hülsbergen 2003). Bei organischen Düngern mit langfristiger Nährstoffwirkung ist zudem eine weitgehende Kompensation der Ertragseffekte bei zeitweiliger Über- und Unterdüngung zu erwarten.
e) Im Jahr 2012 kam es zu einem Fehler in der Versuchsdurchführung. Im öBiG-System wurde eine deutlich größere Gärrest-Menge zu Winterroggen gedüngt. Solche Düngungsfehler können im späteren Versuchsablauf zwar ebenfalls auftreten, sie sind jedoch in der Initialphase wahrscheinlicher.
f) Bestandsschädigungen durch Wild sind erstmalig im Jahr 2013 beobachtet worden. Diese Störung der Versuchsergebnisse betraf die Mais-Parzellen. Insbesondere der Körnermaisertrag brach dadurch in diesem Jahr stark ein. Daher ist die Initialphase eines Dauerfeldversuchs der beste Zeitpunkt zur Identifikation potenzieller Störungen und zur Einleitung geeigneter Gegenmaßnahmen (u. a. Elektrozaun).

5.1.2.2 Versuchsergebnisse vs. statistische Ertragsdaten der Region

Um die Ertragshöhe im Versuch zu diskutieren wurde diese der Jahresstatistik landwirtschaftlicher Erträge (Genesis Datenbank 2017) im Landkreis Freising gegenübergestellt. Diese Statistik beruht allerdings auf Daten konventioneller Betriebe. Des Weiteren waren nicht für alle im Versuch angebauten Fruchtarten entsprechende statistische Daten des Landkreises verfügbar. Die Ertragshöhe dieser Fruchtarten wurde dem regionalen Ertragsniveau anhand der Daten der Bayerischen Landesanstalt für Landwirtschaft gegenübergestellt (vgl. LfL 2018).

Im Mittel aller Pflanzenbausysteme waren die Erträge der Fruchtarten Winterweizen, Triticale, Körner- und Silomais sowie Ackerbohne im Systemversuch Viehhausen um rund 14 % höher als die mittleren Erträge des Landkreises Freising. Laut FNR (2013) wäre aufgrund der oft günstigen Versuchsbedingungen eine Differenz gegenüber Praxisbedingungen in Höhe von 15 bis 20 % zu erwarten.

Die Variabilität und Entwicklung der Erträge im Landkreis Freising verlief in den Untersuchungsjahren 2011 - 2013 meist parallel zu den Versuchserträgen: Der Winterrapsertrag war 2011 auch im Landkreis Freising unterdurchschnittlich (-11 %); der Silomaisertrag lag 2013 auf Landkreisebene ebenfalls unterhalb des langjährigen Mittelwerts (-20 %). Parallel war die Entwicklung auch beim Körnermaisertrag - bis auf das Jahr 2013. Unter Versuchsbedingungen war der Maisertrag 2013 aufgrund von Wildschäden in einigen Mais-Parzellen besonders niedrig (nur 37 % des mittleren Ertrags), während im Landkreis ein durchschnittlicher Körnermaisertrag verzeichnet wurde.

Die **Winterweizenerträge** (TM) der konventionellen Betriebe im Landkreis Freising betrugen im Mittel der Jahre 2011 - 2013 6,6 t ha^{-1} (vgl. Genesis Datenbank 2017). Dies entspricht der Höhe der Weizenerträge im Mittel der ökologischen und der konventionellen Pflanzenbausysteme im Systemversuchs im gleichen Zeitraum.

Unter Versuchsbedingungen waren die konventionellen Weizenerträge deutlich höher als unter Praxisbedingungen: Die Ertragshöhe des Winterweizens mit der Vorfrucht Mais lag im

Versuch rund 22 % über den Weizenerträgen auf Landkreisebene. Beim Winterweizen mit der Vorfrucht Raps betrug dieser Unterschied innerhalb konventioneller Anbaubedingungen sogar 47 %. Ursächlich für diesen enormen Unterschied ist die positive Vorfruchtwirkung von Winterraps auf den Winterweizen in beiden konventionellen Pflanzenbausystemen. Im konventionellen Marktfruchtsystem war dieser Vorfruchteffekt um 0,5 t ha^{-1} stärker ausgeprägt als im konventionellen Milchviehgüllesystem, obwohl in beiden Systemen zum Winterweizen gleich gedüngt[48] wurde.

Die Entwicklung der Erträge von „**Roggen** und Wintermenggetreide" war im Landkreis Freising etwas abweichend: Im Jahr 2013 war ein geringerer Ertragsabfall um 4 % zu verzeichnen, während im Jahr 2011 der Ertrag um 15 % niedriger war als der langjährige Mittelwert (Aufzeichnungen ab 2009). Diese Tendenzen im Winterroggenertrag lagen im Systemversuch Viehhausen nur für konventionelle Pflanzenbausysteme vor, da in den ökologischen Pflanzenbausystemen der Winterroggenertrag im Jahr 2013 signifikant abnahm. Die Versuchserträge von Winterrogen waren deutlich höher als die Roggenerträge auf Landkreisebene. Selbst das ökologische Marktfruchtsystem (öMF) übertraf das mittlere Ertragsniveau in Trockenmasse (4,1 t ha^{-1}) der konventionellen Betriebe im Landkreis Freising um 17 %, obwohl Winterroggen im öMF-System als letzte Fruchtart in der Fruchtfolge stand und daher den geringsten Winterroggenertrag (4,8 t ha^{-1}) im Systemversuch Viehhausen erzielte. Hierbei ist allerdings zu beachten, dass Roggen als extensive und anspruchslose Getreideart eher auf ertragsschwachen Standorten angebaut wird. Im Jahr 2013 waren die Erträge im Winterroggen (Versuchsergebnisse) für alle ökologischen Pflanzenbausysteme auffallend niedrig (Tabelle 8). Im öMiSt-System waren die mittleren TM-Erträge von Winterroggen um 0,5 - 0,7 t ha^{-1} höher als in den übrigen ökologischen Systemen, was mit der höheren Nährstoffzufuhr im öMiSt-System vermutlich zusammenhängt.

Der TM-Ertrag von **Wintertriticale** des ökologischen Marktfruchtsystems lag mit 4,6 t ha^{-1} im Mittel der Untersuchungsjahre um 9,5 % über dem Ertragsniveau der ökologischen Betriebe in Bayern (vgl. LfL 2018). Das öBiG-System übertraf dagegen das regionale Niveau um 64 %. Daran wird deutlich, wie hoch bereits auf der Fruchtartenebene[49] der Synergieeffekt zwischen einer ökologischen Biogasproduktion und der ökologischen Pflanzenproduktion sein kann (Bryzinski 2016b).

---

[48] Eine Kombination der Mineraldüngung und der Düngung mit organischen Düngern erfolgte im konventionellen Milchviehgüllesystem lediglich im Winterraps- und Silomais-Anbau - übrige Fruchtarten wurden gleich gedüngt.

[49] Ein weiterer Synergieeffekt auf der Fruchtfolgenebene ist der zusätzliche GE-Ertrag aus dem Luzerne-Kleegras-Feld, der eine bioenergetische Verwertung der Biomasse ermöglicht. Im ökologischen Biogasgärrestsystem könnte auch das Triticale-Furchtfolgefeld als Ganzpflanzensilage zwecks bioenergetischer Verwertung genutzt werden. In der vorliegenden Arbeit wurde unterstellt, dass der Kornertrag von ökologisch erzeugtem Triticale aufgrund ökonomischer Bedingungen in Deutschland bevorzugt erfolgen würde. Erste ökonomische Auswertungen für die ökologischen Pflanzenbausysteme des Systemversuchs Viehhausen liegen in Form einer Bachelorarbeit (A. Gain) unveröffentlicht vor.

Der **Körnermaisertrag** in Trockenmasse erfuhr im Landkreis Freising den höchsten Ertragsanstieg: von 4,9 t ha^{-1} im Jahr 1984 auf 10,2 t ha^{-1} im Jahr 2010. Dagegen stagnierten die Silomaiserträge (Trockenmasse) im Landkreis Freising bei einem mittleren Niveau von 13,17 t ha^{-1}. Im Systemversuch erzielten auch die ökologischen Pflanzenbausysteme einen Silomaisertrag von 13,0 - 13,9 t ha^{-1} im Mittel der Jahre 2011 - 2013. Unter konventionellen Bedingungen konnte der Silomaisertrag im Systemversuch auf 17,5 t ha^{-1} gesteigert werden.

Wie aus Abbildung 14 hervorgeht, war die Ertragsrelation bei Mais (ökologischer vs. konventioneller Maisertrag) deutlich enger als bei Weizen oder Roggen. In ihrer Meta-Studie berichten Seufert et al. (2012) ebenfalls, dass Mais neben Tomaten und Soja eine Ertragsrelation von über 0,80 aufweist. Mais konnte die Nährstoffzufuhr in Form organischer Dünger gut verwerten und wurde unter konventionellen Bedingungen nur für das Ziel der Unkrautregulierung gespritzt. Letzteres kann unter Bedingungen des ökologischen Anbaus durch mechanische Maßnahmen kompensiert werden. Daher birgt der Mais-Anbau[50] ein bedeutendes Potenzial zur Steigerung des Ertrags auf der Ebene des Gesamtsystems. Somit hatte die Wahl der angebauten Fruchtarten in den Fruchtfolgen einen bedeutenden Einfluss auf die Fruchtfolgenerträge (siehe 5.2.1).

Die **Ackerbohne** gehört zu den eiweißhaltigen Fruchtarten, deren heimischer Anbau auf mehr als 10 % der Ackerfläche im Rahmen der Eiweißpflanzenstrategie politisch gefördert werden soll (BMEL 2016). Der mittlere Ackerbohnenertrag ökologischer Pflanzenbausysteme war im Systemversuch um 8 % höher als der Ertrag in den konventionellen Betrieben im Landkreis Freising. Diese Differenz zwischen Versuch und Landkreis betrug im Jahr 2013 allerdings nur 6 %. In den Jahren 2011 und 2012 waren die Ackerbohnenerträge im Versuch besonders hoch (13 % über dem mittleren Ertrag im Versuch), während im Landkreis die Erträge um 15 - 18 % unterhalb der langjährigen Ackerbohnenerträge des Landkreises lagen. In den konventionellen Pflanzenbausystemen wurde die Ackerbohne als Zwischenfrucht[51] im Versuch angebaut.

Auch der Anbau von Leguminosen in einem Gemenge, wie das im Versuch angebaute **Luzerne-Kleegras**, wird im Rahmen der Eiweißpflanzenstrategie gefördert. Allerdings ist noch kein Konsens erkennbar, mit welchem GE-Faktor die Erträge von Ackerfutter (Gras, Kleegras, Luzerne und deren Gemenge) zu bewerten wären. Unumstritten ist dagegen die posi-

---

[50] Dabei sollte der Mais im Rahmen einer ausgeglichenen Fruchtfolge (inkl. Zwischenfruchtanbau) angebaut werden, um die negativen Folgen dieser Fruchtart auf den Boden (Wind- und Wassererosion, Abbau der organischen Bodensubstanz) zu kompensieren.

[51] Die Erträge von Zwischenfrucht-Kulturen wurden im Systemversuch Viehhausen nur bei Bedarf (erstmalig in 2011 nur für ökologische Pflanzenbausysteme) erfasst.

tive Wirkung von Luzerne, Rotklee und deren Gemenge mit Gräsern auf zahlreiche Bodeneigenschaften und –prozesse, z. B. Humusaufbau und C-Sequestrierung. In bisherigen GE-Faktoren[52] spiegelt sich dieser Aspekt jedoch nicht wider (siehe 5.5).

Das ökologische Marktfruchtsystem erzielte einen geringen GE-Ertrag aufgrund der innerbetrieblichen Verwertung von Luzerne-Kleegras als Gründünger. Andererseits wird dieser „Nachteil" unter dem Aspekt der Bodenkohlenstoffveränderungen (C-Sequestrierung) zu einem „Vorteil". In den übrigen ökologischen Pflanzenbausystemen bestanden beim Anbau von Luzerne-Kleegras keine signifikanten Ertragsunterschiede. Dennoch hatte das öMiSt-System, ähnlich wie im Ackerbohnenertrag, konsistent die höchsten LKG-Erträge (Abbildung 8). Mögliche Ursachen dafür sind in der höheren Nährstoffzufuhr und der phytosanitären Wirkung des kompostierten Stallmistdüngers zu sehen (Sprenger und Belde 2003).

Die **Winterrapserträge** im Jahr 2011 waren bayernweit auf einem niedrigen Niveau (vgl. LfL 2018). Im Landkreis Freising lag der Rapsertrag 2011 um 11 % unter dem mehrjährigen Mittelwert des Landkreises (Genesis Datenbank 2017). Im Systemversuch lag der TM-Ertrag 2011 bei 2,2 TM t ha^{-1} und lag damit um 39 % unter dem dreijährigen Mittelwert. In den Jahren 2012 und 2013 stieg der Rapsertrag im Versuch deutlich an und war um 15 bzw. 17 % höher als die jeweiligen Jahresserträge im Landkreis Freising.

5.1.3 Variationen der funktionellen Einheit, der Systemgrenzen, des Allokationsverfahrens und des Referenzsystems

Der methodische Einfluss durch eine Definition eines „Nutzenkorbs"[53] (vgl. Bystricky und Weber-Blaschke 2009) wird am Beispiel von Tuomisto et al. (2012) sehr deutlich. Der Nutzenkorb berücksichtigt in dieser Untersuchung lediglich die Erträge der Fruchtarten Kartoffeln, Winterweizen, Bohnen und Roggen. Allerdings hat nahezu jedes ökologische Pflanzenbausystem einen bedeutenden Anteil von Futterleguminosen in der Fruchtfolge, die bei dieser Vorgehensweise nicht berücksichtigt werden. Folglich werden unter diesen methodischen Bedingungen die Erträge der ökologischen Pflanzenbausysteme entsprechend unterschätzt und die nachgelagerten Ergebnisse der Ökobilanz beeinflusst. Die Wahl der funktionellen Einheit als Bezugsbasis spielt folglich eine entscheidende Rolle bei der Bewertung der Ergebnisse von Ökobilanzen.

In der vorliegenden Arbeit wurden die Erträge der Pflanzenbausysteme in Trockenmasse, in Getreideeinheiten und als Energieertrag angegeben. Im Vergleich dieser unterschiedlichen

---

[52] Als weiterer Forschungsbedarf (siehe 5.3) wird daher ein Gewichtungssystem bzw. eine funktionelle Einheit empfohlen, das ökologische, soziale und ökonomische Aspekte berücksichtigt.

[53] Mit Hilfe dieser Methode können Produkte mit unterschiedlichen Umweltwirkungen zu funktionellen Einheiten gruppiert werden wobei der Nutzen möglichst vollständig bedient werden soll. Solch ein Nutzenkorb wurde bei Tuomisto et al. (2012) nicht variiert, sondern als eine funktionelle Einheit verwendet, d.h. mehrere Fruchtarten bildeten eine funktionelle Einheit die als Nutzen den Beitrag zur Humanernährung repräsentiert.

funktionellen Einheiten fiel auf, dass die Ertragsunterschiede zwischen den Pflanzenbausystemen in Getreideeinheiten deutlich ausgeprägt und häufiger signifikant waren. Dies impliziert, dass eine größere Differenzierung zwischen den Pflanzenbausystemen mit dieser funktionellen Einheit möglich ist.

Statistische Analysen der Energie- und Trockenmasseerträge ergaben, sowohl mit als auch ohne Berücksichtigung der Nebenprodukterträge, nahezu gleiche Signifikanz-Gruppen (Tabelle 11). Bei der Bewertung von Haupt- und Nebenprodukten in der funktionellen Einheit „Getreideeinheit" (Tabelle 9) hatte das Stallmistsystem (öMiSt) signifikant höhere Ertragsleistungen bei Winterweizen als das Marktfruchtsystem (öMF). Bei den Weizenerträgen in Trockenmasse (nur Hauptfrüchte) ist dieser Unterschied nicht signifikant (Tabelle 8). Dies zeigt, dass die Wahl der funktionellen Einheit und die Berücksichtigung bzw. die Nichtberücksichtigung von Nebenprodukten einen bedeutenden Einfluss auf die Bewertung von Ertragsleistungen einer Fruchtart haben kann.

Der Einfluss unterschiedlicher **Systemgrenzen**[54] wurde anhand von Sensitivitätsanalysen quantifiziert. Auf die Interpretation der Ergebnisse hätte diese Variation u. a.[55] folgende Auswirkungen:

Anhand der Energiebilanz des Winterweizens wurde deutlich, dass bei einer energetischen Bewertung der organischen Dünger die Energieeffizienz (Variante 1) der ökologischen Pflanzenbausysteme nicht signifikant von der Energieeffizienz der konventionellen Pflanzenbausysteme abweichen würde. Wenn Nebenprodukterträge nicht berücksichtigt wurden (Variante 2), nahm die Energieeffizienz beim Weizenanbau im ökologischen Stallmistsystem stark ab und war auf einem vergleichbaren Niveau mit konventionellen Pflanzenbausystemen (Tabelle 15). Dies verdeutlicht, welche Effekte zu erwarten sind, wenn Betriebe vermehrt organische Dünger zukaufen würden, die energetisch zu bewerten wären. Hierbei ist allerdings zu beachten, dass der in der vorliegenden Arbeit verwendete Substitutionswert nur eine von zahlreichen Möglichkeiten der energetischen Bewertung von organischen Düngern darstellt. Unterschiedliche methodische Ansätze erschweren jedoch die Vergleichbarkeit von Energie- und THG-Bilanzen, da organische Dünger oft gar nicht oder unterschiedlich bewertet werden (vgl. TFZ 2016b).

Des Weiteren hat die Ernte von Nebenprodukten, wie im öMiSt-System das geerntete Stroh, eine enorme Auswirkung auf den Energieertrag des jeweiligen Pflanzenbausystems und in der Folge auf die Beurteilung der Energieeffizienz. Für die Gesamtbewertung der Pflanzenbausysteme wurden daher die Nebenprodukterträge nicht berücksichtigt, da diese Erträge

---

[54] Die Systemgrenzen können nicht beliebig erweitert werden, da bei sehr weiten Systemgrenzen nahezu das globale Ökosystem bilanziert werden müsste. In Bilanzvarianten der Sensitivitätsanalyse wurden vor allem die Grenzen der Bilanzierung variiert.

[55] Weitere Ergebnisse und Interpretationsmöglichkeiten sind in entsprechenden Sensitivitätsanalysen (siehe 4.2.2.3 und 4.3.3) näher beschrieben.

nicht in jedem Pflanzenbausystem existieren (Vermeidung eines nicht balancierten Vergleichs). Des Weiteren erscheint eine energetische Bewertung eines stofflich genutzten Nebenprodukts (Einstreu im Stallmistsystem) fragwürdig, zumal dieses Produkt das landwirtschaftliche Produktionssystem in der Regel nicht verlässt. Im Falle des ökologischen Stallmistsystems führte die Berücksichtigung der Nebenprodukterträge tatsächlich zu einer signifikant höheren Fruchtfolgeleistung. Würden die Nebenprodukte jedoch stofflich genutzt werden, so wäre die Fruchtfolgeleistung ohne Nebenprodukte oft präziser (siehe 4.3.3).

Unter allen Variationen der Treibhausgasbilanzen hatte die Berücksichtigung des Bodenkohlenstoffs bzw. der C-Sequestrierung den größten Einfluss auf die Ergebnisse. Die C-Sequestrierung wird in der mit REPRO kalkulierten Treibhausgasbilanz stets angerechnet und in den Gesamtemissionen berücksichtigt (vgl. Küstermann et al. 2008a; Schmid und Hülsbergen 2015; siehe 5.1.5). Ebenso lässt der Berechnungsstandard für einzelbetriebliche Klimabilanzen (BEK) in der Landwirtschaft (KTBL 2016) eine vollständige Anrechnung der Bodenkohlenstoffveränderungen[56] in den Treibhausgasbilanzen auf der Fruchtartenebene zu (siehe 5.2.3.3). Für die vorliegende Arbeit wurde die Basisvariante der Treibhausgasbilanzen ohne Berücksichtigung der C-Sequestrierung erstellt. Aufgrund der enormen Auswirkung auf die Ergebnisse wurde die Bilanzvariante mit C-Sequestrierung nicht nur im Rahmen der Sensitivitätsanalyse, sondern auch in sämtlichen Auswertungen des Abschnitts 4.3 zusätzlich dargestellt.

Die Grenzen der Treibhausgasbilanz hätten um weitere klimawirksame Gase erweitert werden können. Gemäß IPCC (2007) haben die in CO_2-Äquivalenten zusammengefassten Treibhausgase (Kohlenstoffdioxid, Methan, Lachgas) die längste Verweildauer in der Atmosphäre. Aus diesem Grund wurden weitere Treibhausgase in der vorliegenden Arbeit nicht berücksichtigt. Aufgrund der gewählten Systemgrenzen wurden Methan-Emissionen der nachgelagerten Tierhaltung bzw. der Biogasanlage bisher nicht quantifiziert. Auch die Betrachtung von indirekten Landnutzungsänderungen in den THG-Bilanzen wäre erst im Kontext einer bedeutenden Veränderung der Anteile ökologischer und konventioneller Landwirtschaft in Deutschland sinnvoll gewesen. Diese Erweiterung wäre auch im Hinblick auf den verstärkten Biomasseanbau auf landwirtschaftlichen Flächen zur ausschließlichen Erzeugung von Bioenergie oder einer intensivierten Nutztierhaltung, z. B. wenn Sojaschrot eingesetzt wird, relevant (vgl. TFZ 2016a; siehe 5.1.5; 5.5).

Da die **Allokation** nicht immer vermeidbar war (siehe 3.2.2), gibt es auch hierbei einige methodische Variationsmöglichkeiten. Die Treibhausgasemissionen des gemulchten Fruchtfolgefelds „Luzerne-Kleegras" wurden zu gleichen Anteilen (jeweils 25 %; siehe Kapitel 3) den Fruchtfolgefeldern des ökologischen Marktfruchtsystems (öMF) angerechnet. Alternativ hätte bei der Allokation die Umweltwirkung der Gründünger verstärkt jenen Fruchtarten angerechnet werden können, die zeitlich näher an dem Jahr der Gründüngung waren bzw. mehr von der Gründüngung profitierten (vgl. Heuwinkel 2007). Eine präzisere Allokation konnte

---

[56] Diese Veränderungen werden anhand der Humusbilanz-Methode nach VDLUFA (2014) geschätzt.

jedoch nicht umgesetzt werden, da die fruchtartenspezifische Nährstoffwirkung in der Fruchtfolge während der Initialphase des Versuchs nicht untersucht wurde.

Die Wahl des **Referenzsystems** hat einen deutlichen Einfluss auf die Ergebnisse. Je mehr beispielsweise die Erträge in konventionellen Pflanzenbausystemen (z. B. durch Gentechnik oder Intensivierung der Pflanzenschutz- und Düngemaßnahmen) weiter gesteigert werden, erscheinen die Leistungen der ökologischen Pflanzenbausysteme, obwohl diese womöglich auf einem mittleren Ertragsniveau liegen, ungünstiger. Die Winterweizenparzellen der ökologischen Pflanzenbausysteme erzielten 55 % (öMF) bis 76 % (öBiG) des Hektarertrags konventioneller Betriebe im Landkreis Freising. Die in Abbildung 12 dargestellte Ertragsrelation im Winterweizen des ökologischen Marktfruchtsystems (öMF) lag dagegen bei 33 %. Dieser Unterschied beruht auf einer Änderung des Referenzsystems (Statistiken des Landkreises vs. Ergebnisse des kMiG-Systems), da die absolute Ertragshöhe der ökologischen Systeme unverändert blieb.

Auch bei den Lachgasemissionen (vgl. Skinner et al. 2014) ist es u. a. entscheidend, nicht nur Varianten mit unterschiedlicher N-Düngung zu vergleichen, sondern auch ein ungedüngtes Referenzsystem zu untersuchen. Die Wahl solch eines Referenzsystems kann hierbei einen entscheidenden Unterschied zur Folge haben, da Dauergrünland, begrünte bzw. nicht begrünte Brache oder ein Waldabschnitt, als „ursprüngliche" Vegetation, als Referenzfläche verwendet werden kann (vgl. Skinner et al. 2014). Für die vorliegende Arbeit erschien es zielführend das ertragsstärkste konventionelle System kMiG als Referenzsystem zu verwenden.

5.1.4 Energetische Bewertung der Pflanzenbausysteme

Im Zusammenhang mit dem Klimawandel gewinnen Themen wie Energieeinsparung und Energieeffizienz zunehmend an Bedeutung. Für die Analyse des Energieeinsatzes sowie der energetischen Bewertung von Erträgen landwirtschaftlicher Produktionssysteme sind verschiedene Methoden anwendbar (vgl. Zegada-Lizarazu et al. 2010).

Jones (1989) differenziert zwischen direktem Energieeinsatz (Einsatz fossiler Energie während landwirtschaftlicher Produktionsprozesse) und indirektem Energieeinsatz (Energieaufwand für die Produktion von Maschinen, Geräten und externen Produktionsmitteln).

Aufgrund geringer Datenverfügbarkeit zu den oft komplexen Produktionsprozessen landwirtschaftlicher Produktionsmittel wird der indirekte Energieeinsatz in Energieäquivalenten geschätzt. Zum direkten Energieeinsatz zählt der Dieselverbrauch, der den Landwirten oftmals bekannt ist und bei Bedarf flächen- und produktbezogen berechnet werden kann. Doch auch im Diesel kann der Energiegehalt variieren, ebenso der Herstellungs- und Transportaufwand (Zegada-Lizarazu et al. 2010). Insbesondere beim Biodiesel ist der Energiegehalt geringer, weshalb damit betriebene Maschinen zur Verrichtung gleicher Arbeit eine höhere Kraftstoffmenge erfordern (vgl. Richter 2008).

In Abhängigkeit von der Fragestellung und den Systemgrenzen wäre der Energieeinsatz für die Errichtung von Infrastruktur (Straßen, Stall, Gebäude etc.) ebenfalls zum indirekten Energieeinsatz zu zählen. Auch die Produktionsfläche, in Abhängigkeit von der Sonneneinstrahlung, kann laut Jones (1989) energetisch bewertet und in landwirtschaftliche Energiebilanzen integriert werden, ebenso die menschliche Arbeitskraft. Diese diversen Ansätze zur Bilanzierung von Energie bei der landwirtschaftlichen Produktion klassifiziert Jones (1989) anhand ihrer Systemgrenzen:

1. Einfache Analysen des direkten Energieeinsatzes im landwirtschaftlichen Betrieb. Kritisch ist hierbei, dass der indirekte Energieaufwand dabei unberücksichtigt bleibt.
2. Analysen anhand statistischer Daten zu landwirtschaftlicher und industrieller Produktivität eines Landes (z. B. Murphy et al. 2000). Hierbei können jedoch Verzerrungen aufgrund von Ko-Produktivität und intra-industriellen Interaktionen auftreten.
3. In Prozessanalysen werden, in Analogie zu ökonomischen Analysen landwirtschaftlicher Produktion, sämtliche im Produktionsprozess verwendeten Produktionsmittel einer energetischen Bewertung unterzogen. Bei dieser Analyse können die Datenverfügbarkeit und der erhöhte Zeitaufwand bedeutende Herausforderungen werden.
4. Ökosystemanalysen schließen sämtliche Energieflüsse innerhalb eines Ökosystems ein, welches räumlich abgrenzbar ist und dessen zeitlicher Bestand als stabil bezeichnet werden kann. Die in diesem Ansatz berücksichtigte Sonneneinstrahlung verursacht jedoch Skalenprobleme, da der interessierende Energieaufwand im Vergleich zur Energiemenge in der Sonneneinstrahlung bedeutungslos erscheint.
5. Thermodynamische Analysen sind universeller Art und stellen die weitesten Systemgrenzen dar. Landwirtschaftliche Produktion, als ein Teil biologischer Systeme, zur Zunahme von Entropie auf dem Planeten[57], trägt dazu bei, wobei infolge von Fotosynthese auf lokaler Ebene eine Zunahme von Ordnung (Negentropie) ebenfalls erfolgt.

Die in der vorliegenden Arbeit verwendete Energiebilanzierungsmethode ist der Prozessanalyse zuzuordnen, bei der alle relevanten Produktionsprozesse eines definierten landwirtschaftlichen Systems untersucht und ausschließlich der Einsatz fossiler Energie (direkter und indirekter Energieeinsatz) quantifiziert werden.

Neben der Wahl der Systemgrenze kommt es auch auf die energetische Bewertung der Produkte aus landwirtschaftlicher Produktion an. Diese Bewertung ist für die Betrachtung der Energieeffizienz (Output-Input-Relation) der Produktionssysteme zwingend erforderlich.

Cooper et al. (2011) berechnen die energetische Produktivität der im niederländischen NFSC-Feldexperiment geprüften Pflanzenbausysteme anhand einer eigenen Methode. Sie nehmen dabei an, dass sämtliche Pflanzenerträge in der Fütterung von Schweinen mit einer Konversionsrate von 3:1 verwertbar sind. Damit berechnen sie eine Anzahl an produzierbaren Schlachtkörpern. Durch die weitere Annahme, dass 20 % des Schweinekörpers nicht für

---

[57] Auf dieser höchsten Betrachtungsebene wären intensive Tierhaltung und extensiver Pflanzenbau nicht voneinander zu differenzieren.

den menschlichen Verzehr geeignet sind, ergibt sich eine für den Menschen verzehrbare Schweinefleisch-Menge. Diese Fleischmenge wird schließlich mit einem spezifischen Energiegehalt im Schweinefleisch multipliziert. Der auf diese Weise ermittelte „Energieertrag" in Joule dient schließlich als Bewertungsgrundlage von Pflanzenbau- und Tierhaltungssystemen hinsichtlich ihres Beitrags zur Humanernährung.

Im Modell REPRO (Hülsbergen 2003) werden die landwirtschaftlichen Energiebilanzen anhand des Bruttoenergiegehalts der geernteten Biomasse berechnet. Die in den Ernteprodukten enthaltenen Mengen an Rohprotein, Rohfett, Rohfaser und N-freie-Extraktstoffe werden mit ihrem spezifischen Energiegehalt in der Einheit Joule (J) nach Schiemann (1981) bewertet und zu einem energetischen Gesamtertrag addiert. Aufgrund solcher methodischen Unterschiede sind die REPRO-Ergebnisse mit den Ergebnissen von Cooper et al. (2011) folglich nicht vergleichbar. Ein Vergleich der Ergebnisse mit etablierten Ansätzen in der Literatur erfolgt in Abschnitt 5.2.2.3.

5.1.5 Treibhausgasemissionen

In der vorliegenden Arbeit wurden die Treibhausgasemissionen der Pflanzenbausysteme nach internationalen Standards und Methoden des IPCC (2006; Smith et al. 2015) kalkuliert. Die darin beschriebenen methodischen Unsicherheiten wurden in Sensitivitätsanalysen[58] berücksichtigt (Tabelle 19). Alternativ wäre eine Messung der Treibhausgasemissionen möglich, jedoch für die Vielzahl er untersuchten Pflanzenbausysteme und Fruchtarten sehr aufwendig. Die Abschätzung des Emissionspotenzials anhand von Kalkulationen ermöglicht trotz methodischer Unsicherheiten eine Ableitung von Maßnahmen zur Reduktion von Treibhausgasen.

Wie in Abbildung 26 dargelegt, hatten die Lachgasemissionen in allen Systemen den größten Anteil an den Gesamtemissionen. Die Abschätzung der N_2O-Emissionen landwirtschaftlich genutzter Böden nach IPCC (2006) orientiert sich am N-Input und differenziert weder zwischen der Art der Stickstoffzufuhr noch zwischen den Böden, auf denen die N-Dünger appliziert werden. Röver et al. (2000) sehen die Berücksichtigung von Lachgasemissionen anhand einer Übertragung bekannter Zusammenhänge unter konventionellen Bedingungen auf die ökologische Wirtschaftsweise als nicht zielführend an. Zwischen ökologischer und konventioneller Landwirtschaft differenzierte N_2O-Emissionsfaktoren haben Skinner et al. (2014) in einer Meta-Studie berechnet. Die Faktoren für die konventionelle Wirtschaftsweise liegen eher im Rahmen des in IPCC (2006) angegebenen Unsicherheitsbereichs von 0,3 - 3 %. Der

---

[58] Mögliche Kombinationen aus sämtlichen Varianten und Szenarien der Sensitivitätsanalyse für den Zweck weiterer Szenarien- und Modellbildungen werden nicht empfohlen, da sich die Unsicherheitsbereiche bei der Abschätzung der Umweltwirkungen und Treibhausgasemissionen dabei summieren, bei anderen Operatoren auch potenzieren, könnten.

N$_2$O-Emissionsfaktor für die ökologische Wirtschaftsweise liegt höher und hat eine deutlich höhere Standardabweichung.

In einer Studie von Kaiser und Ruser (2000) zu N$_2$O-Emissionen ökologischer und konventioneller Pflanzenbausysteme an fünf Standorten in Deutschland wurden N$_2$O-Emissionsfaktoren untersucht; die mittleren N-Inputs der beiden Vergleichsgruppen (organic vs. non-organic) lagen systembedingt bei 93,5 bzw. 137,5 N kg ha^{-1}. Bereits diese Differenzen im N-Input können bei einer annähernd gleichen „N$_2$O-Grundemission"[59] Einfluss auf die anhand von N$_2$O-Emissionsfaktoren berechneten N$_2$O-Emissionenen haben, zumal die flächenbezogene Emissionshöhe beider Gruppen bei Kaiser und Ruser (2000) sich nicht wesentlich voneinander unterscheiden.

Skinner et al. (2014) fanden eine deutlich geringere Standardabweichung der N$_2$O-Emissionen in der Gruppe „non-organic". Dies impliziert, dass es unter konventionellen (mineralisch gedüngten) Bedingungen kaum Abweichungen von der mittleren Lachgasemission gibt. Da organische Dünger im Ökologischen Landbau meist diskontinuierlich, d.h. in einer größeren Menge zu ausgewählten (nicht allen) Furchtarten der Fruchtfolge appliziert werden, können die N$_2$O-Emissionen pro Fruchtfolgefeld sehr hoch oder aber auch sehr niedrig ausfallen. Daraus folgen deutlich höhere Abweichungen von der mittleren Emissionshöhe. Folglich kann Ermittlung von N$_2$O-Emissionsfaktoren für Ökologischen Landbau mit einem deutlich größeren Unsicherheitsbereich behaftet sein.

Vor diesem Hintergrund erschien eine Anwendung gleich hoher Emissionsfaktoren sowohl für ökologische als auch für konventionellen Pflanzenbausystemen als zielführend. Wie in Tabelle 19 angegeben, würden sich die flächenbezogenen Gesamtemissionen aufgrund des höheren Emissionsfaktors für N$_2$O je nach N-Input der Pflanzenbausysteme differenziert erhöhen. In der Literatur besteht ein Konsens (vgl. Sanders und Heß 2019) darüber, dass bei flächenbezogenen Betrachtungen unter ökologischen Anbaubedingungen geringere flächenbezogene THG-Emissionen (inkl. N$_2$O) auftreten.

Eine mögliche Alternative zur Abschätzung der Lachgasemissionen ist der N-Saldo-basierte Ansatz nach Groenigen et al. (2010). Die Lachgasemissionen der ökologischen und konventionellen Pflanzenbausysteme wären im Systemversuch Viehhausen nach diesem Ansatz in etwa gleich hoch gewesen, da die ökologischen und konventionellen Pflanzenbausysteme geringe N-Salden aufwiesen (Tabelle 13). Allerdings weicht dieser methodische Ansatz stark

---

[59] Natürliche Prozesse in ungedüngten Böden können N$_2$O-Emissionen auslösen. Die N-Zufuhr macht aber eine höhere N$_2$O-Emission wahrscheinlicher. Daher sind auch N$_2$O-Emissionen auf Parzellen ohne N-Düngung zu messen, die durch die N-Düngung nicht erklärt werden können. Wenn jedoch der N-Input (im Beispiel 10 bzw. 5) als Divisor für die Ermittlung eines Emissionsfaktors zwingend verwendet werden muss, so resultiert bei einem gleichen „Hintergrundrauschen" für jene Varianten ein höherer Emissionsfaktor, die einen geringeren N-Input aufweisen bzw. einen kleineren Divisor haben (Beispiel: 110 / 10 = 11 vs. 105 / 5 = 21).

von den IPCC-Richtlinien (vgl. IPCC 2006) ab und führt entsprechend zu abweichenden Ergebnissen.

Ein weiterer methodischer Einfluss auf die Höhe der Gesamtemissionen geht von der Variation der Emissionsfaktoren für Mineraldüngung und Treibstoffe aus (siehe 2.1.3, 4.3.3). Die Ergebnisse dieser Szenarien werden in Abschnitt 5.2.3.3 diskutiert.

5.2 Diskussion der Ergebnisse

5.2.1 Ertragsrelationen der Pflanzenbausysteme

5.2.1.1 Ertragsrelationen der Fruchtarten

Die im Versuch ermittelten Ertragsrelationen des Winterweizens im Vergleich ökologischer und konventioneller Pflanzenbausysteme (0,38 bis 0,53; Abbildung 12) sind im Vergleich zu internationalen Literaturwerten sehr niedrig. Seufert et al. (2012) geben für Weizen eine mittlere Ertragsrelation von 0,6 an. In der Meta-Studie von Ponti et al. (2012) beträgt die mittlere Ertragsrelation für Weizen sogar 0,73 bei einer Variationsbreite von 0,4 bis 1,3. Anhand des Datensatzes von Ponisio et al. (2014a) wurde für Weizen eine mittlere Ertragsrelation[60] von 0,61 ermittelt. In der aktuelleren Meta-Studie war die Variationsbreite der Ertragsrelationen mit 0,13-1,04 bei 153 Vergleichspaaren etwas größer.

Die Ursachen für diese enormen Differenzen sind vielfältig. Ponti et al. (2012) legen u. a. nahe, dass unterschiedliche standortbedingte Ertragspotenziale die Ertragsrelationen beeinflussen. Seufert et al. (2012) und Ponti et al. (2012) stellen fest, dass der unterschiedliche Entwicklungsstand der Länder bzw. der Regionen einen bedeutenden Einfluss auf die Höhe der Ertragsrelationen ausübt, ebenso die Fruchtartengruppe. Letzteres wird durch Ponisio et al. (2014b) widerlegt: Die Unterschiede in den Ertragsrelationen der legumen und nicht-legumen Fruchtarten sind nicht signifikant. Auf nationaler Ebene können die Winterweizenerträge der Pilotbetriebe (Hülsbergen und Rahmann 2015) zur Berechnung der Ertragsrelation in Höhe von 0,45 bis 0,51 herangezogen werden. In dieser Studie wurde sowohl in der Gruppe der ökologischen als auch der konventionellen Betriebe zwischen Milchvieh- und Marktfruchtbetrieben differenziert. Die Ertragsunterschiede des Systemversuchs Viehhausen sind mit den Ertragsunterschieden zwischen den Pilotbetrieben (Tabelle A6) vergleichbar.

Im Systemversuch Viehhausen wurden außergewöhnlich niedrige Ertragsrelationen festgestellt. Dies war nicht durch geringe Erträge der ökologischen Systeme zu erklären, wie der Vergleich zum regionalen, statistisch ermittelten Ertragsniveau zeigt (siehe 5.1.1), sondern vielmehr durch die außergewöhnlich hohen Erträge des konventionellen Referenzsystems. Innerhalb der im Versuch geprüften ökologischen und konventionellen Pflanzenbausysteme

---

[60] Dieser Mittelwert beruht auf 153 Vergleichspaaren, wobei nicht plausibel erscheinende Vergleichswerte (Ertragsrelation < 0,1) nicht berücksichtigt sind.

gab es zudem signifikante Ertragsdifferenzen. z. B. auch innerhalb eines konventionellen Systems in Abhängigkeit von der Vorfrucht. Wäre beispielsweise der Weizen nach Körner- oder Silomais als Referenzvariante gewählt worden, wären die Ertragsrelationen enger ausgefallen. Aufgrund der hohen Maisanbaukonzentration in der Untersuchungsregion wird Weizen im konventionellen Pflanzenbau häufig nach Mais angebaut. Insgesamt zeigte der Versuch eindrucksvoll, dass (a) die Wahl des Referenzsystems bedeutenden Einfluss auf die Ertragsrelationen hatte und (b) auch unter gleichen Standortbedingungen innerhalb der ökologischen und konventionellen Systeme eine enorme Ertragsvariabilität auftritt – in Abhängigkeit von Anbausystem, Düngung und Fruchtfolgegestaltung. Zudem wurde deutlich, dass durch geeignete Pflanzenbausysteme die Ertragsunterschiede reduziert werden können.

Im Systemversuch Viehhausen hatte der Winterroggen eine mittlere Ertragsrelation zwischen 0,53 und 0,78, wobei die milchviehhaltenden Systeme eine Ertragsrelation in Höhe von 0,62 bis 0,66 hatten (Abbildung 13). Die Ertragsrelationen für Winterroggen waren im Systemversuch im Mittel zwischen den von Ponti et al. (2012) und Ponisio et al. (2014a) angegebenen Ertragsrelationen, während die Variationsbreite bei Ponisio et al. (2014a) deutlich größer war (0,63-1,04 vs. 0,51-1,05). Seufert et al. (2012) sowie Hülsbergen und Rahmann (2013) berichten nicht über Roggenerträge. Auch im neueren Thünen Report (Sanders und Heß 2019) wird Roggen nicht betrachtet.

Die Fruchtart Mais weist in allen drei Meta-Studien eine nur geringe Variationsbreite bzgl. der Ertragsrelation auf:

- 0,86 (Seufert et al. 2012)
- 0,89 [0,6 - 1,41] (Ponti et al. 2012) und
- 0,84 [0,12 - 2,1] (Ponisio et al. 2014a)[61].

Ökologische Milchviehsysteme erreichten im Systemversuch Viehhausen eine etwas geringere Ertragsrelation in Höhe von 0,75 bis 0,79. Dennoch wurde bei Silomais die engste Ertragsrelation festgestellt. Hieraus folgt, dass insbesondere für ökologische Pflanzenbausysteme der Maisanbau einen signifikanten Anstieg der Flächenproduktivität auf höheren Ebenen (Fruchtfolge, Betriebe) bedeuten kann.

5.2.1.2 Ertragsrelationen der Fruchtfolgen

Auf der Ebene der Fruchtfolgen erfolgt nicht nur eine Analyse der summierten Ertragsleistungen einzelner Fruchtarten, sondern auch eine Untersuchung der systemtypischen Ackerflächenverhältnisse (Tabelle 6). Bei einer Umstellung auf ökologische Landwirtschaft verändern sich nicht nur die vielfach untersuchten fruchtartenspezifischen Ertragsrelationen, sondern auch die angebauten Fruchtarten (Barbieri et al. 2019). Ökologische Pflanzenbausysteme

---

[61] Der Datensatz von Ponisio et al. (2014a) enthält neben Silomais auch für die Fruchtart Körnermais eine mittlere Ertragsrelation in Höhe von 0,73 [0,52-1,15]. Allerdings wurde im Systemversuch Viehhausen in ökologischen Pflanzenbausystemen kein Körnermais angebaut.

haben typischerweise einen hohen Anteil an Leguminosen in der Fruchtfolge. Daher haben ökologische Systeme im Systemversuch Viehhausen einen Körner- und Futterleguminosen-Anteil von 20 %. In den konventionellen Produktionssystemen dominiert häufig Getreide (vor allem Winterweizen) das Ackerflächenverhältnis (Anteil > 50). Diese Unterschiede in den Fruchtfolgen wurden bei der Konzeption des Systemversuchs und dem vorliegenden Systemvergleich berücksichtigt.

Da die Ertragsunterschiede in Meta-Studien auf der Fruchtfolgenebene bisher nicht analysiert wurden, erfolgt nachfolgend die Diskussion der Versuchsergebnisse anhand von vergleichbaren Studien in Deutschland. Aufgrund der differenzierten Daten für ökologische und konventionelle Betriebe sowie ihrem Grad der Spezialisierung (Marktfrucht- vs. Gemischtbetrieb) eignen sich die aktuelleren Ergebnisse aus dem Netzwerk von Pilotbetrieben (Hülsbergen und Rahmann 2013) am besten.

Die Versuchsergebnisse auf der Fruchtfolgenebene waren in Getreideeinheiten bei den Marktfruchtbetrieben nahezu deckungsgleich (Tabelle A6) mit den Mittelwerten von 64 Pilotbetrieben (Schmid und Hülsbergen 2015). Dagegen erreichten ökologische und konventionelle Gemischtbetriebe in dieser deutschlandweiten Analyse ein deutlich geringeres Ertragsniveau in GE (4,3 t ha^{-1} bzw. 7,2 t ha^{-1}) als im Systemversuch Viehhausen (7,3 t ha^{-1} bzw. 11,3 t ha^{-1}). Gründe dafür liegen neben dem Standorteinfluss (die Pilotbetriebe umfassen auch Standorte mit deutlich geringeren Ertragspotenzial) auch in der unterschiedlichen Anbaustruktur. Hackfrüchte und Silomais haben im Mittel einen Anteil von 8 % im Ackerflächenverhältnis der ökologischen Gemischtbetriebe (Pilotbetriebe), während der Anteil von Luzerne-Kleegras im Mittel bei 40 % lag. Bei konventionellen Gemischtbetrieben waren die Verhältnisse nahezu umgekehrt: 10 % Luzerne-Kleegras und 33 % Hackfrüchte und Silomais. Im Systemversuch Viehhausen hatten Silomais und Luzerne-Kleegras jeweils einen Anteil von 20 % in den ökologischen Milchviehsystemen (Tabelle 6). Die Ertragsunterschiede zwischen den konventionellen Gemischtbetrieben und dem kMiG-System können jedoch nicht ausschließlich durch die unterschiedlichen Anteile von Silomais erklärt werden. Als weitere Ursache sind hier die deutlich höheren Getreideerträge unter Versuchsbedingungen (siehe 5.1.2.2) zu berücksichtigen. Der mittlere Weizenertrag des konventionellen Milchviehsystems war um 36 % höher als der mittlere Weizenertrag konventioneller Gemischtbetriebe im Pilotbetriebe-Netzwerk (Tabelle A6). Des Weiteren ist zu beachten, dass Praxisbetriebe die Produktionsstrategie (z. B. Anbaustruktur, Düngungs- und Pflanzenschutzintensität) an die aktuelle Markt- und Preisentwicklung anpassen (Hesse et al. 2016) - unter Versuchsbedingungen bleiben dagegen das Ackerflächenverhältnis und die Bewirtschaftungsintensität meist unverändert.

Während bei den fruchtartenspezifischen Ertragsrelationen in der vorliegenden Arbeit das ertragsstärkste System (kMiG) als Referenzsystem verwendet wird, wurde für einen Vergleich innerhalb der Marktfruchtbetriebe der GE-Ertrag des kMF-Systems als Bezugsbasis verwendet. Dabei betrug die Ertragsrelation 68 % beim öBiG-System und 39 % im öMF-System. Mit dieser Gegenüberstellung wurde einerseits quantifiziert, wie stark sich die Ertragsrelation bei einem „plausibleren" Ertrag des konventionellen Referenzsystems verändern würde. Andererseits wird dadurch auch deutlich, wie stark der Output ökologischer Marktfruchtbetriebe intensiviert werden kann, wenn diese mit einer Biogasproduktion interagieren würden. Neben dem landwirtschaftlichen Mehrertrag von 29 % des GE-Ertrags im kMF-System, führt eine Interaktion mit Biogasanlagen auf gesamtbetrieblicher bzw. gesamtgesellschaftlicher Ebene zu einem zusätzlichen Energie-Output.

Wie in Kapitel 4 beschrieben, lagen die Fruchtfolgeerträge der viehlosen ökologischen Pflanzenbausysteme stets unterhalb der Erträge von ökologischen Systemen mit Milchvieh. Diese Verhältnisse innerhalb der ökologischen Betriebssysteme können auch umgekehrt vorliegen. Schulz (2012) analysiert drei ökologische Betriebssysteme und stellt signifikante Ertragsunterschiede zwischen den viehlosen Systemen und dem System mit Milchviehhaltung fest. Pro Fruchtfolgefeld hatten die einzelnen Fruchtarten der viehlosen Systeme tendenziell höhere Erträge erzielt.

Dieser Unterschied gegenüber den Ergebnissen der vorliegenden Arbeit beruht auf der konsequenten Berücksichtigung von Luzerne-Kleegras in allen drei funktionellen Einheiten als Futtermittel bzw. Substrat für die nachgelagerte Milchviehhaltung bzw. Biogasproduktion. Zudem wurden im Systemversuch Viehhausen andere Fruchtarten angebaut (u. a. enthielt das milchviehhaltende System bei Schulz 2012 keinen Silomais in der Fruchtfolge). Erst bei der Abbildung der Fruchtfolgenerträge in Getreideeinheiten[62] war auch bei Schulz (2012) der Ertrag der Fruchtfolgen viehloser Systeme signifikant niedriger (36 – 49 %) als die Fruchtfolgeleistung des Systems mit Milchviehhaltung.

Schneider et al. (2012) vergleichen am gleichen Versuchsstandort in Viehhausen die Erträge von fünf[63] Fruchtfolgen ökologischer Pflanzenbausysteme. Die Ertragsrelationen[64] dieses Versuchs sind nicht direkt vergleichbar, da keine konventionellen Varianten in diesem Versuch vorhanden sind. Zu diskutieren ist jedoch die Fruchtfolgeleistung, welche bei Systemen mit Milchviehhaltung oberhalb von 7 t ha^{-1} GE liegt, obwohl in diesen Fruchtfolgen kein Silomais angebaut wurde. Viehlose Systeme erzielten dagegen einen Getreideeinheitenertrag von 3,4 bis 3,6 t ha^{-1} (- 48 bis -52 %). Eine spätere Publikation zu diesem Versuch (Castell et al. 2016) berichtet von Fruchtfolgeleistungen in Getreideeinheiten, die teilweise oberhalb von 10 t ha^{-1} liegen. Diese Unterschiede im Ertrag sind auf methodische Unsicherheiten bei der Bewertung eines Gemenges (Luzerne-Kleegras) zurückzuführen (siehe 5.1.1).

---

[62] Schulz (2012) bewertete die einzelnen Fruchtarten anhand der GE-Faktoren nach Döhler (2009).

[63] FF1 und FF2 simulieren viehhaltende Systeme: das Kleegras wird geschnitten und abgefahren, im Gegenzug wird zu den Marktfrüchten Gülle ausgebracht. FF3-FF5 charakterisieren viehlose Systeme. Das Kleegras wird gemulcht oder durch eine Körnerleguminose ersetzt und zusätzlich werden legume Zwischenfrüchte angebaut." (Schneider et al. 2012). Für diese Publikation wurde der Getreideeinheitenschlüssel nach Abel et al. (2010) verwendet.

[64] Darin berichtete Ertragsrelationen beruhen auf dem mittleren Ertrag der Fruchtarten (Kartoffeln, Weizen, Gerste) aller im Versuch geprüfter Systeme.

5.2.1.3 Flächenbedarf der Pflanzenbausysteme

Trotz der aufgeführten Unterschiede gegenüber Literaturwerten und statistischen Erträgen der Untersuchungsregion können die Versuchsergebnisse systembedingte Ertragsdifferenzen und -relationen unter den gegebenen Standort- und Bewirtschaftungsbedingungen aufzeigen und eine höhere (aber nach Pflanzenbausystemen differenzierte) Flächenbeanspruchung aufgrund geringerer Erträge im Ökologischen Landbau auf der Ebene der Fruchtfolge quantifizieren.

Anhand von Ertragsunterschieden bei Getreide wird in der Literatur konstatiert, dass sich der Flächenbedarf unter ökologischen Anbaubedingungen gegenüber konventionellen Pflanzenbausystemen verdoppelt: Witzke und Noleppa (2013) berechnen einen um 48 % niedrigeren Ertrag im Ökologischen Landbau. Für Winterweizen kalkuliert Hirschfeld (2008) ebenfalls eine doppelte Flächenbeanspruchung und konstatiert, dass Ähnliches für andere Feldfrüchte gilt. Zugleich zitiert Hirschfeld (2008) Daten von Murphy und Heinemeyer (2000), die fruchtartenspezifische Ertragsdifferenzen aufzeigen (vgl. Abbildung 2).

Ein doppelter Flächenbedarf im Ökologischen Landbau konnte anhand der vorliegenden Analyse (Tabelle 12), basierend auf einer Ertragsbewertung in Getreideeinheiten, für die ökologischen Pflanzenbausysteme, nicht generell bestätigt werden. Lediglich das ökologische Marktfruchtsystem (öMF) hatte eine um 200 % höhere Flächenbeanspruchung (Faktor 3) als das ertragsstärkste konventionelle Milchviehsystem. Wie in Abschnitt 4.1.5 bereits beschrieben, erreichte dieses System lediglich ein Drittel des GE-Ertrags des Referenzsystems kMiG. Der Flächenbedarf des öMF-Systems unterscheidet sich signifikant von dem Flächenbedarf der anderen ökologischen Pflanzenbausysteme (Tabelle 12).

Spezialisierte Marktfruchtsysteme mit und ohne Rotationsbrache entsprechen nicht dem ursprünglichen Leitbild des Ökologischen Landbaus (Hülsbergen 2007; Leithold et al. 2017). Anhand feldexperimenteller Ergebnisse wurden die Effekte der viehlosen Bewirtschaftung auf die Nachhaltigkeit der ökologischen Anbausysteme mehrfach untersucht (Schulz 2012; Schulz et al. 2013). Ökonomische Analysen ökologischer Marktfruchtbetriebe von Francksen et al. (2007) zeigen u. a. auf, dass die maximale Spezialisierung auch für ökologische Betriebe kurzfristig am lukrativsten ist. Künftig sind folglich im Ökologischen Landbau ähnliche Entwicklungen wie bei konventionellen Marktfruchtbetrieben zu erwarten (vgl. ebd.). Röll (2012) ermittelt bei einer Vollkostenrechnung, dass die viehlosen ökologischen Systeme gegenüber dem System mit Milchviehhaltung um 277 - 283 € pro Hektar und Jahr wirtschaftlich unterlegen sind (vgl. Leithold et al. 2017).

Der Anteil viehloser Wirtschaftsweise nahm im Ökologischen Landbau bis 2004 zu (Schmidt 2004). Eine weitere Zunahme der ökologischen Marktfruchtbetriebe könnte jedoch die Kritik am Ökologischen Landbau bestärken und die Konsumenten irritieren. Historisch betrachtet kommt ein solches System mit einer gemulchten „Grünbrache" dem mittelalterlichen (extensiven) System der Dreifelderwirtschaft nahe, da die Bodenfruchtbarkeit über eine begrünte Rotationsbrache zu erhalten versucht wird. In der Dreifelderwirtschaft wurden 33 % der Fläche für die Brache und Regeneration der Bodenfruchtbarkeit genutzt. Allerdings wurde kein Kleegras für die Gründüngung angebaut.

Alternativ könnte im ökologischen Marktfruchtsystem des Systemversuchs Viehhausen eine andere Leguminose, zum Beispiel Sojabohnen anstelle von Luzerne-Kleegras, angebaut werden. Allerdings kann der Anbau von Körnerleguminosen aufgrund phytosanitärer Probleme nur sehr begrenzt (wenn überhaupt) erweitert werden. Selbst die Anbaupause von vier Jahren bei der Ackerbohne in der derzeitigen Fruchtfolge ist relativ gering.

Beim Anbau von Körnerleguminosen anstelle von Kleegras würde theoretisch bei gleichen fruchtartenspezifischen Erträge der GE-Ertrag des öMF-Systems von 3,7 auf ca. 4,5 GE t ha^{-1} ansteigen. Bei dieser Fruchtfolgegestaltung im öMF-System wäre der Flächenbedarf aufgrund niedrigster Fruchtfolgeleistungen (-36 bis -52 % gegenüber ökologischen Systemen mit Milchvieh) weiterhin sehr hoch. Körnerleguminosen hinterlassen deutlich weniger Stickstoff in den Ernte- und Wurzelrückständen als das Luzerne-Kleegras. Daher ist eher von sinkenden Erträgen in Fruchtfolgen ohne Kleegras auszugehen; dies zeigen auch die Ergebnisse des benachbarten Fruchtfolgeversuchs der bayerischen Landesanstalt für Landwirtschaft (Castell et al. 2016).

Bei einer Betrachtung der Gründüngung als ein alternatives Produkt (zum Beispiel biologische N_2-Fixierung) wäre diese innerbetriebliche Vorleistung ebenfalls sehr aufwendig erzielt. Schätzungsweise würden rund 34 CO_2-Äq. kg kg^{-1} biologisch fixierter Stickstoff[65] emittiert. Allerdings ist die Wirkung des Anbaus von Luzerne-Kleegras sehr vielfältig: Über die N_2-Fixierung hinaus sind positive phytosanitäre Wirkungen (Sprenger und Belde 2003) und der Humusaufbau (Leithold et al. 2015) hervorzuheben. Unter Berücksichtigung der C-Sequestrierung könnten die obigen Emissionen vollständig kompensiert werden; pro kg biologisch fixiertem Stickstoff wären weitere 120 kg CO_2-Äq. im Boden als Kohlenstoff sequestriert. Ob und wie langfristig die modellierten C-Sequestrierungsleistungen tatsächlich erbracht werden, bleibt im weiteren Versuchsverlauf anhand von Messungen der C-Dynamic zu klären (siehe 5.6).

5.2.1.4 Nachhaltige Intensivierung ökologischer Marktfruchtsysteme

Laut BMEL (2015) liegt in Deutschland die mittlere Flächenproduktivität in Getreideeinheiten (inkl. Produkten aus der Tierhaltung) der landwirtschaftlich genutzten Fläche bei 6,99 t ha^{-1}. In der Summe tierischer und pflanzlicher Nahrungsmittelerzeugung wurden 2013/2014 in Deutschland 104,1 Mill. t GE produziert (ebd.). Ohne Futtermittelimporte liegt die Netto-Produktivität bei 97,6 Mill. t GE. Daraus resultiert ein Netto-Flächenertrag (ohne Nebenprodukte, Sonderkulturen und Futtermittelimporte) in Höhe von 5,82 GE t ha^{-1}. Wenn die Netto-Produktivität ins Verhältnis zur landwirtschaftlichen Fläche des Jahres 2015 in Höhe von 18,433 Mill.

---

[65] Emissionsfaktoren für Mineraldünger-N liegen unterhalb von 10 CO_2-Äq. kg kg^{-1} N. Bei solch einer Betrachtung wäre jedenfalls eine umfangreiche Anpassung des Allokationsverfahrens notwendig, da die anbaubedingten Emissionen für LKG nicht mehr den anderen Feldprodukten dieses Anbausystems bei produktbezogenen Betrachtungen zugeordnet werden würden.

ha (Destatis 2016a) gesetzt wird, dann würde der Netto-Flächenertrag der Nahrungsmittelerzeugung in Deutschland 5,29 GE t ha^{-1} betragen.

Im Systemversuch Viehhausen wurden praxisnahe Fruchtfolgen abgebildet und daher nicht nur die Fruchtartenerträge der einzelnen Pflanzenbausysteme, sondern die gesamten Systemleistungen analysiert und beurteilt. Fast alle hier geprüften Anbausysteme erreichten das Ertragsniveau in Getreideeinheiten von 5,29 bis 6,99 t ha^{-1} (Abbildung 11). Lediglich das ökologische Marktfruchtsystem (öMF) hatte mit 3,7 t ha^{-1} eine deutlich geringere Flächenproduktivität als obige Referenzwerte. Die konventionellen Systeme erzielten mit 9,6 bzw. 11,3 t ha^{-1} einen deutlich höheren GE-Ertrag (Tabelle 11) als die mittlere Flächenproduktivität in Deutschland (+37 % bzw. +61 %).

Auch anhand der funktionellen Einheiten TM und GJ wurde deutlich, dass nicht nur die Fruchtartenzusammensetzung der Fruchtfolgen, sondern auch die Ertragsverwendung innerhalb eines landwirtschaftlichen Betriebssystems einen bedeutenden Einfluss auf dessen Ertragsleistung ausübt. Bei der Betrachtung von TM-, GE- und GJ-Erträgen wird übereinstimmend deutlich, dass das Mulchen von Kleegras die Ertragsleistungen des ökologischen Marktfruchtsystems drastisch vermindert. Betrachtungen von Ertragsleistungen ohne Berücksichtigung der Anbauflächen von Leguminosen in den ökologischen Fruchtfolgen blenden diese „Ertragslücke" aus.

Die geringe Ertragsleistung des ökologischen Marktfruchtsystems in Getreideeinheiten hängt auf der Ebene der Fruchtfolge bzw. des Betriebssystems mit nachfolgend beschrieben Faktoren zusammen.

a) Wahl der angebauten Fruchtarten: Die Fruchtarten haben ein unterschiedliches Ertragspotenzial. Im Versuch hatte der Silomais die höchsten Erträge, daher waren alle Fruchtfolgen mit Mais im Vorteil. Insbesondere für ökologische Pflanzenbausysteme wäre der Silomaisanbau aufgrund der engen Ertragsrelation eine Möglichkeit zur Steigerung der Flächenproduktivität.

b) Ertragsverwendung: Die Gründüngung hat hohe Opportunitätskosten, da alternativ auf dieser Fläche ein Anbau vermarktungsfähiger Ernteprodukte hätte erfolgen können. Wenn die Biomasse nicht gemulcht, sondern geerntet wird, führt dies nach Heuwinkel et al. (2005) einerseits zu einer höheren N$_2$-Fixierung und andererseits kann das Luzerne-Kleegras mehr Biomasse bilden (Tabelle 11).

c) Ertragssteigernde Maßnahmen: Hierunter werden die Effekte der Düngung, Pflege, Fruchtfolgegestaltung etc. auf die Erträge der angebauten Fruchtarten zusammengefasst. Zu der Ertragslücke aus dem Fruchtfolgefeld mit Luzerne-Kleegras im ökologischen Marktfruchtsystem kommen die niedrigsten Erträge der übrigen Fruchtarten der Fruchtfolge hinzu. Die Nährstoffzufuhr der übrigen ökologischen Pflanzenbausysteme erfolgt deutlich effizienter als im ökologischen Marktfruchtsystem (Gründüngung).

Eine mögliche Option zur nachhaltigen Intensivierung viehloser Marktfruchtbetriebe kann, wie u. a. die Ergebnisse der vorliegenden Arbeit zeigen, deren Interaktion mit einer Biogasanlage sein (siehe 5.3; vgl. Siegmeier et al. 2015). Die Kriterien für eine nachhaltige Biogasproduktion sind durch ein EU-Projekt bereits definiert (FiBL 2013). Sowohl konventionelle als auch ökologische Betriebe könnten auf diese Weise die produktbezogenen Treibhausgasemissionen (5.2.3) reduzieren und ihre Energieeffizienz (5.2.2) steigern.

In Abhängigkeit vom Standort können die Fruchtfolgeleistungen ökologischer Pflanzenbausysteme der mittleren Flächenproduktivität in Deutschland entsprechen. Unter dieser Bedingung wären keine Landnutzugsänderungen in Folge des politisch anvisierten Anteils von 20 % des Ökologischen Landbaus an der landwirtschaftlichen Nutzfläche in Deutschland zu erwarten. Dies gilt allerdings nur, wenn die Bevölkerungsdichte nicht weiter zunehmen[66] würde. Meadows (1977) zeigte frühzeitig den Zusammenhang zwischen Ertragssteigerungen und Bevölkerungswachstum auf. Unter veränderten Klimabedingungen erscheinen daher mittlere und stabile Erträge erstrebenswert.

5.2.2 Stoffkreisläufe und Energieeffizienz

5.2.2.1 Nährstoffversorgung

Die Analyse ökologischer Wirkungskategorien muss das Nährstoffmanagement und die Nährstoffeffizienz der betrachteten Pflanzenbausysteme berücksichtigen. Von den zugeführten Nährstoffen hängen wesentlich die Ertragsbildung und die mittel- und langfristige Produktionsfähigkeit landwirtschaftlich genutzter Böden ab. Andererseits hat die Herkunft der bereitgestellten Nährstoffe einen entscheidenden Einfluss auf die Ökobilanz der Produktionssysteme und der Produkte.

Stickstoff ist einer der wichtigsten Nährstoffe in einem Agrar-Ökosystem und gilt als der maßgebende, ertragslimitierende Faktor (Schubert 2006; Hülsbergen und Rahmann 2015; Leithold et al. 2017). Unter konventionellen Bedingungen kann dieser Nährstoff mit zugekauften Mineraldüngern meist in pflanzenverfügbarer Form appliziert werden. Dies hat zur Folge, dass der Nährstoff nahe am Zeitpunkt des höchsten Bedarfs der Kulturpflanzen ausgebracht werden kann – allerdings sind verfügbare Nährstoffvorräte im Boden vor der Düngung zu ermitteln und zu berücksichtigen (vgl. § 3 1 DüV), um Nährstoffüberschüsse zu vermeiden. Die Stickstoffüberschüsse haben seit der Industrialisierung stark zugenommen haben und werden laut Bouwman et al. (2013) weiter zunehmen. Im Ökologischen Landbau unterliegt der Zukauf von Nährstoffen gesetzlichen Restriktionen (§12 e EG Nr. 834/2007). Der Anbau von Leguminosen dient u. a. der biologischen N_2-Fixierung und ist der wichtigste N-Input in ökologische Pflanzenbau- und Betriebssysteme (§12 b EG Nr. 834/2007).

Die biologische N_2-Fixierung erfolgt durch Bakterien (Rhizobien), die mit Leguminosen eine Symbiose eingehen können (Bachinger und Stein-Bachinger 2004). Neben diesem Beitrag

---

[66] Weitere wesentliche Einflussfaktoren sind der Ernährungsstil (Futterproduktion für Fleischkonsum) und die Lebensmittelverschwendung (vgl. Muller et al. 2017) sowie die Flächenversiegelung, Biomasse für Bioenergie, Flächenstilllegung für Naturschutzmaßnahmen etc.

zur Pflanzenernährung haben Leguminosen in Folge ihrer starken Wurzelbildung eine humusaufbauende Wirkung im Boden (VDLUFA 2014). Des Weiteren sehen Sprenger und Belde (2003) im Kleegrasanbau eine Möglichkeit der Unkrautregulierung im Ökologischen Landbau. Trotz dieser vielseitigen positiven Wirkungen haben Leguminosen im konventionellen Pflanzenbau derzeit nur einen relativ geringen Anbauumfang: Im Mittel der konventionellen Pilotbetriebe ist ein Anteil von 3 - 11 % am Ackerland festgestellt worden. Im Mittel der ökologischen Pilotbetriebe beträgt der Leguminosen-Anteil (Körnerleguminosen & Luzerne-Kleegras) 30 % in Marktfruchtbetrieben und 44 % in Gemischtbetrieben (Hülsbergen und Rahmann 2015).

Ökologische Marktfruchtbetriebe müssen beim Kleegrasanbau zur Gründüngung auf einen potenziellen Marktfruchtertrag verzichten, da eine Grünbrache[67] ein Fruchtfolgefeld beanspruchen sollte[68], um die N-Versorgung, Beikrautregulierung und den Erhalt der Bodenfruchtbarkeit zu gewährleisten. Heuwinkel et al. (2005) untersuchten daher in einem Dauerfeldversuch in Viehhausen, ob die Mulchnutzung (Gründüngung) von Kleegrasbeständen in Marktfruchtsystemen den Stickstoffentzug des Marktfruchtertrags kompensieren können. Die Mulchnutzung der Luzerne-Kleegrasbestände hatte in diesem Versuch mehrere Effekte zur Folge: Der Leguminosenanteil im Gemenge nahm um 15 % ab, die N_2-Fixierungsleistungen gingen zurück (-36 % im Vergleich zur Schnittnutzung) und die Biomassebildung (TM) fiel bei einer Mulchnutzung im Mittel um 4,2 t ha^{-1} (-21 %) niedriger aus als bei einer Schnittnutzung von Luzerne-Kleegras (Heuwinkel et al. 2005). Darüber hinaus wurden deutlich höhere N-Verlustpotenziale festgestellt: Einerseits waren die gemessenen N_2O-Emissionen in der Mulchvariante um ein Vielfaches höher als in Varianten mit Schnittnutzung. Andererseits wurde ein höherer Nitratgehalt in unterschiedlichen Bodentiefen bei der Mulchnutzung festgestellt (vgl. ebd.).

Im Systemversuch Viehhausen wurden die Nitratverluste, z. B. nach Kleegrasumbruch, bisher nicht näher untersucht. Allerdings fanden 2011/2012 Messungen der N_2O-Emissionen statt (Fuß 2013). Die Lachgasemissionen nach Kleegras-Mulchnutzung waren auch im Systemversuch Viehhausen deutlich höher als in den Pflanzenbausystemen mit Schnittnutzung. Dies wurde im Luzerne-Kleegras gemessen und auch in der Nachfrucht Winterweizen festgestellt.

In der vorliegenden Arbeit wurde die Versorgung der Pflanzenbausysteme mit Stickstoff anhand von N-Bilanzen analysiert (siehe 4.2.1.1) und die N_2O-Verluste nach IPCC (2006, Abbildung 26) geschätzt. Bei der direkten Gegenüberstellung der N-Zufuhr und der N-Entzüge wurde deutlich, dass ökologische und konventionelle Pflanzenbausysteme eine ähnliche

---

[67] Im Schweizer DOK-Versuch wird solch ein Fruchtfolgefeld auch als „Kunstwiese" bezeichnet. Im Systemversuch Viehhausen wurde hierbei die gleiche Ansaatmischung von Luzerne-Kleegras verwendet wie in den übrigen ökologischen Pflanzenbausystemen.

[68] Nicht immer wird ein ganzes Fruchtfolgefeld für Leguminosen-Anbau beansprucht: Im Pilotbetriebe-Projekt wurde in der Gruppe ökologischer Marktfruchtbetriebe auch ein Leguminosen-Anteil von 6 % festgestellt (Hülsbergen und Rahmann 2015).

Größenordnung bzgl. des zugeführten Stickstoffs hatten. Insbesondere die N-Zufuhr im ökologischen Stallmistsystem glich in etwa der Größenordnung der konventionellen Pflanzenbausysteme. Aufgrund der niedrigeren N-Entzüge indiziert die Bewertung des N-Saldos für dieses System ein erhöhtes N-Verlustrisiko. Die standortbedingten C-N-Verhältnisse erfordern jedoch eine erhöhte N-Zufuhr zur Erhaltung der organischen Bodensubstanz (OBS bzw. Humus). Dieser Zusammenhang relativiert daher das Verlustpotenzial im ökologischen Stallmistsystem, da hier die N-Vorräte im Boden am stärksten zunehmen („Δ Boden-N-Vorrat", Tabelle 13).

Die N-Entzüge der Pflanzenbausysteme lagen jedoch deutlich auseinander. Dies kann einerseits mit der unterschiedlichen Biomasse- und Ertragsverwendung der Pflanzenbausysteme zusammenhängen. Andererseits war die unterschiedliche Pflanzenverfügbarkeit von Stickstoff bedeutend: Die N-Zufuhr der Systeme öMF und öBiG war nahezu gleich hoch, allerdings hatten der zeitliche Transfer der Nährstoffe und die N-Bindungsform einen ertragswirksamen Unterschied zur Folge.

Die Bewertung der bilanzierten N-Salden erfolgte auf der Ebene der Fruchtfolgen in Abhängigkeit von der quantitativen Abweichung gegenüber einem definierten Optimum für N-Bilanzen (mit Δ N_{org}) zwischen 0 und 50 kg ha^{-1} (Christen et al. 2009; Hülsbergen 2003). Die schlechteste Bewertung erzielte das ökologische Marktfruchtsystem (N-Saldo > 50 kg ha^{-1}), während übrige ökologische Pflanzenbausysteme N-Salden unterhalb von 0 kg ha^{-1} hatten. Auch im benachbarten Feldversuch der bayerischen Landesanstalt für Landwirtschaft wurden anhand von Messwerten erhöhte Verlustpotenziale unter den Bedingungen der ökologischen Marktfruchtbetriebe aufgezeigt (vgl. Castell et al. 2016). Am besten wurden im Systemversuch Viehhausen die N-Salden der konventionellen Pflanzenbausysteme bewertet (N-Salden lagen im Optimum).

Im DOK-Versuch (FiBL 2016) haben ökologische Varianten einen um 65 % geringeren Einsatz von Stickstoff, 40 % weniger Phosphor und eine um 45 % geringere Kaliumzufuhr als in konventionellen Varianten. Auch nach langer Versuchslaufzeit erreichten die ökologischen Pflanzenbausysteme des DOK-Versuchs ca. 80 % des konventionellen Ertrags. Dies wird durch eine N-Mineralisation aus dem Boden, N-Depositionen aus der Luft und die N_2-Fixierung durch den Leguminosen-Anbau erklärt. Bei Phosphor und Kalium haben die biologischen Verfahren eine negativere Bilanz als in konventionellen Systemen, weshalb diese Defizite nicht übersehen werden sollten. Mäder et al. (2002) berichten nach 21 Versuchsjahren von einem Anstieg der mikrobiellen Biomasse im Boden in folgender Abstufung: Biologisch-dynamisch (ökol.) > Organisch (ökol.) > Konventionell mit organischer Düngung > Konventionell Mineralisch (ohne organische Düngung). Auch hinsichtlich physikalischer, chemischer und biologischer Bodeneigenschaften werden teils bedeutende Unterschiede festgestellt. Bemerkenswert ist u. a. die höhere Biodiversität und die bessere Aggregatstabilität in ökologisch bewirtschafteten Böden.

Allerdings fallen die bewirtschaftungsbedingten Unterschiede unter Praxisbedingungen ökologischer und konventioneller Landwirtschaft oft nicht ins Gewicht, da der Standorteinfluss die bewirtschaftungsbedingten Einflüsse überlagern (vgl. Fuß 2013, Hagemann et al. 2015).

Dennoch sind, unter sonst gleichen Bedingungen, die festgestellten Unterschiede zwischen ökologischen und konventionellen Pflanzenbausystemen bedeutend.

5.2.2.2 Bodenkohlenstoffveränderungen (C-Sequestrierung) und ihre Anrechnung in Treibhausgasbilanzen landwirtschaftlicher Produktionssysteme

Der Nährstoffkreislauf und die biologische Aktivität im Boden hängen mit dem Humusvorrat im Boden zusammen. Im Zusammenhang mit dem Klimawandel erscheinen der Erhalt und die Anreicherung von C_{org}-Vorräten von höchster Dringlichkeit. Dieses Ziel verfolgt die internationale „4per1000"-Initiative, die im Rahmen der 21. UN-Klimakonferenz (UNFCCC 2015) in Paris 2015 ins Leben gerufen wurde. Das Bundesministerium für Ernährung und Landwirtschaft sowie die Bundesanstalt für Landwirtschaft und Ernährung unterstützen diese Initiative (4p1000 2015).

Im Netzwerk der Pilotbetriebe wurden potenzielle THG-Emissionen mit dem Modell REPRO kalkuliert und dabei die C-Sequestrierung in Böden anhand von Humusbilanzergebnissen in den Ergebnissen der THG-Bilanzen angerechnet (vgl. Hülsbergen und Rahmann 2015). Allerdings wird darauf hingewiesen, dass die mögliche C-Bindung in Böden mengenmäßig und zeitlich limitiert ist (vgl. Stewart et al. 2007), da sich nach einer Bewirtschaftungsänderung im Laufe der Zeit neue C_{org}-Fließgleichgewichte einstellen. Andererseits berichten Vos et al. (2018), dass die C-Sequestrierung in Böden nicht zwangsläufig limitiert ist.

Poeplau und Don (2015) schätzen die potenzielle C-Sequestrierung (Humusakkumulation) durch verstärkten Anbau von Zwischenfrüchten auf 16,7 t ha^{-1} und berechnen einen Zeitraum von 155 Jahren, bis sich neue Fließgleichgewichte einstellen würden. Auf diese Weise könnten unvermeidbare Emissionen[69] aus der Landwirtschaft um ca. 8 % kompensiert werden. Aktuelle Messungen zeigen, dass 50 Jahre nach einem Grünlandumbruch der C_{org}-Gehalt sich nicht in einem Fließgleichgewicht befindet, sondern weiter abnimmt (Don 2018). Aufgrund einer hohen Wahrscheinlichkeit, dass sich über einen Zeitraum von mehr als einem Jahrhundert die Bewirtschaftung der landwirtschaftlichen Praxisbetriebe[70] verändern wird, erscheint eine Einstellung neuer C_{org}-Fließgleichgewichte daher unwahrscheinlich (vgl. Hülsbergen und Rahmann 2015).

Der Berechnungsstandard für einzelbetriebliche Klimabilanzen in der Landwirtschaft (KTBL 2016) sieht eine Anrechnung der Humusbilanzergebnisse (Gutschriften bei einer positiven Humusbilanz) in der THG-Bilanz vor.

---

[69] In dieser Meta-Studie wurde u. a. der Einfluss der Zwischenfrüchte auf zusätzliche N_2O-Emissionen nicht einkalkuliert.

[70] Unter Versuchsbedingungen könnte eher eine konstante Bewirtschaftung erfolgen.

Dennoch ist eine Anrechnung von C-Sequestrierungsleistungen anhand von agrarökonomischen (vgl. Brock et al. 2013) Humusbilanzen in den THG-Bilanzen der landwirtschaftlichen Produktionssysteme aus mehreren Gründen kritisch zu sehen:

a) Gemäß VDLUFA (2014) ist die vorgestellte Humusbilanzmethode nicht dazu geeignet mögliche Humusvorratsänderungen zu prognostizieren; hierzu sind leistungsfähigere Bilanzierungsmodelle oder Bodenprozessmodelle erforderlich (vgl. Hülsbergen 2003; Brock et al. 2013).
b) Bei einer Anrechnung der Humusakkumulation (C-Sequestrierung) könnten potenzielle Maßnahmen zur Emissionsreduktion vernachlässigt und der Nettoeffekt auf den Klimaschutz gemindert werden (Smith 2004).
c) Die Menge des sequestrierten Kohlenstoffs muss für eine Anrechnung als Beitrag zum nationalen Klimaschutz quantifizier- und verifizierbar sein (ebd.).
d) Gemäß UBA (2008) können sandige und lehmige Böden bei abnehmenden Sommerniederschlägen stärker als bisher die Humusvorräte abbauen und damit zu einer zusätzlichen CO_2-Quelle werden. Solche Veränderungen könnten lediglich mit ökologisch ausgerichteten Humusbilanzmethoden (Brock et al. 2013; Franko et al. 2018) quantitativ erfasst werden. Allerdings schätzt Körschens (2010) das Risiko einer Abnahme der organischen Bodensubstanz in Folge von Klimaveränderungen als niedrig ein. Jacobs et al. (2018) schließen dieses Risiko jedoch nicht aus.
e) Die Humusakkumulation kann durch zeitversetzte Bewirtschaftungsänderungen den Erfolg bisheriger Maßnahmen zur C-Sequestrierung reduzieren oder gänzlich vernichten (Smith 2004), da diese reversibel bzw. bewirtschaftungsabhängig ist.

Vor diesem Hintergrund ist im Pilotbetriebe-Netzwerk ein georeferenziertes, längerfristiges Monitoring von organischem Kohlenstoff und Stickstoff in jedem Praxisbetrieb vorgesehen (Hülsbergen und Rahmann 2015). Anschließend sollen die Mess- und Schätzwerte der Bodenkohlenstoffvorräte zueinander in Beziehung gesetzt werden und verlässliche Aussagen zur Humusanreicherung oder zum Humusabbau ermöglichen (vgl. ebd.).

Jedenfalls erscheinen zunehmend bodenkundliche Publikationen (Vos et al. 2016; Wiesmeier et al. 2019), die für eine Abschätzung der C_{org}-Vorräte (u. a. anhand von Bewirtschaftungsinformationen) plädieren, da die Messungen deutlich aufwendiger, jedoch nicht wesentlich genauer sind. Smith (2004) prognostiziert, dass lediglich die reicheren Industrienationen ein Monitoringsystem für Landnutzungsänderungen und C_{org}-Vorratsänderungen finanzieren können.

Aus der Bodenzustandserhebung liegen seit 2018 für Deutschland erstmals Ergebnisse zum Status der C_{org}-Vorräte auf landwirtschaftlich genützten Böden (Jacobs et al. 2018) vor. Erst nach regelmäßigen Wiederholungsbeprobungen (voraussichtlich 2028) können die qualitativen und quantitativen Effekte unterschiedlicher Maßnahmen zum Erhalt und Aufbau der C_{org}-Vorräte flächendeckend bestimmt werden.

Die Humusvorräte können jedoch zeitnah durch Bewirtschaftungsmaßnahmen beeinflusst werden. Jacobs et al. (2018) schätzen für nachfolgende Maßnahmen das Potenzial der jährlichen C-Sequestrierung auf mineralischen Böden unterhalb von 0,5 t ha^{-1} a^{-1} ein: Vermehrter

Zwischenfruchtanbau, reduzierte Bodenbearbeitung, organische Düngung, Fruchtfolgegestaltung (Leguminosen- bzw. Ackergras-Anteile) und mineralische Düngung. Insbesondere die reduzierte Bodenbearbeitung weist den niedrigsten potenziellen Beitrag zur C-Sequestrierung auf. Vielversprechender sei[71] jedoch die entgegengesetzte Maßnahme, das melorative Tiefpflügen - eine Maßnahme, der eine ähnliche Anreicherung von Humus-C beigemessen wird, wie einer Änderung der Landnutzungsart von Ackerland zu Grünland (vgl. ebd.).

Poeplau und Don (2015) berichten von einem Anstieg des C_{org}-Gehalts um 8 % im Zeitraum von 20 Jahren in Folge einer vermehrten Grünlandwechselwirtschaft[72] in Schweden. Eine Differenzierung zwischen den Anbaubedingungen ökologischer und konventioneller Landwirtschaft wurde durch Jacobs et al. (2018) bei der Bodenzustandsergebung in Deutschland nicht vorgenommen, obwohl dies bei einer ähnlichen Fragestellung bereits zielführend berücksichtigt wurde (vgl. UBA 2008).

Ökologischer Landbau kann jedenfalls in diesem Zusammenhang eine Kombination der oben beschriebenen Maßnahmen (Leguminosen- und Zwischenfruchtanbau, organische Düngung, Fruchtfolgegestaltung) darstellen. Ökologische Pflanzenbausysteme könnten bei einer Maßnahmenkombination auf derselben Fläche ein höheres Potenzial zur C-Sequestrierung entfalten als die zuvor beschriebenen Potenziale der einzelnen Maßnahmen (vgl. Gattinger et al. 2012). Innerhalb des Ökologischen Landbaus können die Fruchtfolgen und Betriebsstrukturen jedoch unterschiedlich gestaltet sein, weshalb pauschalisierende Aussagen für ökologisch bewirtschaftete Betriebe nicht möglich sind (WBAE und WBW 2016).

Im Rahmen der vorliegenden Arbeit wurden die Unterschiede innerhalb des Ökologischen Landbaus untersucht. Die modellierten Veränderungen der C_{org}-Gehalte anhand der dynamischen Humusbilanz (Tabelle 14) indizieren im Systemversuch Viehhausen für das ertragsstärkste kMiG-System eine negative Humusbilanz. Die Bodenkohlenstoffvorräte (Δ C_{org}, Tabelle 14) würden in diesem Pflanzenbausystem um 84 kg Humus-C ha^{-1} jährlich abnehmen. Dies entspricht einer Netto-CO_2-Freisetzung von 307 kg CO_2-Äq. ha^{-1} jährlich (Abbildung 27). Langfristig sollte daher im kMiG-System die Humusbilanz zum Beispiel durch zusätzlichen Zwischenfruchtanbau ausgeglichen werden.

Übrige Pflanzenbausysteme des Systemversuchs Viehhausen speicherten mehr Kohlenstoff im Boden, als durch diese Pflanzenbausysteme abgebaut wurde (ausgeglichene/positive Humusbilanz, siehe 4.2.1.2). Im ökologischen Marktfruchtsystem (öMF) und im ökologischen Stallmistsystem (öMiSt) war das C-Sequestrierungspotenzial jedoch so hoch, dass sämtliche

---

[71] Dies ist eine Ansicht der zitierten Autoren. Solche Maßnahmen erfordern einen enormen Energieaufwand und sollten frühestens bei Verfügbarkeit einer klimaneutralen Energieversorgung erfolgen.

[72] Zeitlich begrenzter Anbau der Grünlandvegetation auf der Ackerfläche.

Treibhaushausgasemissionen innerbetrieblich (in CO_2-Äq.) kompensiert werden könnten (Tabelle 19).

Im öMF-System beruht dieses Potenzial auf dem niedrigen Humusbedarf (geringe Erträge) und der hohen Humusersatzleistung im ersten Fruchtfolgefeld (Luzerne-Kleegras; Gründüngung). Das öMiSt-System hatte dagegen einen erhöhten Humusbedarf (ertragsstärkstes System innerhalb der Gruppe ökologischer Pflanzenbausysteme), der durch die hohe Humusreproduktionsleistung von Stallmist und die hohen Mistgaben ausgeglichen wurde. Die erhöhte Humusreproduktion im ökologischen Marktfruchtsystem ist mittelfristig tolerierbar. Mittel- und langfristig sollte im ökologischen Stallmistsystem der Ertrag ansteigen[73]. Würde jedoch ein bedeutender Ertragsanstieg ausbleiben, wäre eine Reduktion der gedüngten Stallmistmenge zielführend, da das Verlustpotenzial von N ab einem Humussaldo oberhalb von 500 kg C ha^{-1} auch im Ökologischen Landbau kritisch zu werten ist VDLUFA (2014).

Allerdings zeigt Schulz (2012) in einem Dauerfeldexperiment am Gladbacherhof der Universität Gießen anhand von C_{org}-Messreihen über einen Zeitraum von 11 Jahren eine konträre Entwicklung der C_{org}-Vorräte in der Ackerkrume (0 - 0,3m): Das ökologische Marktfruchtsystem ohne Rotationsbrache baute bereits in der zweiten Fruchtfolgenrotation die Humusvorräte in einem signifikanten Umfang ab, während dies im ökologischen Marktfruchtsystem mit Rotationsbrache erst nach der dritten Fruchtfolgenrotation festzustellen war. Im ökologischen Gemischtbetrieb mit Tierhaltung (Düngung mit Rottemist) kam es dagegen in der Ackerkrume (0 - 0,30 cm)[74] zu einer mittleren Humusakkumulation von 0,4 t ha^{-1} a^{-1} (vgl. Schulz 2012; Leithold et al. 2017). Dies entspricht einer relativen Zunahme des C_{org}-Gehalts in Höhe von 2,82 % im Oberboden.

Im gesamten Bodenprofil (0 - 0,9 m) wurde am Gladbacherhof eine mittlere C_{org}-Masse von 99,4 t ha^{-1} gemessen (vgl. Schulz 2012). Dies entspricht einem Humusgehalt von 170,1 t ha^{-1}, was den bundesweiten Mittelwert für Ackerflächen in Höhe von 101 t ha^{-1} (Jacobs et al. 2018) um rund 70 % übertrifft. Der verhältnismäßig hohe Humusvorrat der untersuchten Flächen am Gladbacherhof erklärt zum einen die schnelle Reaktion der C_{org}-Gehalte im Oberboden auf die ökologischen Marktfruchtsysteme und zum anderen die relativ geringe Zunahme des C_{org}-Gehalts bei einer mittleren Rottemistdüngung von 10 t ha^{-1} a^{-1} im ökologischen Gemischtbetrieb.

Castell et al. (2016) berichten von Versuchsergebnissen, die den Einfluss unterschiedlicher Bewirtschaftung innerhalb des Ökologischen Landbaus ebenfalls verdeutlichen.

---

[73] Die Ertragswirkung der Stallmistdüngung wird erwartungsgemäß in späteren Fruchtfolgerotationen deutlicher einsetzen.

[74] Unterschiede in den tieferen Bodenschichten waren nicht signifikant (Schulz 2012).

C_{org}-Analysen nach 15-jähriger Versuchsdauer ergaben signifikante Veränderungen im Humusgehalt an zwei Versuchsstandorten in Bayern (Viehhausen und Puch). Auch wenn die Fruchtarten im Vergleich zum Systemversuch Viehhausen etwas abweichen, so bestehen zumindest zwischen einigen Varianten[75] eine Ähnlichkeit in der Düngung sowie der Nutzung von Kleegrasbeständen (FF2 ~ öMiG, FF3 ~ öMiSt, FF4, FF5 ~ öMF). Im Zeitraum von 12 bis 15 Jahren hat die ökologische Fruchtfolge FF2 (gedüngt mit Gülle) eine relative Zunahme[76] der Humusgehalte um 8,6 - 9,5 % gegenüber dem Ausgangsniveau zu verzeichnen. Die Variante mit Stallmist (FF3) erzielte mehr als die doppelte C_{org}-Akkumulation (18,8 - 19,6 %). In ökologischen Marktfruchtsystemen (FF4, FF5) nahm der C_{org}-Gehalt um 9,6 - 11,4 % bzw. 7,8 - 10,4 % zu (vgl. Castell et al. 2016).

C_{org}-Messungen können jedoch von Jahresdynamiken der Humusgehalte beeinflusst sein (Hülsbergen 2003). Bisher konnte die Humusversorgung von Ackerflächen unter Praxisbedingungen oftmals nur mit den Humusbilanzmethoden ausreichend sicher eingeschätzt werden, da methodische Probleme bei der Messung und Interpretation von Humusgehalten auf Praxisschlägen auftreten (vgl. Hülsbergen 2003; Körschens 2010). Mit der Bodenzustandserhebung für die Landwirtschaft soll nun eine Basis für ein einheitliches und bundesweites Monitoring der organischen Bodensubstanz geschaffen werden. Das Monitoring soll dabei auch als Bewertungsgrundlage für humusaufbauende Maßnahmen (u. a. 4p1000-Initiative) angewandt werden (Jacobs et al. 2018). Allerdings wird die nächste flächendeckende Erhebung vermutlich erst im Jahre 2028 publiziert, was im Zusammenhang mit möglichen Hitzerekorden und anderen extremen Witterungsereignissen (infolge des Klimawandels) die Effekte einzelner Maßnahmen verschleiern kann: Höhere Temperaturen fördern die Mineralisierung und damit den Abbau von C_{org}-Vorräten. Um eine Erhöhung der Jahresmitteltemperatur in Höhe von 1 °C zu kompensieren, müsste der mittlere C-Eintrag in Form von Ernteresten um etwa 14 % ansteigen (Don 2018). Aus diesem Grund sollten die erarbeiteten Humusbilanz-Methoden (VDLUFA 2014) weiterhin angewandt und weiterentwickelt werden, um humusaufbauende Maßnahmen kostengünstig, zeitnah und situationsgerecht für jeden Praxisbetrieb ableiten zu können.

Um C_{org}-Vorratsänderungen durch landwirtschaftliche Maßnahmen im negativen Fall zu sanktionieren und im positiven Fall zu belohnen, erscheint ein direktes Anreizsystem (wie

---

[75] Die Variante FF6 könnte einen bio-veganen Konsumenten versorgen, da in dieser Fruchtfolge das Kleegras durch Soja ersetzt wurde. Die FF6-Variante hatte jedoch als einzige eine Abnahme der C_{org}-Vorräte in einer Größenordnung von 1,5 bis 6,1 t C_{org} nach 15 bzw. 12 Jahren zur Folge (entspricht einer Freisetzung von 6,4 - 22,5 t CO_2 in diesem Zeitraum). Die Differenz zwischen diesen beiden Werten entspricht einer Veränderung innerhalb einer Fruchtfolgen-Rotation, die in dieser Variante am höchsten war. Basierend auf diesen Systemannahmen eignet sich deshalb die ökologische Wirtschaftsweise nicht in Kombination mit einem vegetarisch-veganen Ernährungsstil (vgl. Meemken und Qaim 2018).

[76] Eigene Berechnungen anhand der Messwerte in Castell et al. (2016)

Erhöhung bzw. Senkung der Steuerlast) effektiver als die Anrechnung der Humusbilanzergebnisse in der THG-Bilanz[77] der landwirtschaftlichen Betriebe oder eine Partizipation der Landwirtschaft am internationalen Emissionshandel[78].

5.2.2.3 Energieeffizienz

Die Energieeffizienz der ökologischen und konventionellen Pflanzenbausysteme hängt maßgeblich von den Ertragsleistungen der Systeme, aber auch von den entsprechenden Energieinputs ab. Sämtliche Inputs der Produktionssysteme werden in Tabelle 16 energetisch bewertet. Die im Pflanzenbau erzielte Energiebindung wird ins Verhältnis zum jeweiligen Energieinput gesetzt, woraus die Energieeffizienz (auch Input-Output-Verhältnis) der Pflanzenbausysteme resultiert.

Die Ergebnisse der vorliegenden Arbeit liegen bei allen Pflanzenbausystemen oberhalb von einem empfehlenswerten Input-Output-Verhältnis von 1:10 (Hülsbergen et al. 2001; Küstermann et al. 2013; Frank 2014). Die Energieeffizienz der im Systemversuch geprüften ökologischen Pflanzenbausysteme mit einer Interaktion zur Tierhaltung oder zu einer Biogasanlage war jedoch doppelt so hoch wie beim ökologischen Marktfruchtsystem und den konventionellen Pflanzenbausystemen. Der Einsatz von Agrochemikalien (Mineraldünger, Pflanzenschutzmittel, Wachstumsregulatoren) in den konventionellen Systemen stellt einen zusätzlichen Energieinput dar. Dieser Zusätzliche Energieinput ermöglichte jedoch eine Erzeugung von deutlich mehr Produktmasse pro Flächeneinheit, als dies im ökologischen Marktfruchtsystem möglich war. Produktbezogen waren die Energieintensität und Energieeffizienz dieser Systeme nahezu identisch (Bryzinski und Hülsbergen 2015; Bryzinski 2016a).

Die Ergebnisse in der Basisvariante der Energiebilanz sind mit der ermittelten Energieeffizienz von 64 Pilotbetrieben (Hülsbergen und Rahmann 2015) direkt vergleichbar, da die gleiche Methoden angewendet wurden. Die ökologischen Gemischtbetriebe (mit Milchviehhaltung) weisen in dieser Studie die höchste Energieeffizienz im Pflanzenbau auf. Die Effizienz war wesentlich höher als die der ökologischen Marktfruchtbetriebe sowie die des konventionellen Pflanzenbaus. Auch die Größenordnung des Energieinputs der untersuchten Pflanzenbausysteme ist in etwa mit den Bilanzergebnissen des Systemversuchs Viehhausen vergleichbar (Tabelle A6). Allerdings ist der Energieoutput der ökologischen Gemischtbetriebe im Systemversuch Viehhausen mit 141-149 GJ ha^{-1} (ohne Nebenprodukte) deutlich höher als im Mittelwert der entsprechenden Pilotbetriebe (113 GJ ha^{-1}). Dies erklärt zum Teil die doppelt so hohe Energieeffizienz in den Systemen öMiG, öMiSt und öBiG gegenüber den Systemen öMF, kMF und kMiG.

---

[77] Hierdurch würden Maßnahmen zur Emissionsreduktion nicht ergriffen werden, obwohl der Bedarf und die Möglichkeit dazu ggf. gegeben wären.

[78] Bei einem niedrigen Preis könnte die Bewirtschaftung so verändert werden, dass die erstrebenswerte Humusakkumulation zeitnah abgebaut wäre.

Im Zusammenhang mit der politisch angestrebten „Energiewende" (BMWi 2015) können ökologische Pflanzenbausysteme die Einsparung des gesamtgesellschaftlichen Einsatzes fossiler Energie unterstützen. Auch im Kontext mit nationalen Bestrebungen zum nachhaltigen Konsum und nachhaltiger Beschaffung (vgl. BMU et al. 2016) scheinen ökologische Pflanzenbausysteme unter energetischen Gesichtspunkten interessant und förderwürdig zu sein.

Allerdings war die Energieeffizienz des ökologischen Marktfruchtsystems mit der Effizienz der konventionellen Pflanzenbausysteme vergleichbar. Der Handlungsbedarf zur Steigerung der Effizienz wäre hier jeweils entgegengesetzt: Während im ökologischen Marktfruchtsystem vor allem der Ertrag und der Energieoutput gesteigert, der Energieinput jedoch möglichst beibehalten werden sollte, wäre in konventionellen Systemen nach Möglichkeit der Energieinput zu reduzieren, ohne dass dadurch die Ertragsleistungen signifikant zu vermindern. Durch eine Umstellung der konventionellen Pflanzenbausysteme auf Ökologischen Landbau und einer Interaktion zur Biogasproduktion könnte die Effizienz signifikant gesteigert werden (Tabelle 16: öMF vs. öBiG).

Eine der größten Herausforderungen im Ökologischen Landbau ist die nachhaltige Steigerung der Erträge und der Energiebindung, um die „Ertragslücke" (yield gap) zu konventionellen Systemen niedrig zu halten, ohne dabei die Konsumentenerwartungen zu verletzen. Hierbei werden zahlreiche Ansätze verfolgt:

- Die Züchtung leistungsfähiger, an die Bedingungen des Ökologischen Landbaus adaptierter Sorten,
- die Optimierung von Anbauverfahren (technische Innovationen im ökologischen Pflanzenbau),
- die bessere Nährstoffversorgung durch Schließung betrieblicher und überbetrieblicher Nährstoffkreisläufe (Nährstoffrecycling, Minderung von Nährstoffverlusten),
- die Optimierung der Anwendung zugelassener Pflanzenschutzmitteln,
- die Verbesserung des biologischen Pflanzenschutzes (vgl. Hamm et al. 2017).

Zur Bewertung der Energieeffizienz im Systemversuch Viehhausen können Bewertungsfunktionen verwendet werden, die für eine Nachhaltigkeitsbewertung im Pflanzenbau entwickelt wurden. Anhand der von Christen et al. (2009) vorgeschlagenen Bewertungsfunktion ist eine Energieintensität (Energieinput t^{-1} GE) von unter 2 GJ t^{-1} GE als gut zu bewerten. Die Ergebnisse des Systemversuchs liegen in ökologischen und konventionellen Varianten deutlich unterhalb dieses Referenzwertes: 0,85 - 1,33 GJ (Tabelle 16). Es bestehen jedoch deutliche Unterschiede zu den Pilotbetrieben (1,54 - 2,00 GJ, Tabelle A6). Kausal kann dies mit den hohen Ertragsleistungen im Systemversuch Viehhausen zusammenhängen (siehe 5.1.2.2).

5.2.3 Treibhausgasemissionen der Pflanzenbausysteme

5.2.3.1 Flächenbezogene Treibhausgasemissionen

Die Treibhausgasbilanzen (THG-Bilanzen) der Pflanzenbausysteme wurden ohne die in den geernteten Haupt- und Nebenprodukten gespeicherten CO_2-Mengen berechnet, denn diese stellen keine langfristige C-Senke dar, wenn die organischen C-Verbindungen bei der Biomassenutzung als Nahrungs- und Futtermittel bzw. als Biogassubstrat schließlich abgebaut und der Atmosphäre als CO_2 oder CH_4 wieder zugeführt werden (vgl. Öko-Institut e.V. 2016).

Die Basisvariante der THG-Bilanzen berücksichtigt alle in Abbildung 22 und Abbildung 26 dargestellten Emissionsursachen. Dem Boden zugeführte C-Mengen, in Form von Ernte- und Wurzelrückständen, wurden anhand von Ergebnissen der dynamischen Humusbilanz (Hülsbergen 2003; Leithold et al. 2015) kalkuliert und in der Bilanzvariante mit C-Sequestrierung gesondert ausgewiesen. Die Ergebnisse sämtlicher Bilanzvarianten sind in Tabelle 19 dargestellt.

Die flächenbezogenen Treibhausgasemissionen (CO_2-Äq.) der Basisvariante zeigen sowohl auf der Fruchtartenebene (Abbildung 23) als auch auf der Fruchtfolgenebene (Abbildung 27) die größten Unterschiede zwischen ökologischen und konventionellen Pflanzenbausystemen auf (912 - 1616 vs. 2635 - 2661 kg ha^{-1}). Innerhalb der Gruppe ökologischer Systeme bestanden bedeutende Unterschiede. Diese Differenzen betrugen sowohl beim Winterweizen als auch auf der Fruchtfolgenebene oft mehr als 500 kg CO_2-Äq. ha^{-1}. Gegenüber den Ergebnissen aus dem Netzwerk der Pilotbetriebe (Tabelle A6) lagen die flächenbezogenen CO_2-Äq.-Emissionen in einer vergleichbaren Größenordnung: 1250 - 1280 kg ha^{-1} im Mittel der ökologischen Betriebe und 2181 - 2415 kg ha^{-1} im Mittel der konventionellen Betriebe.

Die Analyse des flächenbezogenen THG-Potenzials durch Küstermann und Hülsbergen (2006) ergab für ökologische Praxisbetriebe 1341 kg CO_2-Äq. ha^{-1} und für konventionelle Praxisbetriebe 2455 kg CO_2-Äq. ha^{-1}. Für die Vergleichspaare in Scheyern wurden jeweils höhere THG-Emissionen festgestellt: 1731 kg CO_2-Äq. ha^{-1} für ökologische Varianten und 2847 kg CO_2-Äq. ha^{-1} für konventionelle Varianten.

Die Relation zwischen ökologischen und konventionellen Emissionspotenzialen sind jedoch nahezu deckungsgleich: 0,54 bis 0,6 bei Küstermann und Hülsbergen (2006), 0,53 bis 0,57 im Netzwerk der Pilotbetriebe (Tabelle A6). Im Systemversuch ist die Variation dieser Verhältnisse in der Basisvariante der THG-Bilanz deutlich höher, da es mehr Varianten an ökologischen Pflanzenbausystem gab als an konventionellen Pflanzenbausystemen. Für Pflanzenbausysteme mit Tierhaltung war die Relation der THG-Potenziale mit 0,43 bis 0,61 mit obigen Studien eher vergleichbar als mit Pflanzenbausystemen ohne Tierhaltung (0,34 bis 0,52).

In der Bilanzvariante mit C-Sequestrierung verringerten sich im Systemversuch Viehhausen die flächenbezogenen THG-Emissionen in allen ökologischen Pflanzenbausystemen, ebenso im konventionellen Marktfruchtsystem. Nur flächenbezogene THG-Emissionen des konventionellen Milchviehsystems nahmen zu. Diese Tendenz ist auch bei den Pilotbetrieben festzustellen, wobei hier die Berücksichtigung der C-Sequestrierung sowohl für die konventionellen Marktfruchtbetriebe als auch für die konventionellen Milchviehbetriebe nachteilig ist. Die ökologische Variante in Scheyern (Küstermann und Hülsbergen 2006) erzielte ebenfalls eine hohe C-Sequestrierungsleistung, während die ökologischen Praxisbetriebe mehr als das doppelte THG-Potenzial gegenüber der Versuchsvariante aufwiesen.

5.2.3.2 Produktbezogene Treibhausgasemissionen

Bei einem Ertragsniveau von 6,8 t ha^{-1} ermittelt Hardi (2003) eine produktbezogene Emissionshöhe von 335 kg CO_2-Äq. t^{-1} Weizen (konventionelle Betriebe, ohne C-Sequestrierung). Die produktbezogenen THG-Emissionen fast aller Pflanzenbausysteme des Systemversuchs Viehhausen waren in der Basisvariante meist deutlich niedriger. Das öMiSt-System hatte hierbei die höchsten produktbezogenen CO_2-Äq.-Emissionen im Weizen (320. kg t^{-1} GE, Abbildung 24). In der Bilanzvariante mit C-Sequestrierung waren die produktbezogenen CO_2-Äq.-Emissionen dieses Systems mit 51 kg t^{-1} GE niedriger als in den meisten Pflanzenbausystemen des Systemversuchs Viehhausen.

Hinsichtlich der CO_2-Äq.-Emissionen pro t Getreideeinheit geben DLG (2016) einen Referenzwert der deutschen Landwirtschaft an, der aktuell bei 530 kg t^{-1} GE liegt. Allerdings sind darin die Treibhausgasemissionen aus der Tierhaltung einkalkuliert. Daher ist dieser Referenzwert mit den Ergebnissen der vorliegenden Arbeit nicht direkt vergleichbar. Aufgrund hoher methodischer Einflüsse (siehe 5.1) erschienen die Untersuchungsergebnisse aus dem Netzwerk der Pilotbetriebe (Hülsbergen und Rahmann 2015) für die Versuchsergebnisse hierfür am besten geeignet.

Das konventionelle Marktfruchtsystem wies im Systemversuch Viehhausen das höchste produktbezogene CO_2-Äq.-Potenzial auf (rund 350 kg t^{-1} GE, Basisvariante, Tabelle 19). Im Netzwerk der Pilotbetriebe waren die produktbezogenen CO_2-Äq.-Emissionen ebenfalls bei den konventionellen Marktfruchtbetrieben mit 340 kg t^{-1} GE am höchsten (Tabelle A6). Hierbei ist jedoch zu beachten, dass dieser Wert bereits C-Sequestrierungsleistungen berücksichtigt, was in der Basisvariante der produktbezogenen Emissionen des kMF-Systems nicht der Fall ist. Mit Berücksichtigung der C-Sequestrierung hatte das kMF-System im Systemversuch Viehhausen eine produktbezogene CO_2-Äq.-Emission von 313 kg t^{-1} GE. Wie in Tabelle 11 dargestellt, betrug die GE-Fruchtfolgeleistung des kMF-Systems im Versuch 9,6 t ha^{-1} und war somit höher als der GE-Ertrag der konventionellen Marktfruchtbetriebe im Netzwerk der Pilotbetriebe (8,9 t ha^{-1}). Da die Summe der flächenbezogenen THG-Emissionen in einer vergleichbaren Größenordnung war, müssten die produktbezogenen Emissionen für dieses System im Versuch günstiger ausfallen als im Mittelwert der Referenzgruppe aus dem Netzwerk der Pilotbetriebe.

Produktbezogene CO_2-Äq.-Emissionen waren in den Systemen öMiG und öBiG mit rund 200 kg t^{-1} GE in der Basisvariante deutlich niedriger als die produktbezogenen Emissionen der konventionellen Systeme und des ökologischen Marktfruchtsystems (kMF, kMiG, öMF:> 300 kg t^{-1} GE, Abbildung 28; vgl. Bryzinski 2016b). In der Variante mit C-Sequestrierung betrug das produktbezogene Emissionsniveau des kMF-Systems rund 310 kg t^{-1} GE und war nicht signifikant verschieden von dem Niveau des kMiG- Systems (rund 275 kg t^{-1} GE).

Aufgrund der Mulchnutzung von Luzerne-Kleegras (begrünte Rotationsbrache) im ökologischen Marktfruchtsystem werden die anbaubedingten Emissionen vollständig kompensiert und darüber hinaus möglicherweise weitere C-Sequestrierungsleistungen (entspricht CO_2-Äq.-Bindung in Höhe von -160 kg t^{-1} GE) erbracht. Im Netzwerk der Pilotbetriebe hatte die entsprechende Referenzgruppe eine produktbezogene CO_2-Äq.-Emission in Höhe von 310 kg t^{-1} GE (Tabelle A6). Das ökologische Marktfruchtsystem war im Systemversuch Viehhausen das extensivste Pflanzenbausystem. Dieses System könnte ggf. für eine biogene „Carbon-Capture-Storage"-Strategie (CCS-Strategie) geeignet sein, allerdings ist die Nahrungsmittelproduktion dieses Systems kritisch zu bewerten (siehe 5.3). Wie bei allen CCS-Technologien wäre allerdings auch hier eine dauerhafte Speicherung von CO_2 sicherzustellen, was aufgrund von möglichen Humusvorratsänderungen (siehe 5.2.2.2) einen zusätzlichen Aufwand (Kontrolle/Sanktionen; siehe 5.5 und 5.6) erfordern würde. Das ökologische Stallmistsystem (öMiSt) eine ähnliche C-Sequestrierungsleistung (produktbezogene CO_2-Äq.-Emisisonen: -65,8 kg t^{-1} GE), erzielte zugleich höhere Erträge und hatte einen moderaten Flächenbedarf (Tabelle 12).

Anhand der THG-Bilanzen auf der Fruchtartenebene (Kapitel 4.3.1) wurde deutlich, dass es zu Fehlinterpretationen[79] kommen kann, wenn Wirkungen der Anbausysteme auf den Bodenkohlenstoff gar nicht oder anhand von Humusbilanzen einzelner Fruchtarten berücksichtigt werden, ohne dabei die Wirkung der gesamten Fruchtfolge zu betrachten.

5.2.3.3 Emissionsursachen und potenzielle Minderungsoptionen

Wie in Abbildung 26 gezeigt, stellten die Lachgasemissionen unter den gegebenen Versuchsbedingungen sowohl in den konventionellen als auch in den ökologischen Pflanzenbausystemen die Hauptquelle landwirtschaftlicher THG-Emissionen dar. Um diese Emissionsursache zu reduzieren, wäre eine Reduzierung der N-Zufuhr zu prüfen, denn die flächenbezogenen N_2O-Emissionen sind nach der verwendeten IPCC-Methode (IPCC 2006) direkt vom N-Input abhängig. Allerdings würden verminderte N-Inputs auch zu Ertragsminderungen führen, so dass die produktbezogenen N_2O-Emissionen erwartungsgemäß nicht oder weniger stark sinken würden. Bei produktbezogenen Betrachtungen werden teilweise höhere THG-Emissionen im Ökologischen Landbau berichtet (vgl. Sanders und Heß 2019; Skinner et al. 2014).

Im Systemversuch Viehhausen hatten die Pflanzenbausysteme einen ähnlich hohen N-Input (192 bis 261 kg ha^{-1}). Allerdings wurde der Stickstoff in unterschiedlicher Form (organische Düngung, Mineraldüngung, Gründüngung) zugeführt (Tabelle 13). Den niedrigsten N-Input hatte das öMiG-System. Dennoch waren die produktbezogenen THG-Emissionen des öMiG-Systems in der Basisvariante am niedrigsten (Abbildung 28). Dem Gegenüber hatte das ökologische Marktfruchtsystem signifikant höhere produktbezogene THG-Emissionen aufgrund des geringsten Ertrags. Die konventionellen Pflanzenbausysteme hatten höhere produktbezogene THG-Emissionen im Vergleich zum ökologischen Marktfruchtsystem. Im Falle der konventionellen Pflanzenbausysteme hängt dieses Ergebnis nicht mit den Erträgen sondern mit den hohen flächenbezogenen Treibhausgasemissionen zusammen. Der Mittelwert der produktbezogenen THG-Emissionen pro t GE war in der Gruppe ökologischer Pflanzen-

---

[79] Auch ohne Betrachtung des Bodenkohlenstoffs kann der Allokationsbedarf in Systemen mit Gründüngung und Zwischenfrucht-Anbau irritierende Ergebnisse hervorrufen, wenn die Analyse ausschließlich auf der Fruchtartenebene erfolgt.

bausysteme (Tabelle 19) gegenüber dem Mittelwert der konventionellen Pflanzenbausysteme um 30 % niedriger. Von dieser Größenordnung und Tendenz berichten Benoit et al. (2015) anhand von gemessenen N_2O-Flüssen in Frankreich.

Für konventionelle Pflanzenbausysteme hätte die Reduktion der N-Zufuhr und der damit einhergehenden N_2O-Emissionen auch eine Reduktion der zweiten Emissionsquelle, die Herstellungsemissionen für Mineraldünger, zur Folge. Allerdings würden bei konventionellen Pflanzenbausystem die Ertragsleistungen zurückgehen, weshalb hier der Effekt auf die produktbezogenen Emissionen unklar wäre. Wenn die N-Düngermenge und die Erträge konstant blieben, jedoch die Herstellungsemissionen reduziert werden könnten, wäre eine Reduktion der produktbezogenen Emissionen eindeutig erreicht. Dieser Effekt wurde anhand der Sensitivitätsanalyse der THG-Bilanzen quantifiziert (Tabelle 19). Zuvor ist jedoch die Betrachtung der Minderungsoptionen bei der Düngemittelherstellung erforderlich.

Lal (2004a) schätzt die Emissionen für Produktion, Transport und Lagerung von N-Düngern auf 1,3 (0,9-1,8) kg C-Äquivalente pro kg N ein. Nach einer Konversion dieser Werte zu CO_2 liegt der Emissionsfaktor pro kg N bei 4,76 (3,3 - 6,6) kg CO_2-Äq. Der in der vorliegenden Arbeit ermittelte Emissionsfaktor für N-Dünger in Höhe von 4,7 kg CO_2-Äq. kg^{-1} N (Mittelwert, Tabelle 2) scheint mit dieser Quelle vergleichbar zu sein, falls für die Verpackung, Transport und Lagerung etwa 0,06 kg CO_2-Äq. kg^{-1} N angesetzt werden könnten. Bezüglich dieser Emissionsursachen sowie der Berücksichtigung spezifischer Produktionstechniken in konkreten Prozessketten besteht jedoch weiterer Forschungsbedarf (siehe 5.6).

Mit Hilfe der Sensitivitätsanalyse in Abschnitt 4.3.3 konnte der Einfluss eines minimalen[80] CO_2-Äq.-Emissionsfaktors für die N-Synthese (2,86 kg kg^{-1} N) auch produktbezogen quantifiziert werden. Beim konventionellen Milchviehgüllesystem wären die produktbezogenen Emissionen dadurch bei 277 kg CO_2-Äq. t^{-1} GE und somit etwas unterhalb der produktbezogenen THG-Emissionen des ökologischen Marktfruchtsystems (283 kg CO_2-Äq. t^{-1} GE). Mit dem Emissionsfaktor von 4,7 kg kg^{-1} N waren diese Systeme statistisch auch ohne Variation des Emissionsfaktors nicht zu differenzieren (Abbildung 28). Die produktbezogenen THG-Emissionen des konventionellen Marktfruchtsystems wären mit einem niedrigeren Emissionsfaktor bei 312 kg CO_2-Äq. t^{-1} GE und damit weiterhin am höchsten.

Die Sensitivitätsanalyse der Treibhausgasbilanzen ergab, dass die Reduktion der Treibhausgasemissionen bei der Herstellung von N-Düngern ein Minderungspotenzial[81] in CO_2-Äquivalenten auf der Ebene der landwirtschaftlichen Produktion ca. 280 - 609 kg ha^{-1} beträgt. Bei produktbezogenen Betrachtungen entspricht dies ca. 33 - 72 kg t^{-1} GE.

---

[80] Dieser Emissionsfaktor wurde anhand eines theoretischen Minimums an Energiebedarf im Haber-Bosch-Verfahren ermittelt (vgl. Hülsbergen 2003).

[81] Die Höhe variiert hierbei in Abhängigkeit von dem Referenzszenario: mittlerer/hoher Emissionsfaktor vs. niedrigster Emissionsfaktor.

Vor diesem Hintergrund wird das Minderungspotenzial durch technischen Fortschritt in der Düngemittelherstellung produktbezogen für die im Systemversuch Viehhausen abgebildeten Pflanzenbausysteme als relativ gering eingeschätzt. Alternativ müsste die Düngemittelherstellung ihre eigenen CO_2-Emissionen vollständig kompensieren, um zur Zielerreichung von Klimaschutzzielen 2050 in der Landwirtschaft beizutragen. Allerdings gilt es zu bedenken, dass in der landwirtschaftlichen Praxis Pflanzenbausysteme existieren, in denen wesentlich mehr Mineral-N eingesetzt wird als im Systemversuch Viehhausen und in der Folge höhere N-Salden und N_2O-Emissionen auftreten (vgl. TFZ 2016c), die durch die Landwirte zu kompensieren wären[82]. Zudem bestehen internationale Forderungen den N-Input und die Mineraldüngerproduktion zu reduzieren, da die globalen N-Kreisläufe sich in einem kritischen Zustand befinden (vgl. UBA 2016b; Steffen et al. 2015; Bouwman et al. 2013; Rockström et al. 2009).

Die Nutzung von Biodiesel erscheint als weitere Klimaschutzmaßnahme zielführend zu sein. Allerdings ist derzeit nicht hinreichend geklärt, ob indirekte Landnutzungsänderungen diese Emissionseinsparungen relativieren oder gar aufheben (vgl. Wiegmann et al. 2016). Ein zeitnaher Anstieg des Ökologischen Landbaus auf den seit Jahrzehnten anvisierten Anteil von 20 % an der landwirtschaftlichen Nutzfläche in Deutschland scheint effektiver und realistischer zu sein, als eine „Ökologisierung" der konventionellen Landwirtschaft (siehe 5.4.1, vgl. BMEL 2019).

5.3 Gesamtbewertung der Ergebnisse

Abschließend erfolgt eine Gesamtbewertung der Versuchsergebnisse, wobei lediglich die im Systemversuch Viehhausen abgebildeten Pflanzenbausysteme gesamthaft verglichen werden. Zunächst werden die Pflanzenbausysteme innerhalb ihrer Produktionsrichtungen (viehlose Marktfruchtbetriebe und viehhaltende Gemischtbetriebe) sowie innerhalb der Wirtschaftsweise (ökologische und konventionelle Systeme) differenziert. Abschließend folgt eine gruppenübergreifende Bewertung aller Pflanzenbausysteme. Die Gesamtbewertungen erfolgen jeweils anhand von sieben Indikatoren, davon drei produktbezogenen Indikatoren: Stickstoffeffizienz, Energieeffizienz und produktbezogene THG-Emissionen sowie vier flächenbezogene Indikatoren: Ertrags in Getreideeinheiten, Energieinput, Humusversorgung und flächenbezogene THG-Emissionen.

Die erzielten Ergebnisse der Pflanzenbausysteme wurden in jeder Kategorie auf eine dimensionslose Größe normiert und den Gruppenmittelwerten (1 = 100 %) gegenübergestellt. Abweichungen einzelner Pflanzenbausysteme vom Gruppenmittelwert wurden ab einem Wert

---

[82] Ähnlich wie die Beteiligung der Hersteller von Einwegbechern und Zigaretten an den Müllentsorgungskosten, könnten die Hersteller der Mineraldünger zur Kompensation der N_2O-Emissionen verpflichtet werden, wenn der Landwirt (Verbraucher) diese nicht selbstständig leistet.

von ± 5 % in nachfolgenden Abbildungen als positiv (grüner Bereich) bzw. negativ (roter Bereich) gewertet[83].

Aufgrund von Skalierungsproblemen konnte die potenzielle C-Sequestrierung der Systeme in der nachfolgenden Darstellungsform nur indirekt über den relativen Grad der Humusversorgung (Tabelle 14) berücksichtigt werden. Da N-Salden im positiven und negativen Bereich liegen können, konnte auch diese Kategorie ebenfalls nur indirekt über die N-Effizienz der Pflanzenbausysteme in nachfolgenden Abbildungen dargestellt werden. Ein geringeres Skalierungsproblem bestand beim Energieinput sowie den THG-Emissionen: Hohe Ergebnisse in diesen Kategorien sind negativ zu werten, weshalb in diesen Fällen der Kehrwert der erzielten Ergebnisse aller Pflanzenbausysteme für die nachfolgenden Abbildungen zugrunde gelegt wurde.

5.3.1 Marktfruchtsysteme

Innerhalb der viehlosen Pflanzenbausysteme waren die Systemdifferenzen zwischen dem konventionellen (kMF) und dem ökologischen Marktfruchtsystem (öMF) am größten. Lediglich die Energieeffizienz dieser beiden Systeme war in vergleichbarer Größenordnung.

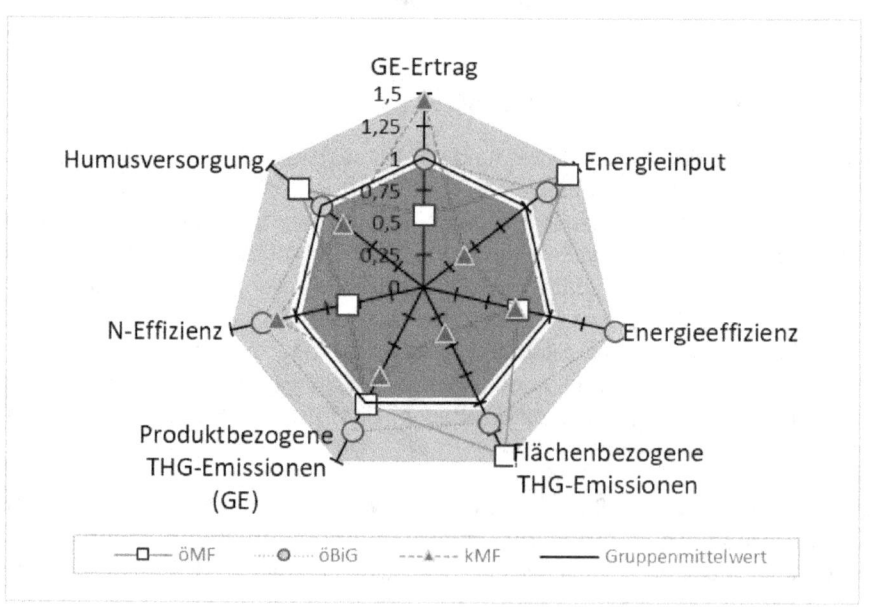

Abbildung 30:   Systemvergleich und -bewertung der Marktfruchtsysteme (Basisvariante ohne NP)

---

[83] Reziproke Zusammenhänge wurden dabei umgekehrt, damit Werte höher als 105 % in jeder Kategorie ein „positives" Ergebnis bedeuten.

Das konventionelle Marktfruchtsystem (kMF) erzielte in dieser Vergleichsgruppe den höchsten Ertrag und hatte folglich den geringsten Flächenbedarf, erreichte dies jedoch auf Kosten des hohen Energieinputs, woraus für dieses System die geringste Energieeffizienz resultierte. Selbst unter Berücksichtigung der deutlich höheren Erträge des konventionellen Marktfruchtsystems lagen die produktbezogenen THG-Emissionen des kMF-Systems deutlich über denjenigen der ökologischen Marktfruchtsysteme (öMF und öBiG).

Das ökologische Marktfruchtsystem (öMF) hatte die niedrigsten flächenbezogenen THG-Emissionen und mittlere produktbezogene THG-Emissionen. Aufgrund der geringen Erträge war die Energieeffizienz mit derjenigen Effizienz des konventionellen Pflanzenbausystems (kMF) vergleichbar. Das öMF-System wies ein maximales Potenzial zur C-Sequestrierung auf (hoher Grad der Humusversorgung). Aus diesem Grund wären die Differenzen hinsichtlich der flächen- und produktbezogenen Emissionen zwischen diesem und dem konventionellen Marktfruchtsystem noch deutlicher, wenn der Bodenkohlenstoff in der THG-Bilanz berücksichtigt worden wäre. Nachteilig für das ökologische Marktfruchtsystem war allerdings die geringste Flächenproduktivität (GE-Ertrag), woraus der sehr hohe Flächenbedarf resultierte.

Das ökologische Biogassystem (öBiG) lag hinsichtlich der meisten Indikatoren, mit Ausnahme der hohen Energieeffizienz, nah an den Gruppenmittelwerten. Dieses Pflanzensystem zeichnet sich durch die niedrigsten THG-Emissionen t^{-1} GE aus. Unter den Bedingungen einer viehlosen Bewirtschaftung war folglich das ökologische Biogassystem aufgrund des mittleren Flächenbedarfs, der hohen Energieeffizienz und der niedrigsten produktbezogenen THG-Emissionen sehr vorteilhaft. Über die Systemgrenzen eines Pflanzenbausystems hinaus kann das öBiG-System einen Beitrag zur Substitution fossiler Energieträger leisten und somit zum Klimaschutz beitragen.

5.3.2 Pflanzenbausysteme der Milchviehbetriebe

Differenzen zwischen ökologischen und konventionellen Pflanzenbausystemen wurden auch in der Gruppe mit Milchviehhaltung deutlich. Den höchsten GE-Ertrag erzielte das konventionelle Milchviehgüllesystem (kMiG), einhergehend mit den höchsten flächen- und produktbezogenen THG-Emissionen. Ökologische Milchviehsysteme erzielten mittlere Erträge (= mittlerer Flächenbedarf) bei geringen flächenbezogenen THG-Emissionen und hoher Energieeffizienz. Dies bedingte die niedrigsten bis mittleren produktbezogenen THG-Emissionen der ökologischen Pflanzenbausysteme öMiSt und öMiG (Abbildung 31).

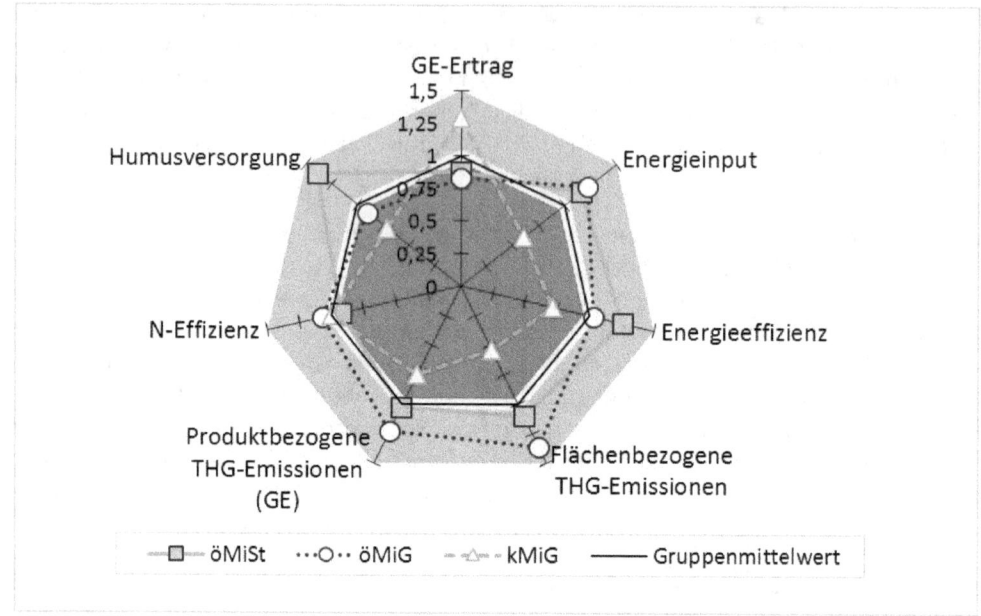

Abbildung 31: Systemvergleich und -bewertung der Milchviehsysteme (Basisvariante ohne NP)

Das ökologische Milchviehgüllesystem (öMiG) wies in der Basisvariante die geringsten produkt- und flächenbezogenen THG-Emissionen auf. Der Flächenbedarf dieses Systems unterschied sich nicht signifikant von dem Flächenbedarf des ökologischen Stallmistsystems (öMiSt, Tabelle 12). Der wesentliche Vorteil des öMiSt-Systems zeigte sich erst als der Bodenkohlenstoff in der THG-Bilanz berücksichtigt wurde. Aufgrund des hohen Humusversorgungsgrads könnte dieses System die anbaubedingten Treibhausgasemissionen innerbetrieblich kompensieren. Vor diesem Hintergrund hatte das Pflanzenbausystem öMiSt ein hohes Potenzial zur Kompensation von anbaubedingten Treibhausgasen (Basisvariante) bei zusätzlichem Entzug von CO_2 aus der Atmosphäre (hohe C-Sequestrierung, Tabelle 19).

5.3.3 Systemvergleich innerhalb der Gruppen ökologischer und konventioneller Pflanzenbausysteme

5.3.3.1 Ökologische Pflanzenbausysteme

Es bestanden deutliche Differenzen zwischen den Marktfruchtsystemen und den milchviehhaltenden Systemen (Abbildung 32).

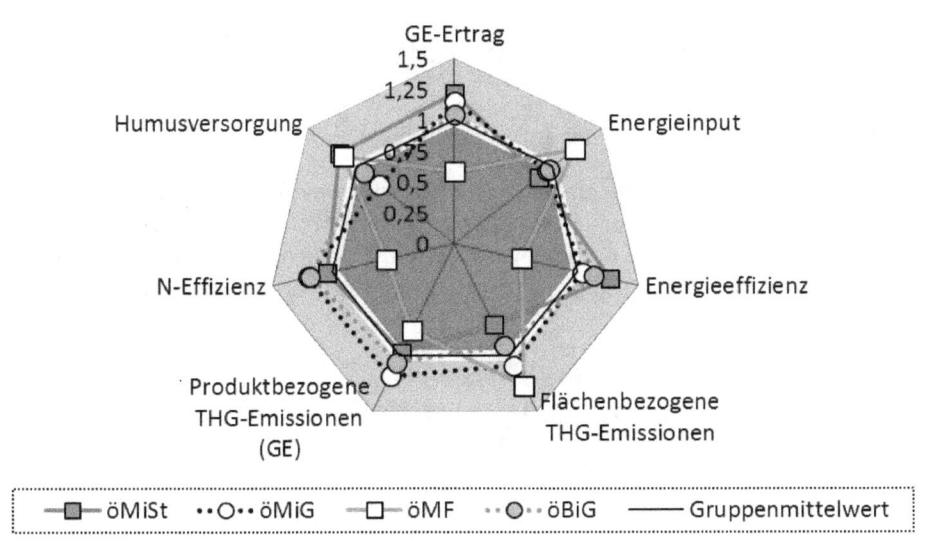

Abbildung 32: Systemvergleich und -bewertung der ökologischen Pflanzenbausysteme (Basisvariante ohne NP)

Innerhalb der ökologischen Pflanzenbausysteme wich das ökologische Marktfruchtsystem (öMF) am stärksten vom Gruppenmittelwert ab. Positiv zu werten war der niedrigste Energieinput sowie das hohe Potenzial zur C-Sequestrierung (hoher Grad der Humusversorgung). Aufgrund des geringsten GE-Ertrags hatte dieses System den höchsten Flächenbedarf zur Erzeugung einer Getreideeinheit. Nachteilig war dabei die niedrige Flächenproduktivität, welche schließlich die höchsten produktbezogenen THG-Emissionen (Basisvariante) bedingte. Die größte Abweichung gegenüber den übrigen ökologischen Pflanzenbausystemen bestand aufgrund der niedrigsten Energieeffizienz. Dennoch blieb nicht zu vernachlässigen, dass lediglich das öMF-System ein ähnliches Potenzial zur C-Sequestrierung aufwies wie das ökologische Stallmistsystem (öMiSt).

Im direkten Vergleich der Systeme öMF vs. öBiG wurde der Effekt einer Interaktion mit der Biogasproduktion deutlich: Der Energieinput nahm zwar etwas zu, das Ertragsniveau stieg jedoch deutlich stärker an, wodurch die Energieeffizienz maximiert wurde, während produktbezogene THG-Emissionen gleichzeitig abnahmen. Diese Interaktion indiziert somit eine Option zur nachhaltigen Intensivierung ökologischer Marktfruchtbetriebe.

Unter ökologischen Pflanzenbausystemen wies das öMiG-System die niedrigsten produktbezogenen THG-Emissionen auf (Abbildung 28). Hinsichtlich der Humusversorgung waren die Ergebnisse des öBiG-Systems positiver zu werten als die Humusbilanz des öMiG-Systems. Diese Unterschiede waren jedoch nicht signifikant (Abbildung 27).

Die bereits beschriebenen Vorteile des öMiSt-Systems (siehe 5.3.2) wurden innerhalb der Vergleichsgruppe ökologischer Pflanzenbausysteme etwas relativiert, jedoch nicht widerlegt.

Das ökologische Stallmistsystem wies die höchsten Werte hinsichtlich GE-Ertrag, Energieeffizienz und Humusversorgung auf. Des Weiteren waren in diesem Pflanzenbausystem die produktbezogenen THG-Emissionen auf einem niedrigen bis mittleren Niveau.

5.3.3.2 Konventionelle Pflanzenbausysteme

Die Differenzen innerhalb der konventionellen Pflanzenbausysteme waren geringer ausgeprägt als in der Gruppe der ökologischen Pflanzenbausysteme. Die größte Differenz bestand in der Energieeffizienz. Ursache dafür war der höhere Ertrag im kMiG-System (Tabelle 11) bei einem vergleichbaren Energieinput gegenüber dem konventionellen Marktfruchtsystem (Tabelle 16).

Die flächenbezogenen THG-Emissionen der konventionellen Pflanzenbausysteme waren auf vergleichbarem Niveau (Abbildung 27). Die Unterschiede von produkt- und flächenbezogenen THG-Emissionen waren ebenfalls nicht signifikant. Auch die N-Effizienz der konventionellen Pflanzenbausysteme war vergleichbar.

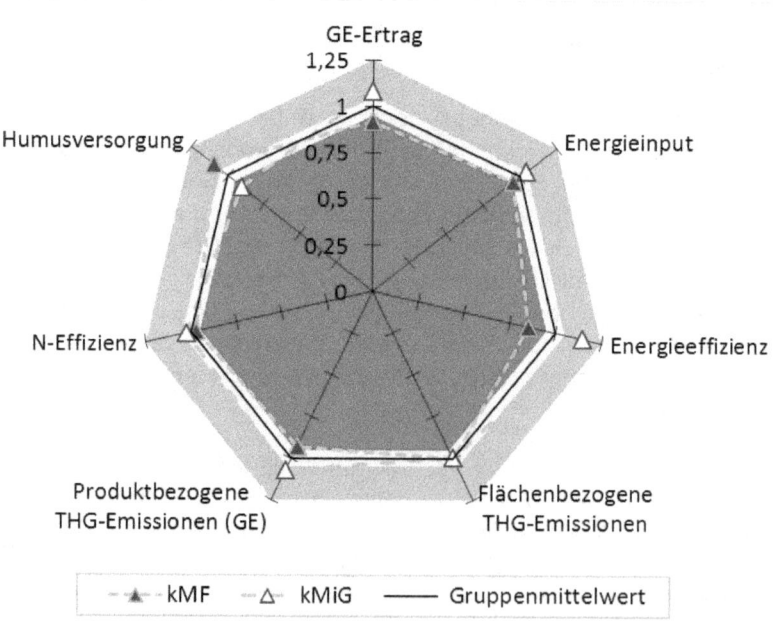

Abbildung 33: Systemvergleich und -bewertung der konventionellen Pflanzenbausysteme (Basisvariante ohne NP)

Lediglich in der Humusversorgung bestanden bedeutende Unterschiede zwischen diesen Systemen: Einerseits hatte das kMiG-System aufgrund der höheren Erträge einen höheren

Humusreproduktionsbedarf. Andererseits war im kMF-System eine verstärkte Strohdüngung aufgrund von Maisstroh nach Körnermaisernte möglich. Dies hatte jedoch in den Bilanzvarianten mit und ohne C-Sequestrierung keine signifikanten Unterschiede bei den flächen- und produktbezogenen THG-Emissionen zwischen den Systemen kMF und kMiG zur Folge.

5.3.4 Gruppenübergreifende Bewertung der Pflanzenbausysteme

Eine weitere Möglichkeit zur Bewertung der Versuchsergebnisse besteht in einer tabellarischen Darstellung der erzielten Gesamtpunktzahl (Score), wobei nicht der Gruppenmittelwert, sondern der Gesamtmittelwert aller Pflanzenbausysteme als Referenzwert der ausgewählten Indikatoren verwendet wurde (Tabelle 20).

Bei dieser Betrachtung[84] wäre das ökologische Marktfruchtsystem (öMF) günstiger zu bewerten als die beiden konventionellen Pflanzenbausysteme. Dies war insofern überraschend, da die Flächenproduktivität in konventionellen Systemen als „am günstigsten" und im öMF-System als „am ungünstigsten" bewertet wurde. Dennoch erzielte das öMF-System einen Gesamtscore unter 1 und lag somit oft unterhalb des Referenzwerts der verwendeten Indikatoren.

Die konventionellen Pflanzenbausysteme hatten überwiegend Werte unter 1 - mit Ausnahme der herausragenden Ertragsleistungen und der positiven bzw. neutralen Stickstoffverwertung. Die Ertragsvorteile reichten bei produktbezogenen Indikatoren nicht aus, um eine positive oder neutrale Bewertung zu erreichen.

Erst in der dritten Kommastelle wurde erkennbar, dass das ökologische Milchviehgüllesystem (öMiG) einen etwas höheren Score erzielt hatte als das ökologische Biogassystem (öBiG). Die Systemleistungen der Systeme öMiG und öBiG waren daher gleichwertig. Am besten war die Gesamtleistung des öMiSt-Systems zu werten – in keinem einzigen Indikator lagen die Ergebnisse dieses Systems unterhalb der Referenzwerte. Die schlechteste Gesamtleistung hatte dagegen das konventionelle Marktfruchtsystem (kMF, Tabelle 20).

---

[84] In der Praxis wird dem Ertrag ein deutlich höheres Gewicht beigemessen als Beispielweise der THG-Bilanz, da nicht selten die Existenz des Landwirts kurzfristig davon abhängt. In der vorgestellten Gesamtbewertung wurden die betrachteten Indikatoren gleichwertig angesehen. Allerdings konnten im Rahmen der vorliegenden Arbeit nicht alle ökologischen Indikatoren wie Biodiversität, Bodenerosion etc. sowie soziale und ökonomischen Indikatoren in der Bewertung berücksichtigt werden. Im Falle einer vollständigen Bewertung der Nachhaltigkeit wäre dennoch eine höhere Gewichtung einzelner Säulen der Nachhaltigkeit fragwürdig.

Tabelle 20: Systemvergleich und -bewertung der ökologischen und konventionellen Pflanzenbausysteme (Basisvariante ohne NP)

	Ökologisch				Konventionell	
	öMiSt	öMiG	öMF	öBiG	kMF	kMiG
GE-Ertrag	1,000* +-	0,948 -	0,481 --	0,857 -	1,247 +	1,468 ++
Energieinput	1,145 +	1,207 +	1,417 ++	1,219 +	0,438 --	0,574 -
Energieeffizienz	1,451 ++	1,193 +	0,625 -	1,301 +	0,609 --	0,821 -
Flächenbezogene THG-Emissionen	1,062 +	1,335 +	1,471 ++	1,207 +	0,471 -	0,455 --
Produktbezogene THG-Emissionen	1,101 +	1,286 ++	0,924 -	1,180 +	0,666 --	0,843 -
N-Effizienz	1,014 +-	1,170 ++	0,542 --	1,147 +	1,034 +-	1,093 +
Humusversorgung (%)	1,321 ++	0,864 -	1,274 +	1,046 +-	0,819 -	0,675 --
Gesamtscore:	1,156 ++	1,143 +	0,962 +-	1,137 +	0,755 --	0,847 -

*Zufällig glich hier der GE-Ertrag des öMiSt-Systems dem mittleren GE-Ertrag aller Pflanzenbausysteme des Systemversuchs Viehhausen im Untersuchungszeitraum 2011 - 2013.
++ / -- : höchster bzw. niedrigster Score innerhalb eines Indikators gegenüber übrigen Systemen
+ /+- / - : positive, geringfügige, negative Abweichung vom Referenzwert (Mittelwert aller Systeme).

5.4 Implikationen für Politik und Landschaftsplanung

5.4.1 Agrarökologische Ansätze und klimafreundliche Landwirtschaft (CSA)

Aus den Ergebnissen der Arbeit wurden nachfolgend Empfehlungen für die Agrar- und Umweltpolitik, die Landschaftsplanung und das Konsumverhalten abgeleitet.

Gliessman (2014) teilt den Weg zu einer nachhaltigeren Landwirtschaft in 5 Stufen ein:

1. Die Produzenten versuchen ihren ökologischen Fußabdruck zu reduzieren.
2. Umweltschädliche Inputs und Praktiken werden durch nachhaltigere Inputs und Praktiken ausgetauscht.
3. Landwirtschaft wird anhand agrarökologischer Aspekte neu definiert.
4. (Wieder-)Herstellung einer Beziehung zwischen Produzenten und Konsumenten.
5. Das Ernährungssystem ist nachhaltig, fair und ermöglicht eine Partizipation.

Die erste Stufe wird in der „integrierten" und „präzisen" Landwirtschaft (Precision farming) angestrebt und zum Teil schon realisiert. Dabei versuchen Landwirte z. B. Pestizide nicht präventiv und flächendeckend, sondern situativ und an betroffen Stellen einzusetzen oder mit Hilfe von „Precision Farming" nicht mehr Nährstoffe zu düngen als für die Ertragsbildung auf der jeweiligen Teilfläche erforderlich wäre.

Die Prinzipien des Ökologischen Landbaus entsprechen in etwa dem Ansatz in der 2. Stufe, wobei versucht wird, die Nährstoffzufuhr über synthetische N-Dünger durch biologische N_2-Fixierung zu substituieren. Allerdings kann die Maßnahmenkombination und die komplexe Gesamtwirkung der ökologischen Wirtschaftsweise nicht auf einen bloßen Austausch von Betriebsmitteln reduziert werden.

Zur Realisierung der höheren Stufen müssten sämtliche gesetzliche Regelwerke und Anreizsysteme aus dem Blickwinkel der Agrarökologie neugestaltet werden und schließlich dem Konsumenten eine Partizipation und Nachvollziehbarkeit ermöglichen. Unter dem Aspekt des Klimaschutzes wird dies u. a. in Entwicklungsländern mit dem neuen Ansatz der FAO, der „klimafreundlichen Landwirtschaft" (engl. climate smart agriculture, CSA) angestrebt.

FAO (2013) erklärt den CSA-Ansatz als einen möglichen Weg, um notwendige Veränderungen in bisherigen landwirtschaftlichen Systemen zu lenken. Hierbei wird ausdrücklich betont, dass es sich dabei nicht um eine neue Art von Landwirtschaft handle, sondern um ein Konzept mit starken Verflechtungen zu bisherigen Ansätzen, wie nachhaltige Intensivierung, Green Economy etc. Um im Entwicklungskontext entsprechende CSA-Maßnahmen (u. a. reduzierte Bodenbearbeitung, Kompostierung und Ausbringung organischer Dünger, Mulchen von Ernte- und Wurzelrückständen) bewertbar zu machen, werden messbare biophysikalische „Outputs" und „Outcomes" für den CSA-Ansatz (siehe oben) vorgeschlagen:

- Erhöhte Gehalte an organischer Bodensubstanz,
- gesteigerte ober- und unterirdische Biomassebildung,
- tiefere Wurzelräume,

- erhöhtes Wasserhaltevermögen der Böden,
- geringere Treibhausgasemissionen,
- stärkere C-Sequestrierung,
- gesteigerte Resilienz gegenüber Trockenheit,
- bessere Wasser- und Nährstoffverfügbarkeit in Böden.

Wenn mit anderen Maßnahmen in der Landwirtschaft entsprechende Outcomes wie geringere Treibhausgasemissionen und verstärkte Humusreproduktion[85] im Boden erzielt werden können, so sollten diese Maßnahmen ebenfalls als klimafreundlich bzw. „climate smart" anerkannt, empfohlen und gleichwertig gefördert werden. Wenn dies ein Maßnahmenkomplex erreicht, wie bei den meisten ökologischen Pflanzenbausystemen im Systemversuch Viehhausen, und die Erträge nicht zu sehr abfallen (wie im Falle des ökologischen Marktfruchtsystems), so sollten ökologische Pflanzenbausysteme ebenfalls als „klimafreundlich" im Sinne des CSA-Ansatzes der FAO ausgezeichnet werden können.

Einer grundsätzlichen Anerkennung des Ökologischen Landbaus in Deutschland als klimafreundliche Landwirtschaft steht derzeit entgegen, dass bei produktbezogenen Analysen nicht in jedem Fall im Ökologischen Landbau geringere Emissionen verursacht werden (WBAE und WBW 2016). Eine ursprüngliche Beschreibung klimafreundlicher Landwirtschaft nach FAO ermöglicht eine unabhängige Beurteilung, ob ökologische Pflanzenbausysteme diesem Konzept entsprechen können:

"Climate-smart agriculture (CSA) seeks to increase productivity in an environmentally and socially sustainable way, strengthen farmers' resilience to climate change, and reduce agriculture's contribution to climate change by reducing GHG emissions and sequestering carbon." (Piccolo 2012)

Produktbezogene[86] Emissionsminderungen werden hier nicht zu einem ausschlaggebenden Kriterium für „klimafreundliche Landwirtschaft" erhoben, sondern eher als eine Kombination an „Outputs" und „Outcomes" beschrieben. Daher könnte das CSA-Konzept der FAO (2013)

---

[85] An einer anderen Stelle wird im CSA-Sourcebook beschrieben, dass das Wasserhaltevermögen sowie die Nährstoffspeicherung in Böden stark mit organischer Bodensubstanz (Humus) korrelieren.

[86] Sämtliche Umweltprobleme treten nicht produktbezogen, sondern in der Dimension der Fläche auf. Dies relativiert produktbezogene Vorzüge „intensiver" Landnutzung: Neben dem priorisierten Klimaschutz bestehen weitere, nicht weniger dringende Umweltprobleme (u.a. Biodiversitätsverlust, Gewässerbelastung, Bodenerosion), deren Ausmaß bei produktbezogenen Betrachtungen unbemerkt zunehmen könnte.

im Ökologischen Landbau[87] als etabliert betrachtet werden. Folglich könnte ein landwirtschaftliches Produkt mit dem Label „bio" o. ä. auch als „klimafreundlich" nach dem CSA-Ansatz der FAO ebenfalls ausgezeichnet und anerkannt[88] werden.

Mit der vorliegenden Arbeit wurde deutlich, dass innerhalb der Gruppe ökologischer Pflanzenbausysteme ebenfalls unterschiedliche Klimaschutzpotenziale bestehen: Das ökologischen Marktfruchtsystem (öMF) hatte ein vergleichbares C-Sequestrierungspotenzial wie das ökologische Stallmistsystem (öMiSt). Das öMF-System erreichte diese Leistung jedoch in Kombination mit einem extremen Flächenbedarf, während das öMiSt-System deutlich näher am Flächenbedarf des konventionellen Marktfruchtsystems (kMF) lag. Jedenfalls können und sollen sowohl konventionelle als auch ökologische Pflanzenbausysteme weiterentwickelt und optimiert werden, ohne dabei die Ausrichtung der Produktionsweise wesentlich zu verändern.

Der deutsche Klimaschutzplan 2050 (BMU 2019) sieht erstmals verpflichtende Emissionsreduktionen für die landwirtschaftliche Produktion vor. Eine klimaneutrale Landwirtschaft wird dabei grundsätzlich ausgeschlossen. Die Erreichung der Reduktionsziele wird zunächst mit folgenden Maßnahmen angestrebt:

- **Weitere Senkung der Stickstoffüberschüsse**: Der Zielwert der deutschen Nachhaltigkeitsstrategie (70 kg ha^{-1} Stickstoffsaldo) soll zwischen 2028 und 2032 erreicht werden. Dabei soll die Stickstoffausnutzung verbessert werden, um Ammoniak- (Auflagen aus NEC- / NERC-Richtlinien bis 2030 umsetzen) und Lachgasemissionen zu vermeiden.

- **Erhöhung des Flächenanteils des Ökologischen Landbaus**: 20 % der landwirtschaftlichen Gesamtfläche soll durch eine Zukunftsstrategie für den Ökologischen Landbau erreicht werden. Dabei soll die Umstellung auf die ökologische Wirtschaftsweise erhöht und gleichzeitig die Nachhaltigkeitsleistungen des Ökologischen Landbaus verbessert werden. Ergänzend sollen andere Ansätze effizient durch den Ökolandbau unterstützt werden (u. a. Aktionsprogramme, Öko-Modellregionen). Die Vorschläge und Maßnahmen aus dem Nationalen Programm für nachhaltigen Konsum sollen u. a. den Ökologischen Landbau stärken - ggf. wird eine explizite Förderung des Ökologischen Landbaus erfolgen.

---

[87] Es bestehen innerhalb des Ökologischen Landbaus bedeutende Unterschiede zwischen den entsprechenden Pflanzenbausystemen, wie dies u. a. die Ergebnisse der vorliegenden Arbeit zeigen. Eine Bewertung der ökologischen Leistungen sollte daher nicht qualitativ (ökologisch vs. konventionell), sondern quantitativ (Emissionsmenge vs. Beitrag zur C-Sequestrierung) erfolgen.

[88] Allerdings kann dies nicht umgekehrt erfolgen: D. h. Produkte, die aufgrund von Maßnahmen in der integrierten Landwirtschaft nach FAO als „klimafreundlich" befunden wurden, können nicht als „ökologisch" oder „bio" ausgezeichnet werden, da diese Produkte den gesetzlichen Regelwerken für Bioprodukte (u. a. EG Nr. 834/2007) nicht entsprechen würden.

- **Stärkung der Vergärung von Wirtschaftsdüngern tierischer Herkunft und landwirtschaftlichen Reststoffen**: Erhöhung des Anteils von Wirtschaftsdüngern in der Biogaserzeugung, sofern die Klimabilanz dadurch nicht verschlechtert wird.

- **Verringerung der Emissionen in der Tierhaltung**: Flächengebundene Tierhaltung (max. 2 GVE ha^{-1}) und Emissionsreduktionen durch Fütterung, Züchtung und betriebliches Management.

- **Vermeidung von Lebensmittelabfällen**: -50 % bis 2030 durch Ausbau der Initiative des BMEL "Zu gut für die Tonne" zu einer nationalen Strategie.

- **Entwicklung innovativer Klimaschutzkonzepte im Agrarbereich**: forcierte Agrarforschung; systemische Betrachtung der landwirtschaftlichen Produktion sowie aller vor- und nachgelagerter Bereiche (vgl. BMU 2019).

Der Anbau von Biomasse ausschließlich zur Erzeugung von Bioenergie auf landwirtschaftlichen Nutzflächen wird dabei aufgrund bestehender Nutzungskonflikte (u. a. wegen Flächenumwandlungen) explizit ausgeschlossen (vgl. ebd.). Bis 2030 sollen die jährlichen Treibhausgasemissionen der deutschen Landwirtschaft insgesamt 58 - 61 Mio. CO_2-Äq. t betragen. Dies entspricht einer Reduktion um 31 - 34 % gegenüber dem Basisjahr 1990 (ebd.). Dieses Reduktionsziel ist bei einer Stagnation dieses Indikators (vgl. Hesse et al. 2016) seit 2001 im Bereich zwischen 15 - 20 % gegenüber 1990 mehr als ambitioniert und erfordert innovativere Maßnahmen, um dieses Ziel neben weiteren Umweltzielen gleichzeitig erreichen zu können.

In der Meta-Studie zur nachhaltigeren Welternährung schlagen Meemken und Qaim (2018) eine Neugestaltung der Landwirtschaft vor, wodurch die Vorzüge der ökologischen und der konventionellen Landwirtschaft kombiniert werden sollen. Für eine Neugestaltung der politischen Rahmenbedingungen und für eine ausgiebige Agrarforschung bleibt vermutlich, aufgrund der bereits spürbaren Auswirkungen des Klimawandels, nicht mehr die erforderliche Zeit.

Die begrenzten, natürlichen Ressourcen (u. a. Boden) könnten in einem übergeordneten Kontext (> Betriebsebene) so alloziiert werden, dass der ertragsorientieren Landwirtschaft ein Anteil[89] von ca. 50 % zukommt (siehe 5.4.2), während die übrigen Ressourcen für die

---

[89] Die Empfehlung dieser Anteile besteht in Anlehnung an die Ergebnisse von Muller et al. (2017), aufgrund der Einsicht, dass die konventionelle Landwirtschaft das Populationswachstum übermäßig angeregt hat (vgl. Baudron und Giller 2014) und eine Reduktion der konventionellen Wirtschaftsweise sehr umsichtig zu erfolgen hätte, um Hungerkatastrophen zu vermeiden. Unabhängig von dem seit Jahrzehnten in Deutschland anvisierten 20 %-Anteils des Ökologischen Landbaus an der landwirtschaftlichen Nutzfläche, wurde anhand der Versuchsergebnisse deutlich, dass konventionelle und ökologische Pflanzenbausysteme zwar Unterschiede aufweisen jedoch gleichwertigen Nachhaltigkeitszielen jeweils dienen und daher der Ökologische Landbau im Rahmen einer Land Sharing-Strategie deutlich stärker und schneller als Ergänzung zur konventionellen Landwirtschaft ausgebaut werden sollte.

Erbringung von gesamtgesellschaftlichen Leistungen (d.h. Nahrungsmittelproduktion bei gleichzeitigem Boden-, Klima- und Umweltschutz) vorwiegend dienen.

Auf den Ebenen der Landschaften und der Regionen dürfte auf diese Weise eine effektive Grundlage für eine strategische Optimierung und Resilienz-Bildung der Landwirtschaft entstehen. Gleichzeitig wären im Mittelwert der Regionen, Landschaften und Länder, die Vor- und Nachteile der ökologischen und konventionellen Wirtschaftsweisen situationsabhängig kombinierbar (Cunningham et al. 2013)

Als Handlungsempfehlung in den seit Jahrzehnten bestehenden Zielkonflikten zwischen Agrar- und Umweltpolitik (vgl. BMEL 2019) erschien die Strategie der Diversifizierung (Risikostreuung) naheliegend. Hierbei könnten die von Gliessman (2014) beschriebenen Stufen 1 und 2 komplementär aufrecht erhalten werden und das bereits bekannte Wissen über die etablierten Produktionsweisen genutzt werden (anstelle Stufe 3 und höher, siehe oben). Auf diese Weise würde einerseits das Risiko einer größeren Abhängigkeit von externen Lieferketten, unbekannten Produktionsverfahren und riskanten Technologien auf 50 % der Fläche begrenzt werden, während auf der übrigen Fläche die Landwirtschaft auf die veränderten Klimaereignisse gezielter[90] vorbereitet werden könnte. Eine Kombination beider Strategien auf derselben Fläche (vgl. Meemken und Qaim 2018) würde im Notfall per se erfolgen und sollte nicht bereits im Vorfeld einer Extremsituation strategisch anvisiert werden.

5.4.2   Landschaftsplanung und indirekte Landnutzungsänderungen

Tuomisto et al. (2012) analysieren die Flächennutzung durch ein ökologisches Marktfruchtsystem und schlussfolgern anhand von Annahmen, z. B. hinsichtlich der Ertragsleistungen und -relationen, dass der Ökologische Landbau mit geringerer Umweltbelastung auf den potenziell produktiveren Flächen nachteilig wäre. Wenn die bisherige Ertragsmenge unter Verwendung ertragsmaximierender Maßnahmen auf lediglich einem Teil der Fläche produziert werden kann, so bliebe dadurch eine Fläche für andere Zwecke übrig. Die restliche Fläche könnte ausschließlich für ökologische Ziele effektiver genutzt werden.

Darüber hinaus wählen Tuomisto et al. (2012) in ihrer Analyse eine funktionelle Einheit (siehe 5.1.3), die die Systemleistungen ökologischer Modellbetriebe nicht vollständig berücksichtigt. Folglich werden die Ertragsleistungen konventioneller Systeme begünstigt und dadurch die einseitige Argumentation für die Land-Sparing-Strategie bestärkt. Diese Strategie hat jedoch

---

[90] Zielgerichteter gegenüber einer „einheitlichen" Landwirtschaft, die die Vorzüge der ökologischen und der konventionellen Pflanzenbausysteme zunächst in sich zu vereinen hätte. Eine „einheitliche" Landwirtschaft, in der es weder ökologische noch konventionelle Produktionsrichtungen gibt, kann der Vielfalt natürlicher Gegebenheiten und unerwarteter Ereignisse wohl kaum gerecht werden.

seine Vor- und Nachteile gegenüber der Land Sharing-Strategie[91] (Cunningham et al. 2013; Baudron und Giller 2014).

Im Systemversuch Viehhausen unterscheidet sich das ökologische Biogassystem vom ökologischen Marktfruchtsystem nur durch die stoffliche Interaktion mit einer Biogasproduktion. Diese Interaktion ermöglicht einen Energiegewinn aus Luzerne-Kleegras und bietet zusätzlich die Möglichkeit einer Düngung mit Gärresten, die die Erträge der Marktfrüchte deutlich steigern können (Tabelle 11, vgl. Siegmeier et al. 2015; FiBL 2013; Stinner 2011). Diesen ertragssteigernden Effekt einer Interaktion zur Biogasproduktion ökologischer Marktfruchtbetriebe berücksichtigen Tuomisto et al. (2012) anhand der Ergebnisse von Stinner et al. (2008). Allerdings erfolgt dies teils subjektiv, da die deutschen Wissenschaftler die Wirkung einer Gärrestdüngung auf die Erträge in den Fruchtarten Gerste und Ackerbohne nicht untersucht hatten. Im Systemversuch Viehhausen konnte der Einfluss einer Biogasanlage auf der Fruchtfolgenebene experimentell quantifiziert werden. Dieser Effekt einer Interaktion zur Biogasproduktion war so bedeutend, dass sich die Flächenproduktivität (Abbildung 16) und folglich auch der Flächenbedarf (Tabelle 12) nicht signifikant von den ökologischen Milchviehsystemen unterschied.

In einer vielseitigen Reflexion über unterschiedliche Landnutzungsstrategien (Land sparing vs. Land sharing) beschreiben Baudron und Giller (2014), dass die Separierung der ertragreichen Produktionsflächen das Risiko in sich birgt, zunächst das humane Populationswachstum[92] anzuregen und nach Jahrzehnten die größer gewordene Population nicht mehr ausreichend versorgen zu können (u. a. aufgrund der Übernutzung von natürlichen Ressourcen). Bisher erreichte Ertragssteigerungen in der Landwirtschaft verhindern lediglich eine proportionale Zunahme der landwirtschaftlichen Nutzfläche, die mit dem Bevölkerungswachstum einhergegangen wäre. Die Ertragssteigerungen führten jedenfalls nicht zu einer Zunahme von Flächen für ökologische Zwecke (ebd.). Seit 1990 nehmen in den OECD-Staaten die Flächen für Landwirtschaft leicht ab und die Waldflächen etwas zu. Leider verringerten sich im gleichen Zeitraum die Waldflächen in Lateinamerika und der Karibik (LAM) sowie im Mittleren Osten und Afrika (MAF) deutlich stärker als die Zunahme in den OECD-Staaten - zugunsten von landwirtschaftlich genutzten Flächen, mit zunehmendem Einsatz von N-Düngern (Smith et al. 2015).

---

[91] Der Unterschied besteht in der Separierung der Nutzflächen für die maximale Produktivität und den größtmöglichen Naturschutz (Land Sparing). Mit der Land Sharing-Strategie wird der Naturschutz auf den Produktionsflächen angestrebt und eine Separierung der Flächen auf ein Mindestmaß reduziert. Die Vor- und Nachteile beider Strategien hängen von den betrachteten Organismen und der Priorisierung von gesamtgesellschaftlichen Leistungen ab. Beide Strategien sind somit Kontextabhängig anwendbar.

[92] Dies belastet die Umwelt zu den hierbei betrachteten Umweltwirkungen der Landwirtschaft zusätzlich. Nach einer Übernutzung würden die Naturschutzflächen wiederum zu landwirtschaftlicher Nutzfläche konvertiert, weshalb bereits das theoretische Konzept fragwürdig erscheint.

Andererseits ist die Land-Sharing-Strategie allein nicht geeignet, um eine vom Aussterben bedrohte Art zu schützen. Eine universale Anwendung dieser Strategie kann wegen der zusätzlichen Flächenbeanspruchung zerstörerische Folgen für Standorte mit höchster Biodiversität zur Folge haben (vgl. Baudron und Giller 2014). Gemäß Cunningham et al. (2013) sind die oben beschriebenen Landnutzungsstrategien nicht konträr aufzufassen, sondern als gleichwertige Lösungen für dasselbe Problem zu werten, die auf lokaler Ebene situationsabhängig und komplementär eingesetzt werden könnten.

Für den Nutzungskonflikt zwischen Naturschutz und Landwirtschaft existieren somit Lösungen – keine davon sollte jedoch universal verfolgt werden. Folglich würde der Handlungsspielraum zur Gestaltung und Harmonisierung der Nutzungskonflikte auf höheren Ebenen (der Landschafts- und Regionalplanung bis hin zur Landes- und UN-Ebene) liegen, um die Zielkonflikte auf der Ebene der Produzenten zu entlasten, da die Forderungen an die Landwirte immer mehr zunehmen.

Wenn nur wenige Aspekte, meist sozioökonomische Indikatoren, in der Landnutzung priorisiert werden, so resultieren hieraus eher einseitige Landschaften (vgl. Knoke et al. 2016). Werden dagegen sowohl ökonomische als auch ökologische oder sämtliche Indikatoren gleichwertig behandelt, so ergeben sich multifunktionale Landschaften, die die Unsicherheiten hinsichtlich einzelner Ökosystemleistungen ausgleichen können (vgl. ebd.).

Bereits mit den bestehenden gesetzlichen Regularien könnte auf der Ebene der Landschaft die im Klimaschutzplan 2050 erwähnte Idee zur Bildung von „Öko-Modellregionen" realisiert werden. Dies erfordert einerseits eine verstärkte „Ökologisierung" der derzeit dominierenden konventionellen Landwirtschaft (Land-Sparing-Strategie) auf ca. 50 % der landwirtschaftlichen Nutzfläche. Auf den restlichen 50 % der Landressourcen könnte rund um die bestehenden Naturschutzgebiete die Land-Sharing-Strategie mit moderaten, jedoch stabilen Erträgen realisiert werden. Damit würde es nicht nur zu einer modellhaften, sondern zu einer umfassenden Bildung von „Öko-Regionen" kommen. Wenn also auf der Hälfte der landwirtschaftlichen Nutzfläche keine flächenunabhängige Tierhaltung bestehen würde, keine Düngung von reaktiven Stickstoffverbindungen erfolgen und die chemischen Pflanzenschutzmittel nicht flächendeckend die Biodiversität beeinträchtigen würden, so könnten nicht nur die Klimaschutzziele, sondern einige andere, bisher kaum erreichte Ziele in greifbare Nähe rücken.

Ökologische und konventionelle Pflanzenbausysteme sind folglich im Kontext der übergeordneten Landnutzungsstrategien zu bewerten. Planungsmangel und politische Gestaltungsfehler auf den höheren Ebenen (oberhalb der Ebene einzelner Betriebe) können einen hohen Druck zwischen den Produzenten und Konsumenten verursachen. Vor diesem Hintergrund wurde in der vorliegenden Arbeit auf die Diskussion von möglichen Auswirkungen eines „nachhaltigeren Konsums"[93] verzichtet.

5.5 Schlussfolgerungen

Anhand der Ergebnisse der vorliegenden Arbeit wird deutlich, dass der Vergleich von ökologischen und konventionellen Pflanzenbausystemen nicht nur auf der Ebene einzelner Fruchtarten erfolgen kann, da systematische Unterschiede auf höheren Ebenen (Fruchtfolge, Betriebssystem) bestehen. Dazu ist methodisch ein Systemansatz zwingend erforderlich. Die Unterschiede sind weitreichend und im Kontext mit übergeordneten Landnutzungsstrategien (z. B. Land Sparing vs. Land Sharing) auf der Landschafts- und Regionalebene zu bewerten. Aufgrund derzeitiger und tendenziell zunehmender Herausforderungen (Klimawandel, Biodiversitätsverlust, wachsende Weltbevölkerung etc.) sollten beide Strategien komplementär etabliert und jeweils effizient genutzt werden (siehe 5.4.2). Der Ausweitung des Ökologischen Landbaus bei gleichzeitiger „Ökologisierung" der konventionellen Landwirtschaft müsste jeweils die höchste Priorität in der Agrarpolitik eingeräumt werden.

Innerhalb der ökologischen und konventionellen Pflanzenbausysteme kann der Einfluss der Tierhaltung und/oder einer Biogasanlage bedeutend sein. Differenzierte und regionale Betrachtungen sind zielführender als eine globalisierende bzw. generalisierende Zustimmung oder Ablehnung von Tierhaltung bzw. Bioenergie. Jedenfalls sind innerhalb der Gruppen ökologischer und konventioneller Pflanzenbausysteme bemerkenswerte Unterschiede zu beachten.

Der Unterschied im Flächenbedarf der ökologischen und konventionellen Pflanzenbausysteme war zwar deutlich, lag jedoch meist unterhalb eines doppelten Flächenbedarfs[94]. Allerdings wurde für das ökologische Marktfruchtsystem auch in der vorliegenden Arbeit ein sehr hoher (dreifacher) Flächenbedarf gegenüber dem konventionellen Milchviehsystem festgestellt. In der Literatur wird aus ökonomischen Aspekten für die ökologischen Marktfruchtbetriebe von einer weiteren Spezialisierung teils an- bzw. abgeraten. Diese Entwicklungen sollten trotz ökonomischer Vorteile nicht zu sehr von dem ursprünglichen Konzept des Ökologischen Landbaus abweichen. Jedenfalls wurde bzgl. solcher Systeme weiterer Forschungs- und Handlungsbedarf erkannt.

---

[93] Eine Reduktion der Lebensmittelverschwendung und ein reduzierter Konsum von Lebensmitteln aus der Tierhaltung scheinen vielversprechende Klimaschutzmaßnahmen zu sein - beide sind mit der verstärkten Ausweitung des Ökologischen Landbau kombinierbar (vgl. Muller et al. 2017)

[94] Der Vergleich der Erträge von Winterweizen führte zu der bisherigen Schlussfolgerung, dass das gesamte Pflanzenbausystem unter ökologischer Bewirtschaftung eine doppelte Flächenbeanspruchung aufweisen würde (vgl. Hirschfeld 2008).

Des Weiteren wurden folgende Handlungsempfehlungen abgeleitet: Ökologische Marktfruchtbetriebe könnten ihre Erträge durch Kooperationen mit der ökologischen Biogasproduktion nachhaltig steigern und nebenbei einen Beitrag zur Energiewende leisten. Konventionelle Marktfruchtbetriebe könnten ihre produktbezogenen Treibhausgasemissionen durch Umstellung auf Ökologischen Landbau enorm reduzieren, da entgegen zahlreichen Literaturangaben der Ertragsvorteil dieser Systeme nicht ausreichte, um die produktbezogenen THG-Emissionen der ökologischen Pflanzenbausysteme zu übertreffen. Durch eine Verbesserung ihrer Humusbilanz würden diese Betriebe ihre Resilienz gegenüber veränderten Klimabedingungen im Laufe der Zeit steigern. Sollte der Aufbau einer Tierhaltung bei der Umstellung auf Ökologischen Landbau nicht möglich sein, so müsste das Ertragsniveau langfristig durch regelmäßige Interaktionen mit der Biogasproduktion unbedingt auf einem mittleren Niveau stabilisiert[95] werden.

Die Verwendung von Biodiesel (Bioenergieproduktion) kann zu einer beachtlichen Reduktion der anbaubedingten THG-Emissionen in allen Pflanzenbausystemen führen.

Eine Teilnahme landwirtschaftlicher Betriebe am globalen oder nationalen Emissionshandel erscheint aufgrund einer möglichen Sättigung der Bodenkohlenstoffvorräte und aus Gründen der Umkehrbarkeit dieser Aufbauprozesse mit Risiken behaftet; zudem ist ein sicherer Nachweis einer C-Sequestrierung auf Ackerböden aufwendig (siehe 5.2.2.2). Alternative Anreize mit dem Ziel einer Erhöhung der Bodenkohlenstoffvorräte zur Steigerung der Bodenfruchtbarkeit und Ertragsfähigkeit sowie der einzelbetrieblichen Resilienz gegenüber Klimaveränderungen sollten mehrdimensional und umsichtig durch Forschung und Politik entwickelt werden.

5.6 Weiterer Forschungsbedarf

Die Pflanzenbausysteme ökologischer und konventioneller Landwirtschaft sind Gegenstand der vorliegenden Arbeit. Wenn die Gesamtwirkung der landwirtschaftlichen Betriebssysteme Gegenstand der vorliegenden Arbeit gewesen wäre, so wären die weiteren Systemkomponenten (Biogasproduktion, Tierhaltung etc.), mit denen die in der vorliegenden Arbeit untersuchten Pflanzenbausysteme interagieren, zu modellieren. Der Vergleich von Pflanzenbausystemen mit einer Interaktion zur Milchviehhaltung ergab, dass das ökologische Stallmistsystem aufgrund eines hohen Reproduktionsniveaus der Bodenkohlenstoffvorräte sehr vorteilhaft ist. Bei gesamtbetrieblichen Betrachtungen würden in diesem System die Emissionen aus der Rinderhaltung (vgl. Frank 2014) hinzukommen.

Eine weiterführende Modellierung und tiefergehende Analyse entsprechender Praxisbetriebe mit langfristigen Messwerten werden als weiterer Forschungsbedarf angesehen, um die vor-

---

[95] Wichtige Hinweise für eine erfolgreiche ökologische Bewirtschaftung von spezialisierten Marktfruchtbetrieben geben u.a. Leithold et al. (2017) sowie sämtliche Beratungsstellen der Länder und Anbauverbände.

liegenden Ergebnisse zu ergänzen und abzusichern. Die Umweltwirkungen der Biogasproduktion hängen eng mit den Umweltwirkungen der Erzeugung des Ausgangssubstrats zusammen. Ein Substratmix mit erhöhtem Anteil an humusmehrenden Fruchtarten, wie das Luzerne-Kleegras, hinterlässt einen deutlich günstigeren Fußabdruck in Bezug auf die biogenen Bodenkohlenstoffvorräte (Δ Boden C), als dies zum Beispiel nach einer ausschließlichen Vergärung von Silomais der Fall wäre. Letzteres wäre andererseits unbedenklich, wenn sichergestellt werden könnte, dass der in der Biogasproduktion verwertete Mais in weiten Fruchtfolgen angebaut und mit anfallenden Gärresten gedüngt wird. Anderenfalls besteht das Risiko, die Humusvorräte durch übermäßigen Maisanbau in wenigen Betrieben mit engen Fruchtfolgen verstärkt abzubauen. Jedenfalls kann die bioenergetische Biomassenutzung unter bestimmten Bedingungen die Lebensmittelproduktion fördern (höhere Erträge nach Gärrestdüngung) und dadurch die Konkurrenzbeziehung zur Lebensmittelproduktion mindern. Diese Bedingungen gilt es in weiteren Forschungen genauer zu identifizieren und letztlich zielführend staatlich zu fördern.

Wie groß der Effekt einer Vergärung von Milchviehgülle in einer Biogasanlage auf die produktbezogenen Emissionen entsprechender Betriebe wäre, sollte Gegenstand weiterer Untersuchungen sein, da hierin zusätzlich ein synergistischer Effekt zwischen der Lebensmittel- und der Biogasproduktion gesehen wird. Nach Möglichkeit sollte das Versuchskonzept im Systemversuch Viehhausen um entsprechende Varianten erweitert werden. Es wäre auch wünschenswert, das Versuchsdesign des Systemversuchs Viehhausen an weiteren Standorten zu etablieren, um vergleichbare Erkenntnisse an weiteren Standorten zu gewinnen. Schließlich sollten weitere Versuchsjahre im ähnlichen Rahmen der vorliegenden Arbeit analysiert und der Erkenntnisstand vertieft und erweitert werden (insbesondere weitere Wirkungskategorien, z. B. Biodiversität).

Aus der Literaturanalyse wurde weiterer Forschungsbedarf bei den Schätzverfahren zu Lachgasemissionen identifiziert. Bisherige Methoden sind ggf. veraltet und erfordern methodische Weiterentwicklungen - basierend auf aktuelleren Erkenntnissen aus Messreihen. Insbesondere sollten dabei die Möglichkeiten zur Differenzierung zwischen ökologischer und konventioneller Wirtschaftsweise untersucht werden. Der Nachweis bewirtschaftungsbedingter Einflüsse kann jedoch nicht standortübergreifend erfolgen, da solch eine Untersuchung nicht unter sonst gleichen Bedingungen ablaufen würde. Die Ergebnisse sollten nicht nur produktbezogen, sondern auch in absoluten Mengen (gesamthaft für die Fruchtfolgen) angegeben werden.

Die Abschätzung der Umweltwirkungen landwirtschaftlicher Produktion und die Berechnung des ökologischen Fußabdrucks landwirtschaftlicher Produkte sind nicht ausreichend standardisiert, folglich sehr aufwendig und zeitintensiv. Bestehende LCA-Konzepte aus dem Setting industrieller Produktionsprozesse sind nicht ohne Anpassungen auf die landwirtschaftliche Produktion übertragbar, wenn komplexere Fragen wie Biodiversität und Bodenkohlenstoffveränderungen betrachtet werden sollen. Daher besteht hierzu weiterer Optimierungs- und Forschungsbedarf, um das Life-Cycle-Assessment für die Bewertung landwirtschaftlicher Systeme weiterzuentwickeln. Mit leistungsfähigen Modellen und unter Nutzung digitaler Systeme könnten die Umweltwirkungen von Pflanzenbausystemen künftig nahezu in Echtzeit erfasst werden. Auch der zeitliche Verlauf von Veränderungen eines Produktionssystems und damit verbundener Umweltwirkungen wären auf diese Weise verfügbar. Dazu müssten Betriebsbilanzen aller Beteiligten einer Prozesskette erfasst, vernetzt und transparent ausgewertet werden können. Bei der Weiterentwicklung von Rechenvorschriften auf der Produktebene (engl.: *product category rules*) müsste das Produktionssystem (statt oft Produktsystem) stärker in die Analyse einbezogen werden, um landwirtschaftliche Ertragsschwankungen, Produktionsfehler, Verluste etc. in den Ökobilanzen der marktfähigen Endprodukte angemessen berücksichtigen zu können.

In der vorliegenden Arbeit wurde unter anderem die Getreideeinheit als eine funktionelle Einheit verwendet, um die Umweltwirkungen produktbezogen auszuweisen. Allerdings werden Ertragsleistungen der ökologischen Pflanzenbausysteme in dieser Einheit möglicherweise unterbewertet, da für ein Gemenge wie das Luzerne-Kleegras in der verwendeten Literatur kein wissenschaftlich begründeter GE-Faktor hinterlegt ist. Luzerne-Kleegras kann unterschiedliche Anteile von Leguminosen und Gräsern enthalten und in unterschiedlichen Entwicklungsstadien geerntet werden; daher kann das Energieliefervermögen zur Ernährung von Nutztieren stark variieren. Im Rahmen einer methodischen Weiterentwicklung wäre zu klären, ob ein alternatives Gewichtungssystem, das nicht nur den potenziellen Beitrag zur Humanernährung berücksichtigt, sondern auch ökonomische und ökologische Aspekte umfasst, durch eine Weiterentwicklung der GE-Methodik erreicht werden kann. Möglicherweise könnten für jeden Nachhaltigkeitsaspekt unterschiedliche Förderstrategien entstehen, die miteinander konkurrieren und/oder sich ergänzen. Ein Nachhaltigkeitsindex für die Landwirtschaft (vgl. Hesse et al. 2016) mit einem verstärkten Differenzierung zwischen ökologischen und konventionellen Praxisbetrieben erscheint erstrebenswert.

Wie zuvor geschlussfolgert, wäre ein komplementärer Einsatz von konventionellen/integrierten und ökologischen Produktionssystemen auf der Landschaftsebene zielführender als der Versuch, die Vorteile der konventionellen und der ökologischen Verfahren innerhalb der einzelnen Produktionssysteme zu kombinieren (vgl. BMEL 2019). Die Effekte einer Neuverteilung von Landressourcen auf der Regional- und Landschaftsebene mit einem Anteil von jeweils 50 % für multifunktionale (Land-Sharing-Strategie) und ertragsorientierte Landwirtschaft (Land-Sparing-Strategie) konnten jedoch anhand von Modellierungen nicht näher geprüft werden. Für solche Modellierungen auf Landschaftsebene besteht neben den betriebsbezogenen Systemanalysen jedenfalls großer und langfristigster Forschungsbedarf.

Um Bodenkohlenstoffvorräte in landwirtschaftlich genutzten Böden zu sichern und zu steigern, wird die Entwicklung eines gesonderten Anreizsystems empfohlen. Eine bloße Anrechnung der C-Sequestrierungsleistungen in der THG-Bilanz der landwirtschaftlichen Betriebe reicht als Anreiz unter bisherigen Bedingungen vermutlich nicht aus. Selbst unter der Voraussetzung, dass bei einer niedrigen THG-Bilanz der Produzent einen Bonus erhalten würde, könnte die Anrechnung von Humusbilanzergebnissen (Bilanzvariante mit C-Sequestrierung) mögliche Reduktionspotenziale verschleiern. Daher sollten Emissionen von Treibhausgasen und Bodenkohlenstoffveränderungen im jeweiligen Produktionssystem nach Möglichkeit betrachtet, jedoch nicht miteinander verrechnet werden. Es wären bei späteren Änderungen der Bodenbewirtschaftung staatliche Sanktionen notwendig, falls die bisher gespeicherten/angereicherten Bodenkohlenstoffvorräte zu einer CO_2-Quelle werden würden. Weil solche Sanktionen schwierig durchzusetzen wären, dürfte ein positives Anreizsystem geringere Kosten verursachen und schneller zum Ziel führen – diese These konnte jedoch im Rahmen der vorliegenden Arbeit nicht näher untersucht werden.

6   Zusammenfassung

Die Wirkungen landwirtschaftlicher Produktionssysteme auf Pflanzen, Böden und Umwelt sind statistisch aufgrund von zahlreichen und variablen Einflussfaktoren (Standort, Management landwirtschaftlicher Betriebe etc.) schwer abzusichern. Die Kenntnis und Steuerung dieser Wirkungen ist bereits aufgrund von Klimaveränderungen dringend erforderlich zumal die Konflikte bei der Nutzung von natürlichen Ressourcen (Land, Biodiversität etc.) und die gesellschaftlichen Anforderungen an die Nachhaltigkeit landwirtschaftlicher Produktionssysteme erwartungsgemäß zunehmen werden.

Der „Systemversuch Viehhausen" wurde 2009 in der Versuchsstation Viehhausen der Technischen Universität München angelegt. Das übergeordnete Ziel dieses Dauerfeldversuchs ist die Analyse langfristiger Effekte von vier ökologischen und zwei konventionellen Pflanzenbausystemen auf den Ertrag, den Boden und die Umwelt. Gegenüber bisherigen Versuchskonzepten mit ähnlichen Fragestellungen zeichnet sich dieser Versuch durch eine systemkonforme Düngung (ohne Düngungsstufen) und systemtypische Fruchtfolgen (unterschiedliche Fruchtarten und zum Teil unterschiedliche Winterweizen-Sorten) aus. Neben der Fruchtfolge und der Nährstoffzufuhr (Gründüngung, organische Dünger, Mineraldünger) wurden die Ertragsverwendung und die Anwendung von Pflanzenschutzmitteln als weitere Differenzierungsfaktoren der Pflanzenbausysteme berücksichtigt.

Die Ertragsleistungen ökologischer und konventioneller Pflanzenbausysteme wurden in der vorliegenden Arbeit anhand der feldexperimentellen Ergebnisse des Systemversuchs Viehhausen analysiert. Anhand der Ertragsrelationen wurden die Unterschiede zwischen den Pflanzenbausystemen hinsichtlich ihrer Energieeffizienz und ihrem Klimaschutzpotenzial (produktbezogene Treibhausgasemissionen) untersucht. Hierzu wurden vergleichbare Modellbetriebe mit mechanisierten Arbeitsverfahren angenommen und eine Prozessanalyse mit der Software REPRO durchgeführt. Die Differenzen innerhalb der Gruppen ökologischer und konventioneller Pflanzenbausysteme wurden bei diesem Systemvergleich ebenfalls analysiert.

6.1   Ertragsleistungen

Die Erträge der ökologischen und konventionellen Pflanzenbausysteme unterschieden sich signifikant:

- Die geringsten Ertragsleistungen wurden im ökologischen Marktfruchtsystem, bei allen drei funktionellen Einheiten (TM, GE, GJ), festgestellt. Kausal hing dies mit der Ertragsverwendung von Luzerne-Kleegras (Mulch-Nutzung auf 20 % der Anbaufläche) als Gründünger zusammen. Da bei dieser Düngungsform die Nährstoffbereitstellung und der Nährstoffbedarf der Kulturpflanzen nicht synchron sind, waren auch die Erträge der angebauten Fruchtarten oft signifikant niedriger gegenüber anderen ökologischen Pflanzenbausystemen.
- Dagegen erzielte das ökologische Biogassystem einen signifikant höheren Fruchtfolgeertrag, der der Ertragsleistung des ökologischen Milchviehgüllesystems entsprach. Diese höhere Ertragsleistung resultierte aus der Schnittnutzung von Luzerne-Kleegras und aus

den signifikant höheren Erträgen von Marktfrüchten in Folge einer besseren Nährstoffversorgung durch Düngung mit Gärresten. Folglich könnte eine Interaktion zur Biogasproduktion für ökologische Marktfruchtbetriebe eine attraktive Möglichkeit zur nachhaltigen Intensivierung darstellen.

- Die mittleren Ertragsrelationen in Getreideeinheiten (mit Nebenprodukten) im Vergleich zum konventionellen Milchviehsystem (Referenzsystem = 1,00) betrugen im ökologischen Marktfruchtsystem 0,33, im ökologischen Biogassystem 0,59, im ökologischen Milchviehgüllesystem 0,64, im ökologischen Milchviehstallmistsystem 0,70, während das konventionelle Marktfruchtsystem mit 0,85 die engste Ertragsrelation erzielte.
- Die absolute Ertragshöhe (in Getreideeinheiten) der ökologischen Pflanzenbausysteme lag unter den gegebenen Versuchsbedingungen meist oberhalb der mittleren Erträge und Flächenproduktivität in Deutschland. Dies zeigt, dass auch unter den Bedingungen der ökologischen Pflanzenbausysteme hohe Ertragspotenziale bestehen.
- In der Literatur wird für den Ökologischen Landbau, basierend auf Ertragsrelationen für Winterweizen, oftmals ein doppelter Flächenbedarf (Faktor: 2) zur Erzeugung einer definierten Produktmenge angenommen; in umfassenden Metaanalysen beträgt die Ertragsrelation im Mittel aller untersuchten Fruchtarten weltweit etwa 75 % (Faktor: 1,33).

Die Ergebnisse der vorliegenden Arbeit zeigen jedoch, dass diese Ertragsrelation entscheidend vom Fruchtfolge- und Pflanzenbausystem abhängig ist. So hatte das ökologische Marktfruchtbausystem gegenüber dem Referenzsystem kMiG einen dreifachen Flächenbedarf (Faktor: 3). Der Flächenbedarf des ökologischen Stallmistsystems (öMiSt) war mit Faktor 1,49 dagegen signifikant niedriger. Auch ein konventionelles Marktfruchtsystem (kMF) würde im Mittel eine zusätzliche Fläche von 19 % (Faktor: 1,19) gegenüber dem Referenzsystem (kMiG) benötigen.

6.2 Energiebilanz und Energieeffizienz

Die Energiebilanz der Pflanzenbausysteme resultiert aus einer Prozessanalyse mit dem Modell REPRO. Hierfür wurden auf der Grundlage der experimentellen Daten Modellbetriebe konzipiert, um praxisübliche Arbeitsverfahren und Hofentfernungen für die innerbetriebliche Logistik zu berücksichtigen. Auf diese Weise wurden der direkte Einsatz fossiler Energie (Dieselkraftstoff) und der indirekte Energieeinsatz (Vorleistungsbereich, Herstellung von Betriebsmitteln und Maschinen) berücksichtigt. Als Energieoutput der Pflanzenbausysteme wurde die Energie (Brennwert) in der geernteten Biomasse definiert. Aus dem Verhältnis des Energieinputs zum Energieoutput resultiert die Energieeffizienz, die als Indikator zur Charakterisierung der Pflanzenbausysteme in der Gesamtbewertung verwendet wurde.

Die Energieeffizienz der ökologischen Pflanzenbausysteme, mit Ausnahme des ökologischen Marktfruchtsystems, war signifikant höher als in konventionellen Pflanzenbausystemen:

- Die mittlere Ertragsrelation in Bezug auf die funktionelle Einheit GJ (Brennwert der Hauptprodukte) betrug im Vergleich zum konventionellen Milchviehsystem (Referenzsystem = 1,00) im ökologischen Milchviehstallmistsystem 0,85, im konventionellen Marktfruchtsystem 0,82, im ökologischen Milchviehgüllesystem 0,81, im ökologischen Biogassystem 0,73. Das ökologische Marktfruchtsystem hatte in Bezug auf den Energieertrag mit 0,32 die weiteste Ertragsrelation gegenüber dem konventionellen Milchviehsystem. Unter Berücksichtigung des Energieoutputs inklusive Nebenprodukterträge (Stroh) lag das ökologische Milchviehstallmistsystem gegenüber dem Referenzsystem bei einer Ertragsrelation von 1,06.

- Auch auf der Ebene der Fruchtart Winterweizen waren signifikante Wirkungen der Anbaubedingungen und der Nährstoffzufuhr sowie der Fruchtfolgen (Vorfruchtwirkung) auf den Ertrag, den Energieinput und folglich auf die Energieeffizienz nachweisbar. Mit höchster Energieeffizienz wurde der Weizen im ökologischen Biogassystem produziert. Die geringste Energieeffizienz bei Winterweizen wurde im konventionellen Marktfruchtsystem mit der Vorfrucht Körnermais festgestellt.
- Der Energieinput der konventionellen Pflanzenbausysteme war aufgrund des Einsatzes von Mineraldüngern und Pflanzenschutzmitteln (11,5 bis 12,6 GJ ha^{-1}) signifikant höher als der Energieinput der ökologischen Systeme (4,7 bis 6,9 GJ ha^{-1}).
- Trotz des geringen Energieinputs im ökologischen Marktfruchtsystem betrug die Energieeffizienz nur 12,1 GJ GJ^{-1} und war somit vergleichbar mit der Energieeffizienz der konventionellen Systeme (kMiG: 15,9 und kMF: 11,8).
- Die höchste Energieeffizienz (Energieoutput pro Energieinput) erzielte das ökologische Stallmistsystem (28,1 GJ GJ^{-1}). Ohne Nebenprodukte lag die höchste Energieeffizienz beim ökologischen Milchviehgüllesystem (23,1 GJ GJ^{-1}), die sich nicht signifikant von der Energieeffizienz des Stallmistsystems (22,7 GJ GJ^{-1}) und des Biogassystems (21,1 GJ GJ^{-1}) unterschied. Ein signifikanter Unterschied in der Energieeffizienz bestand gegenüber dem ökologischen Marktfruchtsystem und den beiden konventionellen Systemen.
- Die Energieeffizienz des ökologischen Marktfruchtsystems (mit Gründüngung) könnte durch eine Interaktion mit der Biogasproduktion in etwa verdoppelt werden (öMF vs. öBiG).

6.3 Treibhausgasemissionen und C-Sequestrierung

Die flächen- und produktbezogenen Treibhausgasemissionen der Pflanzenbausysteme berücksichtigen die im Systemversuch Viehhausen festgestellten Ertragsleistungen sowie die systemspezifischen Nährstoffflüsse und Energiebilanzen. Zusätzlich wurde die Wirkung der Pflanzenbausysteme auf den biogenen Kohlenstoff im Boden (C_{org}) anhand von Humusbilanzen abgeschätzt und in einer zusätzlichen Variante der Treibhausgasbilanz (mit C-Sequestrierung) berücksichtigt. Die produktbezogenen Treibhausgasemissionen wurden in den Bilanzvarianten mit und ohne C-Sequestrierung kalkuliert.

Die Pflanzenbausysteme zeigten bedeutende Unterschiede in ihrem Potenzial zur Emission von Treibhausgasen sowie ihrer innerbetrieblichen Kompensation durch C-Sequestrierung (Humusaufbau):

- Die Lachgasemissionen wurden nach IPCC (2006) in Abhängigkeit von der N-Zufuhr der jeweiligen Pflanzenbausysteme berechnet. Die ermittelten Emissionen variierten je nach System zwischen 1,65 und 4,95 kg N_2O ha^{-1} a^{-1}. Dies entspricht der jährlichen CO_2-Äq.-

Emission zwischen 0,491 und 1,475 t ha^{-1} a^{-1}. Die CO_2-Äq.-Emissionen für die Bereitstellung und Verbrennung von Diesel betrugen hingegen nur 0,386 bis 0,464 t ha^{-1} a^{-1}.

- Die flächenbezogenen CO_2-Äq.-Gesamtemissionen (ohne C-Sequestrierung) der konventionellen Pflanzenbausysteme betrugen über 2,6 t ha^{-1} a^{-1}. Die CO_2-Äq.-Gesamtemissionen der ökologischen Pflanzenbausysteme waren unter 1,65 t ha^{-1} a^{-1}.
- Die produktbezogenen Treibhausgasemissionen (CO_2-Äq., ohne C-Sequestrierung) betrugen im Mittel der ökologischen Systeme 230 kg t^{-1} GE bzw. 12 kg GJ^{-1} und 328 kg t^{-1} GE bzw. 19 kg GJ^{-1} im Mittel der konventionellen Systeme.
- Die Humusbilanz ergab nur im konventionellen Milchviehsystem einen negativen Humussaldo, was einen Abbau von biogenem Kohlenstoff im Boden indiziert. Die übrigen Pflanzenbausysteme hatten positive Humussalden, was auf eine Netto-CO_2-Bindung (C-Sequestrierung) hinweist. In Abhängigkeit von der Fruchtfolge, der Düngung, der Ertragshöhe und der Ertragsverwendung lagen die Humussalden zwischen -84 und 455 kg C ha^{-1}.
- Die Berücksichtigung des Bodenkohlenstoffs verstärkte zusätzlich die zuvor beschriebenen Unterschiede der produktbezogenen Treibhausgasbilanzen zwischen den ökologischen und konventionellen Pflanzenbausystemen.
- Das größte CO_2-Minderungspotenzial in der Treibhausgasbilanz der Pflanzenbausysteme besteht folglich in der Speicherung von biogenem Bodenkohlenstoff. Jene Pflanzenbausysteme mit einer positiven Humus- und C-Bilanz hätten dadurch ein Kompensationspotenzial von 74 bis 1667 kg CO_2-Äq. ha^{-1}. Biogener Bodenkohlenstoff wäre aufgrund der negativen Humusbilanz im ertragsstärksten Pflanzenbausystem (konventionelles Milchviehsystem) zu einer zusätzlichen CO_2-Quelle geworden und hätte die CO_2-Äq.-Gesamtemissionen der Basisvariante um ca. 370 kg ha^{-1} a^{-1} gesteigert.
- Emissionsminderungen bei der Synthese von N-Düngern wären ggf. durch weiteren technischen Fortschritt möglich. Anhand der Sensitivitätsanalyse der Treibhausgasbilanzen wurde ermittelt, dass beim niedrigsten Emissionsfaktor ein flächenbezogenes CO_2-Minderungspotenzial von rund 280 kg ha^{-1} für die konventionellen Pflanzenbausysteme bestehen würde. Ein zunehmender Import von Ammoniak (Stickstoffdüngerproduktion) aus Ländern mit veralteten und kohlebasierten Produktionstechnologien würde den Einsatz des höchsten Emissionsfaktors rechtfertigen und die flächenbezogenen CO_2-Äq.-Emissionen der konventionellen Pflanzenbausysteme um rund 330 kg ha^{-1} steigern. Produktbezogen würde das CO_2-Äq.-Minderungspotenzial bei 32 kg t^{-1} GE und das CO_2-Äq.-Mehrungspotenzial bei nahezu 40 kg t^{-1} GE liegen.
- Die Nutzung von Biodiesel hätte ein flächenbezogenes CO_2-Minderungspotenzial von 280 kg ha^{-1} für ökologische und konventionelle Systeme gleichermaßen zur Folge.
- Eine nachhaltige Ausweitung des Ökologischen Landbaus würde, selbst ohne Rücksicht auf den biogenen Bodenkohlenstoff (C-Sequestrierung) das größte CO_2-Minderungspotenzial bedeuten.
- Die Berücksichtigung des Bodenkohlenstoffs (mit C-Sequestrierung) hatte bei einer Anrechnung in der THG-Bilanz einen erheblichen Einfluss auf die Höhe der Gesamtemissionen der untersuchten Pflanzenbausysteme. Unter Anrechnung der C-Sequestrierung lagen die CO_2-Äq.-Emissionen von zwei ökologischen Pflanzenbausystemen sogar unterhalb von 0 t ha^{-1} a^{-1} (Netto CO_2-Senken). Die potenziellen CO_2-Äq.-Emissionen der

konventionellen Pflanzenbausysteme blieben durch die Anrechnung von Bodenkohlenstoffveränderungen nahezu unverändert (> 2,5 t ha^{-1} a^{-1}).

6.4 Methodendiskussion

Wesentliche methodische Grundlagen der Energie-, Treibhausgas- und Ökobilanzierung sind seit Jahrzehnten etabliert; sie müssen unter Berücksichtigung neuester wissenschaftlicher Erkenntnisse angepasst werden.

- Die Wahl des Referenzsystems hatte methodisch einen hohen Einfluss auf die Bewertung des Flächenbedarfs, die Energieeffizienz und die produktbezogenen Treibhausgasemissionen der Pflanzenbausysteme. Die Referenzwerte und Referenzsysteme müssen künftig noch besser begründet werden indem z. B. die Ertragsleistungen der regionalen Pflanzenbausysteme berücksichtigt werden.
- Der Anbau von Luzerne-Kleegras oder vergleichbarer Saatmischungen erfolgt derzeit vorwiegend in ökologischen Pflanzenbausystemen. Eine Bewertung dieser Biomasse mit Getreideeinheiten entspricht nicht den realen Ertragsleistungen; ein einheitliches[96] Vorgehen zur situativen Anpassung des GE-Faktors für Luzerne-Kleegras ist daher erforderlich, jedoch aktuell nicht etabliert. Generell besteht weiterer Forschungsbedarf bezüglich der Entwicklung eines einheitlichen Bewertungsmaßstabs, der die Produktivität ökologischer und konventioneller Pflanzenbausysteme berücksichtigt.
- Die Sensitivitätsanalyse ergab, dass der Faktor für die N$_2$O-Emissionen die Emissionshöhe der Basisvariante verdoppeln könnte, da die Abschätzung der Lachgasemissionen mit hohen Unsicherheiten behaftet ist. Eine Differenzierung nach Standortbedingungen und der Bindungsform des zugeführten Stickstoffs ist bei der Berechnung der Lachgasemissionen international noch nicht etabliert.

Um die Effekte ökologischer und konventioneller Pflanzenbausysteme weiter abzusichern, werden in künftigen Untersuchungen und Messungen im Systemversuch Viehhausen die berechneten Emissionspotenziale, vor allem die Lachgasemissionen und die Bodenkohlenstoffveränderungen, weiter überprüft. Ebenso würden gleiche oder ähnliche Versuchskonzepte an weiteren Standorten den vorliegenden Vergleich von Pflanzenbausystemen ergänzen. Ein Systemvergleich auf gesamtbetrieblicher Ebene (inkl. Leistungen und Umweltwirkungen der Tierhaltung bzw. einer Biogasanalage) erfordert zusätzliche Modellierungen der entsprechenden Systemkomponenten.

Abschließend wurden die Pflanzenbausysteme anhand von acht Indikatoren einer dimensionslosen Gesamtbewertung unterzogen. Den höchsten Punktestand (Gesamtscore) erzielte das ökologische Milchviehstallmistsystem. Das ökologische Marktfruchtsystem erzielte einen vergleichbaren Gesamtscore wie das konventionelle Milchviehgüllesystem, obwohl die Ertragsleistungen dieser Systeme am weitesten auseinanderlagen. Die Bewertungsergebnisse

---

[96] Für die vorliegende Arbeit wurden niedrigste GE-Faktoren zwecks Berechnung eines unumstrittenen Mindestertrags der ökologischen Fruchtfolgen verwendet.

zeigen Möglichkeiten zur nachhaltigen Intensivierung ökologischer und konventioneller Pflanzenbausysteme auf.

7 Summary

The effects of agricultural production systems on plants, soils and the environment are statistically hardly possible to secure due to a number of variable factors of influence (site, machines and equipment, operational management etc.). Nevertheless, these effects need urgently to be addressed because of climate change, since the conflicts of utilization of natural resources (land, biodiversity, etc.) and sustainability requirements have been increasing.

The farming systems trial based in Viehhausen (Bavaria, Southern Germany) was first established there in 2009 at the test station of the Technical University of Munich. The overall aim of this long-term field experiment is the analysis of long-term effects of four organic and two conventional plant production systems on the crop yield, the soils and the environment. In comparison to field experiments with similar aims, the farming systems trial Viehhausen makes a distinction by practically oriented fertilization (no fertilization steps) and typical crop rotations for each system (planting different crops and partly different winter wheat breeds). Besides crop rotation and nutrient supply (green manure, organic fertilizers, mineral fertilizers), further differentiation factors of the trial variants are the use of biomass and the application of plant protection agents.

In this study, the crop yields of organic and conventional plant production systems were analyzed based on field-experimental results of the farming systems trial Viehhausen. Based on the measured yield ratio, the differences between plant production systems were examined regarding their energy efficiency and their (product related) climate protection potential. Therefore, comparable model farms with mechanized working methods were adopted, and a process analysis with the software REPRO was carried out. Besides the comparison of differences between the organic and conventional systems, the differentiation within these groups also stood in focus.

7.1 Yield achievements

The yields of the organic and conventional plant production systems indicated significant differences:

- The lowest yield was observed in the organic cash crop system (öMF), in all three functional units (dry matter, grain units, gigajoule). This was linked to the biomass use of alfalfa-clover grass as green manure (unharvested biomass on 20 % of the area under cultivation). Compared with other organic plant production systems, the yields of the remaining crops of the öMF system were also often significantly lower due to the inefficient nutrient supply from green manure.
- The organic biogas system (öBiG) achieved a significantly higher crop rotation yield, corresponding to the yield level of the organic milk cattle system using liquid manure (öMiG). This higher yield achievement resulted, on the one hand, from the biomass use of alfalfa-clover grass as feed, and on the other hand, from the significantly higher yields of remaining crops as a result of a better nutrient supply by fertilization of biogas digestates.

Consequently, an interaction of an organic cash crop system with biogas production systems could be an attractive possibility for a sustainable intensification of such farming systems.
- The average yield ratio in grain units (with by-products) based on the yields of the conventional milk cattle system (reference system kMiG = 1.00) amounted to 0.33 in the organic cash crop system (öMF), 0.59 in the organic biogas system (öBiG), 0.64 in the organic liquid manure system (öMiG) and to 0.70 in the organic stable manure system (öMiSt). The highest yield ratio of 0.85 was achieved by the conventional cash crop system (kMF).
- The absolute yield height (in grain units) of the organic plant production systems was mostly above the average productiveness of agricultural areas in Germany. This indicates potential yield increase under the conditions of organic plant production systems.
- In the literature, mostly based on yield ratios for winter wheat, it is often stated that organic farming would need more land (Factor: 2) to produce a defined amount of products; several meta-analyses have shown that the average yield ratio is 75 % (Factor: 1.33) worldwide.

Nevertheless, the results of this study show that yield ratios were highly dependent on the design of crop rotations and plant production systems. Compared with the conventional milk cattle system (kMiG), the organic cash crop system (öMF) had even a triple land need (Factor: 3). The land need of the organic milk cattle system (öMiSt) was clearly more favorable at a Factor of 1.49. In any case, a conventional cash crop system (kMF) would also need, on average, 19% of additional land (Factor: 1.19), compared to the kMiG system.

7.2 Energy balance and efficiency

The energy balance of the plant production systems results from a process analysis using the software REPRO. Comparable model farms were assumed to simulate agricultural producing processes with the use of typical mechanization. The direct application of fossil energy (diesel) and the indirect energy application (preparatory areas of inputs and machines) were considered as energy input. The energy output of the plant production systems was the energy contained in the harvested biomass (calorific value). The ratio between energy input and energy output indicates the energy efficiency.–This indicator was used to characterize the plant production systems inter alia in the overall rating.

The energy efficiency of the organic plant production systems, except for the organic cash crop system, was significantly higher than in conventional plant production systems:

- Concerning the functional unit GJ (calorific value of the main products), the plant production systems achieved an average yield ratio (in relation to the energetic yield of the conventional milk cattle system kMiG, reference system = 1.00) of 0.85 in organic stable manure system (öMiSt), 0.82 in conventional cash crop system (kMF), 0.81 in organic milk cattle system with liquid manure (öMiG) and 0.73 in organic biogas system (öBiG). The organic cash crop system (öMF) had the lowest yield ratio of 0.32.

Taking into consideration the energy output included in by-product yields (straw), the organic stable manure system (öMiSt) had a yield ratio of 1.06.
- Significant effects on the yield, the energy input, and consequently, on the energy efficiency could be observed in winter wheat due to the cultivation conditions, the nutrient supply and the crop rotation (influence of previous crops). The organic biogas system (öBiG) had produced winter wheat with the highest energy efficiency. In contrast, the conventional cash crop system had the lowest energy efficiency in the field with winter wheat after maize (used as corn).
- The energy input of the conventional plant production systems was significantly higher (from 11.5 to 12.6 ha^{-1} GJ) on account of the application of mineral fertilizers and plant protection agents than the energy input of the organic systems (from 4.7 to 6.9 ha^{-1} GJ).
- In spite of the lowest energy input needed in the organic cash crop system, the energy efficiency of this system was just 12.1 GJ GJ^{-1}, and therefore, not different to the energy efficiency of the conventional systems (kMiG: 15.9 and kMF: 11.8).
- The highest energy efficiency of 28.1 GJ GJ^{-1} was achieved by the organic stable manure system (öMiSt). When by-products were not considered, the highest energy efficiency (23.1 GJ GJ^{-1}) was achieved by the organic milk cattle system with liquid manure (öMiG). But even then, the differences between the two systems were not significant: 22.7 GJ GJ^{-1} (öMiSt); 21,1 GJ GJ^{-1} organic biogas system (öBiG). A significant difference exists between the three systems above and the remaining systems organic cash crop system (öMF) and the conventional systems (kMF, kMiG).
- The energy efficiency of the organic cash crop system could be twice as high if it would interact with biogas production systems (öMF vs. öBiG).

7.3   Greenhouse gas emissions and C-Sequestration

The area-related and product-related greenhouse gas (GHG) emissions of the plant production systems are affected by the yield achievements ascertained in the farming systems trial Viehhausen as well as by the nutrient cycles specific for each system and by their energy balances. In addition, the effect of the plant production systems on the soil organic carbon (C_{org}) was estimated based on humus balances and was taken into account in an additional variant of the GHG-balance (with C-Sequestration). The product-related greenhouse gas emissions were calculated in the GHG-balance variants with and without C-Sequestration (soil organic carbon).

The plant production systems showed significant differences in their potential to emit greenhouse gases as well as their possibility to compensate their emissions by increasing the soil organic carbon stocks (C-Sequestration) within the farm system:

- The nitrous oxide emissions were calculated according to IPCC (2006) depending on the nitrogen amounts used in each system. The estimated emissions of the compared systems varied from 1.65 to 4.95 kg N_2O ha^{-1} a^{-1}. This corresponds to annual field emissions (CO_2 eq.) between 0.491 and 1.475 t ha^{-1} a^{-1}. The emissions (CO_2 eq.) for the production and combustion of diesel varied from 0.386 to 0.464 t ha^{-1} a^{-1}.

- The area-related greenhouse gas emissions (CO_2-eq. without C-Sequestration) of the conventional plant production systems were each above 2.6 t ha^{-1} a^{-1}. The greenhouse gas emissions of the organic plant production systems were in comparison below 1.65 t CO_2 eq. ha^{-1} a^{-1}.
- The product-related greenhouse gas emissions (CO_2 eq.) of the organic systems (without C-Sequestration) amounted, on average, to 230 kg t^{-1} GE [grain units] and to 12 kg GJ^{-1}, respectively. On average, these emissions (CO_2 eq.) of the conventional systems have been higher: 328 kg t^{-1} GE and 19 kg GJ^{-1}, respectively.
- The results of humus balances had shown a negative humus balance for the conventional milk cattle system (kMiG). In this case, a reduction of soil organic carbon stock is expected to appear in the long run for this plant production system. Remaining plant production systems had positive humus balances. This indicates an enlargement of soil organic stocks (C-Sequestration). The humus balances of the plant production systems were between -84 and 455 kg C ha^{-1} depending on the crop rotation, the fertilization, the yield height and the yield use.
- The consideration of the soil organic carbon additionally strengthened the differences between the organic and conventional plant production systems described above.
- Concluded, the biggest potential decrease of greenhouse gas emissions results from the sequestration of soil organic carbon. Those plant production systems with a positive humus balance would thereby have a CO_2 eq. compensation potential ranging from 74 to 1667 kg ha^{-1}. In the case of the plant production system kMiG, the soil organic carbon would become an additional source of greenhouse gas emissions due to the negative humus balance. If this source would be taken into account, the total CO_2 eq. emissions of this system would increase by approx. 370 kg ha^{-1}.
- Possibly technical progress could improve the production of nitrogen fertilizers and reduce the correlated emissions of greenhouse gas emissions. A sensitivity analysis of the greenhouse gas balances had shown that in the case of the lowest emission scenario, the total emissions (area-related) of conventional systems could be reduced by about 280 kg CO_2 eq ha^{-1}. An increased import of ammonia from countries with outdated and coal-based production technologies would justify the application of the highest emission scenario. In this case, the area-related emissions (CO_2 eq.) of conventional plant production systems would increase by approx. 330 kg ha^{-1}. The product-related decrease potential would be 32 kg CO_2 eq. t^{-1} GE, and the increase potential would amount to approx. 40 kg CO_2 eq. t^{-1} GE.
- The use of biodiesel would cause a decrease potential of 280 kg CO_2 eq. ha^{-1} for organic and conventional plant production systems.
- A sustainable increase of organic farming would mean the biggest climate action even if soil organic carbon is not taken into account in the GHG-balance.
- The consideration of soil organic carbon (with C-sequestration) greatly influenced the results of greenhouse gas balances. Two organic plant production systems even had total CO_2 eq. emissions of below 0 t ha^{-1} a^{-1} (net CO_2 sink), when taking C-sequestration into account. In this case, the conventional plant production systems remained nearly unchanged when including soil organic carbon changes into the GHG balance. The CO_2 eq. emissions (with C-sequestration) of conventional systems remained above 2.5 t ha^{-1} a^{-1}.

7.4 Methodological discussion

The methodical bases of energy, greenhouse gas emissions and life cycle assessment were partially set up decades ago - nevertheless, they have to be adjusted to the most recent insights.

- The choice of the reference system methodically exerts a high influence on the area demand, the energy efficiency and the product-related greenhouse gas emissions of the plant production systems. Consequently, the reference systems have to be well-founded by taking the regional yield levels into account.
- The cultivation of alfalfa-clover grass or of similar mixtures occurs mainly in organic plant production systems. An evaluation of this biomass in grain units doesn't correlate to the real yields of such systems. A uniform procedure[97] for a context-dependent evaluation is required, but has not yet been available. Generally, further research is needed in order to develop common standards for productivity assessments of organic and conventional farming systems.
- The sensitivity analysis had shown that the total GHG emissions of the plant production systems could be twice as high as reported in the base variant of greenhouse gas balances, due to high uncertainties of estimated nitrous oxide emissions. An international methodical setting, which supports a differentiation between site-specific conditions and the form (reactivity) of the fertilized nitrogen is currently not available.

In order to secure the effects of organic and conventional plant production systems, further measurements at the farming system trial Viehhausen are required to examine the greenhouse gas emissions, especially the nitrous oxide emissions and the changes in soil organic carbon stocks. In addition, similar or comparable farming systems trials on further sites would supplement these analyses of the plant production systems. In order to compare complete farming systems (incl. achievements and environmental effects of a biogas plant or livestock), additional modelling of such system modules is required.

Finally, the plant production systems were evaluated dimensionless based on eight indicators. The highest total score was achieved by the organic stable manure system (öMiSt). The organic cash crop system (öMF) and the conventional milk cattle system (kMiG) achieved comparable scores, although these systems had shown the greatest yield differences. These results indicate potential for sustainable intensification of organic and conventional plant production systems.

---

[97] For such mixtures in this study, the lowest grain unit factor was used to calculate an undeniable yield achievement of organic crop rotations.

8 Literaturverzeichnis

4p1000 (2015): The "4 per 1000: soils for food security and climate" Initiative. Declaration of Intention for the formation of a "4 per 1000: soils for food security and climate" Consortium. Intiative launched by France on 1 December 2015 at the COP 21. CGIAR System Organization. URL: https://www.4p1000.org/sites/default/files/francais/declaration-intention-consortium-eng.pdf.

ACCT (Hg.) (2013): AgriClimateChangeTool (ACCT). Software. LIFE+ EU-Projekt. Bodensee Stiftung, Solagro, et al.

Bachinger, J.; Stein-Bachinger, K. (2004): Nährstoffmanagement im ökologischen Landbau. Ein Handbuch für Beratung und Praxis. Berechnungsgrundlagen, Faustzahlen, Schätzverfahren zur Erstellung von Nährstoffbilanzen. Handlungsempfehlungen zum effizienten Umgang mit innerbetrieblichen Nährstoffressourcen, insbesondere Stickstoff. Münster, Landwirtschaftsverl. (KTBL-Schriften, 423).

Barbieri, P.; Pellerin, S.; Seufert, V.; Nesme, T. (2019): Changes in crop rotations would impact food production in an organically farmed world.

Baudron, F.; Giller, K. E. (2014): Agriculture and nature. Trouble and strife? *Biological Conservation* 170, S. 232–245. DOI: 10.1016/j.biocon.2013.12.009.

Benoit, M.; Garnier, J.; Billen, G.; Tournebize, J.; Gréhan, E.; Mary, B. (2015): Nitrous oxide emissions and nitrate leaching in an organic and a conventional cropping system (Seine basin, France). *Agriculture, ecosystems & environment* 213, S. 131–141. DOI: 10.1016/j.agee.2015.07.030.

BioGrace (2013): Harmonised Calculations of Biofuel Greenhouse Gas Emissions in Europe. Software. Hg. v. John Neeft, Niederländisches Amt für Unternehmen (RVO), Nikolaus Ludwiczek, BIOENERGY 2020+ GmbH. URL: http://biograce.net/app/webroot/biograce2/content/bioenergyrelatedpolicies/report_com_2010_11, Abruf: 17.10.2013.

BMEL (2015): Statistisches Jahrbuch über Ernährung, Landwirtschaft und Forsten der Bundesrepublik Deutschland. 59. Jahrgang. Münster-Hiltrup, Landwirtschaftsverlag. Hg. v. Bundesministerium für Ernährung und Landwirtschaft (BMEL), 31.10.2015.

BMEL (2016): Ackerbohne, Erbse & Co. Die Eiweißpflanzenstrategie des Bundesministeriums für Ernährung und Landwirtschaft zur Förderung des Leguminosenanbaus in Deutschland. Berlin. Hg. v. Bundesministerium für Ernährung und Landwirtschaft (BMEL).

BMEL (2019): Ackerbaustrategie 2035 - Perspektiven für einen produktiven und vielfältigen Pflanzenbau. Diskussionspapier. Berlin. Hg. v. Bundesministerium für Ernährung und Landwirtschaft (BMEL).

BMU (2019): Klimaschutzplan 2050. Klimaschutzpolitische Grundsätze und Ziele der Bundesregierung. 2. Auflage. Berlin. Hg. v. Bundesministerium für Umwelt, Naturschutz und Reaktorsicherheit (BMU), Feb. 2019.

BMU; BMJV; BMEL (2016): Nationales Programm für nachhaltigen Konsum. 3. aktualisierte Auflage. Berlin. Hg. v. Bundesministerium für Umwelt, Naturschutz und nukleare Sicherheit (BMU), Bundesministerium der Justiz und für Verbraucherschutz (BMJV) und Bundesministerium für Ernährung und Landwirtschaft (BMEL), 24.02.2016.

BMWi (2015): Die Energie der Zukunft. Vierter Monitoring-Bericht zur Energiewende. Hg. v. Bundesministerium für Wirtschaft und Energie (BMWi). URL: http://www.bmwi.de/BMWi/Redaktion/PDF/V/vierter-monitoring-bericht-energie-der-zukunft,property=pdf,bereich=bmwi2012,sprache=de,rwb=true.pdf, Abruf: 04.02.2016.

Böswirth, T. (2017): Entwicklung und Anwendung eines Modells zur Energie- und Treibhausgasbilanzierung landwirtschaftlicher Biogassysteme. 1. Auflage. Berlin, Verlag Dr. Köster (Weihenstephaner Schriften Ökologischer Landbau und Pflanzenbausysteme, Band 6).

Bouwman, L.; Goldewijk, K. K.; van der Hoek, K. W.; Beusen, A. H. W.; van Vuuren, D. P.; Willems, J. et al. (2013): Exploring global changes in nitrogen and phosphorus cycles in agriculture induced by livestock production over the 1900-2050 period. *Proceedings of the National Academy of Sciences of the United States of America* 110 (52), S. 20882–20887. DOI: 10.1073/pnas.1012878108.

Brankatschk, G.; Finkbeiner, M. (2012): Allocation challenges in agricultural life cycle assessments and the Cereal Unit allocation procedure as potential solution. Technische Universität Berlin, Department of Environmental Technology, Chair of Sustainable Engineering. LCA Food 2012. Saint-Malo, France, 31.10.2012.

Brentrup, F.; Küsters, J. (2008): Energiebilanz der Erzeugung und Verwendung von mineralischen Düngemitteln. Stand und Perspektiven. In: KTBL (Hg.): Energieeffiziente Landwirtschaft (463), S. 56–64.

Brentrup, F.; Küsters, J.; Kuhlmann, H.; Lammel, J. (2004): Environmental impact assessment of agricultural production systems using the life cycle assessment methodology. *European Journal of Agronomy* 20 (3), S. 247–264. DOI: 10.1016/S1161-0301(03)00024-8.

Brock, C. (2009): Entwicklung einer praxisanwendbaren Methode der Humusbilanzierung im ökologischen Landbau. BÖL, Bundesprogramm ökologischer Landbau. 1. Aufl. Berlin, Köster (Giessener Schriften zum ökologischen Landbau, Bd. 1).

Brock, C.; Franko, U.; Oberholzer, H.-R.; Kuka, K.; Leithold, G.; Kolbe, H.; Reinhold, J. (2013): Humus balancing in Central Europe-concepts, state of the art, and further challenges. *Journal of Plant Nutrition and Soil Science* 176 (1), S. 3–11. DOI: 10.1002/jpln.201200137.

Bryzinski, T. (2016a): Landwirtschaftliche Biogassubstraterzeugung. Ergebnisse des Systemversuchs Viehhausen. Abschnitt 4.2.1.1. In: TFZ (Hg.): ExpRessBio – Ergebnisse. Analyse und Bewertung ausgewählter ökologischer und ökonomischer Wirkungen von Produktsystemen aus land- und forstwirtschaftlichen Rohstoffen. Abschlussbericht – Langfassung. Straubing, 157–161.

Bryzinski, T. (2016b): Treibhausgasemissionen der Biogassubstrate in ökologischen und konventionellen Pflanzenbausystemen im Systemversuch Viehhausen. In: TFZ (Hg.): ExpRessBio – Ergebnisse. Analyse und Bewertung ausgewählter ökologischer und ökonomischer Wirkungen von Produktsystemen aus land- und forstwirtschaftlichen Rohstoffen. Abschlussbericht – Langfassung. Straubing, S. 179–184.

Bryzinski, T.; Hülsbergen, K.-J. (2015): Energiebilanzen und Erträge ökologischer und konventioneller Anbausysteme: erste Analyseergebnisse eines Dauerfeldversuchs in Süddeutschland. In: Anna Maria Häring, B. Hörning, R. Hoffmann-Bahnsen und H. Luley (Hg.): Am Mut hängt der Erfolg: Rückblicke und Ausblicke auf die ökologische Landbewirtschaftung. Beiträge zur 13. Wissenschaftstagung Ökologischer Landbau. Berlin: Köster Verlag.

Bystricky, M.; Alig, M.; Nemecek, T.; Gaillard, G. (2015): Ökobilanz ausgewählter Schweizer Landwirtschaftsprodukte im Vergleich zum Import. 2. Auflage. Zürich. Agroscope (Agroscope Science Nr. 2).

Bystricky, M.; Weber-Blaschke, G. (2009): Die Nutzenkorbmethode als Ansatz zum Vergleich der Strom-, Wärme- und Krafstoffproduktion aus Energiepflanzen. In: Silke Feifel (Hg.): Ökobilanzierung 2009 - Ansätze und Weiterentwicklungen zur Operationalisierung von Nachhaltigkeit. Tagungsband Ökobilanz-Werkstatt 2009, Campus Weihenstephan, Freising, 5. bis 7. Oktober 2009. Karlsruhe: KIT Scientific Publishing, S. 105–112.

Carvajal, M.; Mota, C.; Alcaraz-López, C.; Iglesias, M.; Martinez-Ballesta, M. C. (2010): Untersuchung über die CO_2-Aufnahme durch die wichtigsten Anbaupflanzen der Region Murcia. Espinardo, Spain. Consejo Superior de Investigaciones Cientificas (CSIC), Departamento de Nutrición Vegetal.

Castell, A.; Eckl, T.; Schmidt, M.; Beck, R.; Heiles, E.; Salzeder, G.; Urbatzka, P. (2016): Fruchtfolgen im ökologischen Landbau. Pflanzenbaulicher Systemvergleich in Viehhausen und Puch. Zwischenbericht über die Jahre 2005-2013. 3. für das Internet korrigierte Auflage. Freising. Hg. v. Bayerische Landesanstalt für Landwirtschaft (LfL). Institut für Ökologischen Landbau, Bodenkultur und Ressourcenschutz.

Christen, O.; Hövelmann, L.; Hülsbergen, K.-J.; et al. (Hg.) (2009): Nachhaltige landwirtschaftliche Produktion in der Wertschöpfungskette Lebensmittel. Berlin, Erich Schmidt Verlag (Initiativen zum Umweltschutz, Band 78).

Clark, M.; Tilman, D. (2017): Comparative analysis of environmental impacts of agricultural production systems, agricultural input efficiency, and food choice. *Environmental Research Letters* 12 (6). DOI: 10.1088/1748-9326/aa6cd5.

Colomb, V.; Touchemoulin, O.; Bockel, L.; Chotte, J.-L.; Martin, S.; Tinlot, M.; Bernoux, M. (2013): Selection of appropriate calculators for landscape-scale greenhouse gas assessment for agriculture and forestry. *Environmental Research Letters* 8 (1), S. 15029. DOI: 10.1088/1748-9326/8/1/015029.

Connor, D. J. (2008): Organic agriculture cannot feed the world. *Field Crops Research* 106 (2), S. 187–190. DOI: 10.1016/j.fcr.2007.11.010.

Connor, D. J. (2013): Organically grown crops do not a cropping system make and nor can organic agriculture nearly feed the world. *Field Crops Research* 144, S. 145–147. DOI: 10.1016/j.fcr.2012.12.013.

Cool Farm Tool (2011): A farm-focused calculator for emissions from crop and livestock production. Hg. v. Cool Farm Tool (9), S. 1070–1078. DOI: 10.1016/j.envsoft.2011.03.014.

Cooper, J. M.; Butler, G.; Leifert, C. (2011): Life cycle analysis of greenhouse gas emissions from organic and conventional food production systems, with and without bio-energy options. *NJAS - Wageningen Journal of Life Sciences* 58 (3-4), S. 185–192. DOI: 10.1016/j.njas.2011.05.002.

Cunningham, S. A.; Attwood, S. J.; Bawa, K. S.; Benton, T. G.; Broadhurst, L. M.; Didham, R. K. et al. (2013): To close the yield-gap while saving biodiversity will require multiple locally relevant strategies. *Agriculture, ecosystems & environment* 173, S. 20–27. DOI: 10.1016/j.agee.2013.04.007.

Davis, J.; Haglund (1999): Life Cycle Inventory (LCI) of Fertiliser Production. Fertiliser Products Used in Sweden and Wester Europe. Göteborg (SIK Rapport. 654).

DeLonge, M. S.; Miles, A.; Carlisle, L. (2016): Investing in the transition to sustainable agriculture. *Environmental Science & Policy* 55, S. 266–273. DOI: 10.1016/j.envsci.2015.09.013.

Destatis (2013): Produzierendes Gewerbe. Düngemittelversorgung. Wirtschaftsjahr 2012/2013. Fachserie 4 Reihe 8.2. Hg. v. Statistisches Bundesamt (Destatis).

Destatis (2016a): Bodenfläche nach Nutzungsarten (2004-2015). Wirtschaftsbereiche. Hg. v. Statistisches Bundesamt (Destatis), 18.11.2016.

Destatis (2016b): Landwirtschaftliche Betriebe. Betriebsgrößenstruktur landwirtschaftlicher Betriebe nach Bundesländern (2010-2015). Wirtschaftsbereiche. Hg. v. Statistisches Bundesamt (Destatis), 16.12.2016.

Dia'terre (2013): National Software and database. In: ACCT (Hg.): AgriClimateChangeTool (ACCT). Software. LIFE+ EU-Projekt.

Don, A. (2018): Humus in der Landwirtschaft und seine Rolle für den Klimaschutz. Vortrag. Thünen Institut. Hochschultagung Fachbereich 09. Justus-Liebig-Universität. Gießen, 07.12.2018.

Don, A. (2019): Humusaufbau für den Klimaschutz - Ergebnisse einer Tagung zum Bodenkohlenstoff. Thünen Institut. Braunschweig. URL: https://www.bmel.de/DE/Landwirtschaft/Pflanzenbau/Boden/_Texte/HumusaufbaufuerdenKlimaschutz.html, Abruf: 18.08.2019.

Dudley, N.; Alexander, S. (2017): Agriculture and biodiversity. A review. *Biodiversity* 18 (2-3), S. 45–49. DOI: 10.1080/14888386.2017.1351892.

Eberle, U. (2001): Das Nachhaltigkeitszeichen: ein Instrument zur Umsetzung einer nachhaltigen Entwicklung? Dissertation. Justus-Liebig-Universität, Gießen.

European Commission (Hg.) (2012): The International reference Life Cycle Data system (ILCD) handbook. Towards more sustainable production and consumption for a resource-efficient Europe. European Commission Joint Research Centre, Intitute for Environmant and Sustainability (JRC IES). Inspra, Italy, Publications Office of the European Union (EUR - Scientific and Technical Research series, EUR24982 EN).

FAO (2013): Climate-Smart Agriculture Sourcebook. Rome: Food and Agriculture Organization of the United Nations (FAO).

FAO (2014): SAFA guidelines. Sustainability assessment of food and agriculture systems. Version 3.0. Rome, Food and Agriculture Organization of the United Nations (FAO).

FAO (2017): Review of available GHG tools in agriculture. Multi-criteria GHG tool selector. IRD. Food and Agriculture Organization of the United Nations (FAO). URL: http://www.fao.org/tc/exact/review-of-ghg-tools-in-agriculture/en/, Abruf: 29.06.2019.

Fertilizers Europe (Hg.) (2014): Energy efficiency and greenhouse gas emissions in european nitrogen fertiliser production and use. Reproduced and updated by kind permission of the International Fertiliser Society from its Proceedings 639 (2008).

FiBL (Hg.) (2013): Nachhaltige Biogaserzeugung. Ein Handbuch für Biolandwirte. Forschungsinstitut für biologischen Landbau (FiBL).

FiBL (2016): DOK-Versuch. Weltweit bedeutendster Langzeit-Feldversuch zum Vergleich biologischer und konventioneller Anbausysteme. Unter Mitarbeit von Mäder, P., Fliessbach, A. Forschungsinstitut für biologischen Landbau (FiBL). URL: http://www.fibl.org/de/schweiz/forschung/bodenwissenschaften/bw-projekte/vergleich-biologischer-und-konventioneller-anbausysteme.html#c25276, Abruf: 11.01.2016.

FiBL; Bio Suisse (2016): Hintergrund DOK. Foliensammlung. Forschungsinstitut für biologischen Landbau (FiBL); Bio Suisse.

FiBL; Ecovia Intelligence (2019): Organic Agriculture: Key indicators and Top Countries. Statistics > Key Indicators. In: Helga Willer und Lernoud Julia (Hg.): The World of Organic Agriculture. Statistics and Emerging Trends 2019. Frick, Bonn: FiBL; IFOAM-Organics international.

Flessa, H. (2013): Treibhausgasemissionen der Landwirtschaft. Bedeutung und Möglichkeiten zur Emissionsminderung. In: Thünen Institut (Hg.): Klimawirkungen und Nachhaltigkeit ökologischer und konventioneller Pilotbetriebe in Deutschland. Wissenschaftliche Tagung. Braunschweig, 27.02.2013. Thünen Institut, S. 1–3.

FNR (2013): Energiepflanzen für Biogasanlagen - Baden Württemberg. Rostock. Fachagentur Nachwachsende Rohstoffe e. V. (FNR) (Bestell-Nr. 622).

Fox, J.; Bouchet-Valat, M. (2017): Using the R Commander: A Point-and-Click Interface for R. URL: http://socserv.socsci.mcmaster.ca/jfox/Misc/Rcmdr/, Abruf: 12.02.2017.

Francksen, T.; Gubi, G.; Latacz-Lohmann, U. (2007): Empirische Untersuchungen zum optimalen Spezialisierungsgrad ökologisch wirtschaftender Marktfruchtbetriebe. Christian-Albrechts-Universität zu Kiel. *Agrarwirtschaft 56* (Heft 4).

Frank, H. (2014): Entwicklung und Anwendung eines Modells zur Energie- und Treibhausgasbilanzierung landwirtschaftlicher Betriebssysteme mit Milchviehhaltung. 1. Aufl. Berlin, Köster (Weihenstephaner Schriften Ökologischer Landbau und Pflanzenbausysteme, 2).

Frank, H.; Schmid, H.; Hülsbergen, K.-J. (2015): Energie- und Treibhausgasbilanz der Milchviehhaltung – Untersuchungen im Netzwerk der Pilotbetriebe. In: K.-J. Hülsbergen und G. Rahmann (Hg.): Klimawirkungen und Nachhaltigkeit ökologischer und konventioneller Betriebssysteme - Untersuchungen in einem Netzwerk von Pilotbetrieben. Forschungsergebnisse 2013 - 2014. Braunschweig (Thünen Report, 29).

Franko, U.; Kolbe, H.; Thiel, E.; Ließ, E. (2011): Multi-site validation of a soil organic matter model for arable fields based on generally available input data. *Geoderma* 166 (1), S. 119–134. DOI: 10.1016/j.geoderma.2011.07.019.

Franko, U.; Merbach, I.; Schulz, E. (2018): Prediction of SOC accumulation for high input rates of organic matter -is there a limit? In: Axel Don, Christopher Poeplau und Heinz Flessa (Hg.): Soil organic matter management in agriculture - Assessing the potential of the 4per1000 initiative. International Symposium 29.-30. May 2018. Book of abstracts. Braunschweig.

Franko, U.; Oelschlägel, B.; Schenk, S. (1995): Simulation of temperature-, water- and nitrogen dynamics using the model CANDY. *Ecological Modelling* 81 (1-3), S. 213–222. DOI: 10.1016/0304-3800(94)00172-E.

Fuß, R. (2013): Treibhausgasflüsse in Kleegras- und Weizensystemen. In: Thünen Institut (Hg.): Klimawirkungen und Nachhaltigkeit ökologischer und konventioneller Pilotbetriebe in Deutschland. Wissenschaftliche Tagung. Braunschweig, 27.02.2013. Thünen Institut.

Gabriel, D.; Sait, S. M.; Kunin, W. E.; Benton, T. G.; Steffan-Dewenter, I. (2013): Food production vs. biodiversity. Comparing organic and conventional agriculture. *Journal of Applied Ecology* 50 (2), S. 355–364. DOI: 10.1111/1365-2664.12035.

Gaßner, M. P. (2014): Ammoniak- und Lachgasemissionen nach Anwendung von Kalkammonsalpeter und Harnstoff in Kombination mit Urease- und Nitrifikationsinhibitoren bei Weizen. Dissertation. Technische Universität München, Weihenstephan.

Gattinger, A.; Muller, A.; Haeni, M.; Skinner, C.; Fliessbach, A.; Buchmann, N. et al. (2012): Enhanced top soil carbon stocks under organic farming. *Proceedings of the National Academy of Sciences of the United States of America* 109 (44), S. 18226–18231. DOI: 10.1073/pnas.1209429109.

Genesis Datenbank (2017): Ernte- und Betriebsberichterstattung. Landkreis Freising. Bayerisches Landesamt für Statistik. URL: https://www.statistikdaten.bayern.de/genesis/online/data;jsessionid=2155786934122A7BD7FD0AFD33B34A17?operation=statistikenVerzeichnis, Abruf: 26.06.2017.

Gliessman, S. R. (2014): Agroecology, CRC Press. DOI: 10.1201/b17881.

Gödecke, R.; Cramer, E.; Deisenroth, G.-T. (2016): Bekämpfung von Ungräsern im Getreide. Pflanzenschutzdienst Hessen - Regierungspräsidium Giessen; Landesbetrieb Landwirtschaft Hessen (LLH). 25. Thüringer Düngungs- und Pflanzenschutztagung, 25.11.2016.

Gómez, I. C.; Corbalán, T. C.; Cárdenas, R. G.; Cassado, C. R.; Navarro, Luisa Messa del Castillo; Jumilla, F. V. (2010): LESSCO2 - Institutionelle Initiative für mehr Verantwortung. Die murcianische Landwirtschaft als CO_2-Senke.

Griggs, D.; Stafford-Smith, M.; Gaffney, O.; Rockstrom, J.; Ohman, M. C.; Shyamsundar, P. et al. (2013): Policy: Sustainable development goals for people and planet. *Nature* 495 (7441), S. 305–307. DOI: 10.1038/495305a.

Groenigen, J. W. van; Velthof, G. L.; Oenema, O.; van Groenigen, K. J.; van Kessel, C. (2010): Towards an agronomic assessment of N2O emissions. A case study for arable crops. *European Journal of Soil Science* 61 (6), S. 903–913. DOI: 10.1111/j.1365-2389.2009.01217.x.

Haenel, H.-D.; Rösemann, C.; Dämmgen, U.; Freibauer, A.; Döring, U.; Wulf, S. et al. (2016): Calculations of gaseous and particulate emissions from German agriculture 1990 - 2014. Report on methods and data (RMD) submission 2016. Braunschweig, Johann Heinrich von Thünen-Institut (Thünen Report, 39). DOI: 10.3220/REP1457617297000.

Hagemann, U.; Jurisch, N.; Fiedler, S. R.; Augustin, J. (2015): Analyse der Bedeutung von Fruchtart, Witterung, Standort und Gärrest-Düngung für den Ökosystem-CO_2-Austausch von Energiepflanzen. Jahrestagung der Deutschen Bodenkundlichen Gesellschaft. München, 05.09.2015.

Hamm, U.; Häring, A. M.; Hülsbergen, K.-J.; Isermeyer, F.; Lange, S.; Niggli, U. et al. (2017): Research strategy of the German Agricultural Research Alliance (DAFA) for the development of the organic farming and food sector in Germany. *Organic Agriculture* 7 (3), S. 225–242. DOI: 10.1007/s13165-017-0187-5.

Häni, F. J.; Braga, F.; Stämpfli, A.; Keller, T.; Fischer, M.; Porsche, H. (2003): RISE, a Tool for Holistic Sustainability Assessment at the Farm Level (International Food and Agribusiness Management Review, Volume 6, Number 4). Swiss College of Agriculture (SCA), University of Applied Sciences Bern; University of Guelph, Ontario, Canada.

Hardi, M. (2003): Methodenentwicklung für nachhaltige Energie- und Emissionsminderungsstrategien auf der Grundlage von Lebenszyklusanalysen. Dissertation. Technische Universität München, München.

Herndl, M.; Baumgartner, D. U.; Guggenberger, T.; Bystricky, M.; Gaillard, G.; Lansche, J. et al. (2016): Einzelbetriebliche Ökobilanzierung landwirtschaftlicher Betriebe in Österreich. Abschlussbericht. HBLFA Raumberg-Gumpenstein; Agroscope.

Hesse, J.; Hövelmann, L.; Packeiser, M.; Schmitz, M.; Sievers, S.; Westrup, U. (2016): Nachhaltigkeitsbericht 2016. Hg. v. DLG. Deutsche Landwirtschafts-Gesellschaft (DLG), 03.02.2016.

Heuwinkel, H. (2007): Synchronisation der N-Mineralisierung aus Mulch mit der N-Aufnahme von Freilandgemüse durch optimiertes Management einer Leguminosengründüngung. Gefördert vom Bundesministerium für Ernährung, Landwirtschaft und Verbraucherschutz im Rahmen des Bundesprogramms Ökologischer Landbau und andere Formen nachhaltiger Landwirtschaft (BÖLN). Abschlussbericht. Freising. Technische Universität München, 2007.

Heuwinkel, H.; Gutser, R.; Schmidthalter, U. (2005): Auswirkung einer Mulch- statt Schnittnutzung von Kleegras auf die N-Flüsse in einer Fruchtfolge. In: Bayerische Landesanstalt für Landwirtschaft (LfL) (Hg.): Forschung für den ökologischen Landbau. Ökolandbautag am 16.02.2005 in Weihenstephan., S. 71–79.

Heyer, W.; Reinicke, F.; Christen, O. (2009): Analyse natürlicher Regelprozesse im Vergleich ökologischer und integrierter Betriebssysteme – Ergebnisse aus dem Systemversuch Bad Lauchstädt. In: GPW (Hg.): Mitteilungen der Gesellschaft für Pflanzenbauwissenschaften. Pflanzenbauwissenschaften - Systembezug und Modellierung. Band 21. Göttingen: Liddy Halm.

Heyland, K.-U.; Solansky, S. (1979): Energieeinsatz und Energieumsetzung im Bereich der Pflanzenproduktion. In: Agrarwirtschaft und Energie. Vortragstagung vom November 1978 in München, Parey.

Hirschfeld, J. (2008): Klimawirkungen der Landwirtschaft in Deutschland. Berlin, IÖW.

Hülsbergen, K.-J. (2003): Entwicklung und Anwendung eines Bilanzierungsmodells zur Bewertung der Nachhaltigkeit landwirtschaftlicher Systeme. Berichte aus der Agrarwirtschaft, Shaker Verlag, Aachen.

Hülsbergen, K.-J. (2007): Einleitung. In: K.-J. Hülsbergen (Hg.): Bewertung ökologischer Betriebssysteme. Bodenfruchtbarkeit, Stoffkreisläufe, Biodiversität. Beiträge zum KTBL-Fachgespräch "Systembewertung im Ökologischen Landbau" vom 14. bis 15. April 2005 in Freising. Darmstadt: KTBL, S. 9–12.

Hülsbergen, K.-J. (2008): Energiebilanzen und klimarelevante Emissionen ökologischer und konventioneller Anbausysteme. In: Bundesarbeitskreis Düngung (BAD) (Hg.): Klimawandel und Bioenergie - Pflanzenproduktion im Spannungsfeld zwischen politischen Vorgaben und ökonomischen Rahmenbedingungen. Tagung des Verbandes der Landwirtschaftskammern e. V. (VLK) und des Bundesarbeitskreises Düngung (BAD) am 22. und 23. April 2008 in Würzburg, S. 65–90.

Hülsbergen, K.-J.; Diepenbrock, W. (Hg.) (2000): Die Entwicklung von Fauna, Flora und Boden nach Umstellung auf ökologischen Landbau. Untersuchung auf einem mitteldeutschen Trockenlößstandort. Deutsche Wildtier Stiftung; Martin-Luther-Universität. Halle (UZU-Schriftenreihe, N.F., 3, Sonderband).

Hülsbergen, K.-J.; Feil, B.; Biermann, S.; Rathke, G.-W.; Kalk, W.-D.; Diepenbrock, W. (2001): A method of energy balancing in crop production and its application in a long-term fertilizer trial. *Agriculture, ecosystems & environment* 86 (3), S. 303–321.

Hülsbergen, K.-J.; Küstermann, B. (2007): Klimaschutz durch Humusaufbau? *Lebendige Erde* (5), S. 16–18.

Hülsbergen, K.-J.; Maidl, X.; Reents, H. J.; Kainz, M.; Schmid, H.; Kimmelmann, S. (2012): Versuchskonzeption und Versuchsdurchführungsergebnisse. Technische Universität München. Versuchsdaten Viehhausen (Archiv des Lehrstuhls für Ökologischen Landbau und Pflanzenbausysteme).

Hülsbergen, K.-J.; Rahmann, G. (Hg.) (2013): Klimawirkungen und Nachhaltigkeit ökologischer und konventioneller Betriebssysteme - Untersuchungen in einem Netzwerk von Pilotbetrieben. Abschlussbericht. Projektlaufzeit: 15. November 2008 – 28. Februar 2013. Thünen Institut. Braunschweig (Thünen Report, 8).

Hülsbergen, K.-J.; Rahmann, G. (Hg.) (2015): Klimawirkungen und Nachhaltigkeit ökologischer und konventioneller Betriebssysteme - Untersuchungen in einem Netzwerk von Pilotbetrieben. Forschungsergebnisse 2013 - 2014. Thünen Institut. Braunschweig (Thünen Report, 29).

IPCC (2006): Guidelines for National Greenhouse Gas Inventories. Agriculture, Forestry and other Land Use. Chapter 11: N_2O Emissions from Managed Soils and CO_2 Emissions from Lime and Urea Application. Cambridge, Cambridge University Press. Intergovernmental Panel on Climate Change (IPCC).

IPCC (2007): Climate Change 2007. The physical science basis: Working group I contribution to the Fourth Assessment Report of the Intergovernmental Panel on Climate Change. Cambridge, Cambridge University Press.

ISO (2006a): Environmental management - Life cycle assessment. Principles and framework. Geneva. International Organization for Standardization (ISO) (EN ISO 14040).

ISO (2006b): Environmental management - Life cycle assessment. Requirements and guidelines. Geneva. International Organization for Standardization (ISO) (EN ISO 14044).

Jacobs, A.; Auburger, S.; Bahrs, E.; Brauer-Siebrecht, W.; Christen, O.; Götze, P. et al. (2016): Replacing silage maize for biogas production by sugar beet – A system analysis with ecological and economical approaches. *Agricultural Systems.* DOI: 10.1016/j.agsy.2016.10.004.

Jacobs, A.; Flessa, H.; Don, A.; Heidkamp, A.; Prietz, R.; Dechow, R. et al. (Hg.) (2018): Landwirtschaftlich genutzte Böden in Deutschland. Ergebnisse der Bodenzustandserhebung. Braunschweig, Germany, Johann Heinrich von Thünen-Institut (Thünen Report, 64).

Johnson, M. G.; Levine, E. R.; Kern, J. S. (1995): Soil organic matter: Distribution, genesis, and management to reduce greenhouse gas emissions. *Water, Air and Soil Pollution* 82 (3-4), S. 593–615. DOI: 10.1007/BF00479414.

Jones, M. R. (1989): Analysis of the use of energy in agriculture - Approaches and problems. *Agricultural Systems* 29 (4), S. 339–355. DOI: 10.1016/0308-521X(89)90096-6.

Kägi, T.; Freiermuth Knuchel, R.; Nemerecek, T.; Gaillard, G. (2007): Ökobilanz von Energieprodukten: Bewertung der landwirtschaftlichen Biomasse-Produktion. Hg. v. Eidgenössisches Volkswirtschaftsdepartement EVD. Forschungsanstalt Agroscope Reckenholz-Tänikon ART, 07.05.2007.

Kaiser, E.-A.; Ruser, R. (2000): Nitrous oxide emissions from arable soils in Germany — An evaluation of six long-term field experiments. *Journal of Plant Nutrition and Soil Science* 163 (3), S. 249–259.

Kalk, W.-D.; Hülsbergen, K.-J. (1996): Methodik zur Einbeziehung des indirekten Energieverbrauchs mit Investitionsgütern in Energiebilanzen von Landwirtschaftsbetrieben. (Kühn-Archiv 90.).

Kirchmann, H.; Kätterer, T.; Bergström, L.; Börjesson, G.; Bolinder, M. A. (2016): Flaws and criteria for design and evaluation of comparative organic and conventional cropping systems. *Field Crops Research* 186, S. 99–106. DOI: 10.1016/j.fcr.2015.11.006.

Klöpffer, W.; Grahl, B. (2009): Ökobilanz (LCA). Ein Leitfaden für Ausbildung und Beruf. Weinheim, Wiley-VCH.

Knittel, H.; Albert, E.; Ebertseder, T. (2012): Praxishandbuch Dünger und Düngung. 2. Aufl. [S.l.], Agrimedia (Themenbibliothek Pflanzenproduktion).

Knoke, T.; Paul, C.; Hildebrandt, P.; Calvas, B.; Castro, L. M.; Hartl, F. et al. (2016): Compositional diversity of rehabilitated tropical lands supports multiple ecosystem services and buffers uncertainties. *Nature communications* 7, S. 11877. DOI: 10.1038/ncomms11877.

Köhler, W.; Schachtel, G.; Voleske, P. (2007): Biostatistik. Eine Einführung für Biologen und Agrarwissenschaftler. Vierte, aktualisierte und erweiterte Auflage. Berlin, Heidelberg, Springer-Verlag.

Kolbe, H. (2010): Site-adjusted organic matter-balance method for use in arable farming systems. *Journal of Plant Nutrition and Soil Science* 173 (5), S. 678–691. DOI: 10.1002/jpln.200900175.

Kongshaug, G. (2014): Energy Consumption and Greenhouse Gas Emissions in Fertilizer Production. Marrakeck, Morocco (IFA Technical Conference, 28 September - 1 October 1998), 01.03.2014.

Körschens, M. (2010): Der organische Kohlenstoff im Boden (Corg) – Bedeutung, Bestimmung, Bewertung. Soil organic carbon (Corg) - importance, determination, evaluation. *Archives of Agronomy and Soil Science* 56 (4), S. 375–392. DOI: 10.1080/03650340903410246.

Kramer, K.J.; Moll, H.C.; Nonhebel, S. (1999): Total greenhouse gas emissions related to the Dutch crop production system. *Agriculture, ecosystems & environment* 72 (1), S. 9–16. DOI: 10.1016/S0167-8809(98)00158-3.

KTBL (Hg.) (2012): Betriebsplanung Landwirtschaft 2012/13. Daten für die Betriebsplanung in der Landwirtschaft. Kuratorium für Technik und Bauwesen in der Landwirtschaft e.V. (KTBL). 23. Aufl. Darmstadt.

KTBL (Hg.) (2016): Berechnungsstandard für einzelbetriebliche Klimabilanzen (BEK) in der Landwirtschaft. Kuratorium für Technik und Bauwesen in der Landwirtschaft e.V. (KTBL). Darmstadt.

Küstermann, B.; Christen, O.; Hülsbergen, K.-J. (2010): Modelling nitrogen cycles of farming systems as basis of site- and farm-specific nitrogen management. *Agriculture, ecosystems & environment* 135 (1-2), S. 70–80. DOI: 10.1016/j.agee.2009.08.014.

Küstermann, B.; Hülsbergen, K.-J. (2006): Modelling Carbon Cycles as Basis of an Emission Inventory in Farms – The Example of an Organic Farming System. Chair of Organic Farming, Technical University Munich (TUM).

Küstermann, B.; Kainz, M.; Hülsbergen, K.-J. (2008a): Modeling carbon cycles and estimation of greenhouse gas emissions from organic and conventional farming systems. *RAF* 23 (01). DOI: 10.1017/S1742170507002062.

Küstermann, B.; Munch, J. C.; Hülsbergen, K.-J. (2013): Effects of soil tillage and fertilization on resource efficiency and greenhouse gas emissions in a long-term field experiment in Southern Germany. *European Journal of Agronomy* 49, S. 61–73. DOI: 10.1016/j.eja.2013.02.012.

Küstermann, B.; Schmid, H.; Amon, H.; Hülsbergen, K.-J. (2008b): PC gestützte Analyse der Klimarelevanz landwirtschaftlicher Anbausysteme. In: Rolf A. E. Müller, Hans-H. Sundermeier, Ludwig Theuvsen, Stephanie Schütze und Marlies Morgenstern (Hg.): Unternehmens-IT: Führungsinstrument oder Verwaltungsbürde? Bonn, S. 87–90.

Küsters, J.; Jenssen, T. K. (1998): Selecting the Right Fertilizer from an Environmental Life Cycle Perspective. IFA Technical Conference, 28 September - 1 October 1998, Marrakech, Morocco. zit. nach: Wood, S. W.; Cowie, A. (2004): A review of greenhouse gas emission factors for fertiliser production. Hg. v. IEA. Bioenergy Task 38 (Government or Industry Research). URL: http://ecite.utas.edu.au/87108, Abruf: 15.01.2014.

Lal, R. (2004a): Carbon emission from farm operations. *Environment international* 30 (7), S. 981–990. DOI: 10.1016/j.envint.2004.03.005.

Lal, R. (2004b): Soil Carbon Sequestration Impacts on Global Climate Change and Food Security. *Science* 304 (5677), S. 1623–1627. DOI: 10.1126/science.1097396.

Leithold, G.; Becker, K.; Riffel, A.; Schulz, F.; Schmid-Eisert, A.; Brock, C. (2017): Stickstoff und Schwefel im ökologischen Landbau. Ratgeber für eine bessere Nährstoffversorgung von Ackerkulturen. 2. Auflage. Berlin, Verlag Dr. Köster (Giessener Schriften zum ökologischen Landbau, Band 8).

Leithold, G.; Brock, C.; Hoyer, U.; Hülsbergen, K.-J. (2007): Anpassung der Humusbilanzierung an die Bedingungen des ökologischen Landbaus. In: K.-J. Hülsbergen (Hg.): Bewertung ökologischer Betriebssysteme. Bodenfruchtbarkeit, Stoffkreisläufe, Biodiversität. Beiträge zum KTBL-Fachgespräch "Systembewertung im Ökologischen Landbau" vom 14. bis 15. April 2005 in Freising. Darmstadt: KTBL, S. 24–50.

Leithold, G.; Hülsbergen, K.-J.; Brock, C. (2015): Organic matter returns to soils must be higher under organic compared to conventional farming. *Journal of Plant Nutrition and Soil Science* 178 (1), S. 4–12. DOI: 10.1002/jpln.201400133.

Leithold, G.; Hülsbergen, K.-J.; Michel, D.; Schönmeier, H. (1997): Humusbilanzierung - Methoden und Anwendung als Agrar-Umweltindikator. In: DBU (Hg.): Umweltverträgliche Pflanzenproduktion. Initiativen zum Umweltschutz 5. Osnabrück: Zeller Verlag, S. 43–54.

Leopoldina (2013): Bioenergie – Möglichkeiten und Grenzen. Stellungnahme. Hg. v. Christian Anton und Henning Steinicke. Nationale Akademie der Wissenschaften Leopoldina. Halle (Saale).

Levin, K.; Brandhuber, R.; Freibauer, A.; Wiesinger, K. (2019): Klimaanpassung. Kapitel 7. In: Jürn Sanders und Jürgen Heß (Hg.): Leistungen des ökologischen Landbaus für Umwelt und Gesellschaft. Braunschweig, Germany: Johann Heinrich von Thünen-Institut (Thünen Report, 65).

LfL (2013): Eiweißfuttermittel in der Rinderfütterung. 2. Aufl. Freising. Hg. v. Bayerische Landesanstalt für Landwirtschaft (LfL). Institut für Tierernährung und Futterwirtschaft.

LfL (2018): Deckungsbeiträge und Kalkulationsdaten. Konventionelle und ökologische Verfahren. Rechenprogramm, Kalkulationsdaten und Hintergrundinfo zur Kalkulation der Wirtschaftlichkeit landwirtschaftlicher Produktionsverfahren. Bayerische Landesanstalt für Landwirtschaft (LfL). Freising. URL: https://www.stmelf.bayern.de/idb/default.html, Abruf: 03.12.2018.

Lin, H.-C.; Huber, J. A.; Gerl, G.; Hülsbergen, K.-J. (2016): Nitrogen balances and nitrogen-use efficiency of different organic and conventional farming systems. *Nutrient Cycling in Agroecosystems* 105 (1), S. 1–23. DOI: 10.1007/s10705-016-9770-5.

Lin, H.-C.; Huber, J. A.; Gerl, G.; Hülsbergen, K.-J. (2017): Effects of changing farm management and farm structure on energy balance and energy-use efficiency—A case study of organic and conventional farming systems in southern Germany. *European Journal of Agronomy* 82, S. 242–253. DOI: 10.1016/j.eja.2016.06.003.

Lin, H.-C.; Hülsbergen, K.-J. (2017): A new method for analyzing agricultural land-use efficiency, and its application in organic and conventional farming systems in southern Germany. *European Journal of Agronomy* 83, S. 15–27. DOI: 10.1016/j.eja.2016.11.003.

Lykov, A. M.; Bointschan, B. P.; Vjugin; S. M. (1984): Organische Substanz und Fruchtbarkeit des Bodens im intensiven Ackerbau. Obsornaja informazia (russ.). Moskau. Zitiert nach: Leithold, G.; Brock, C.; Hoyer, U.; Hülsbergen, K.-J. (2007): Anpassung der Humusbilanzierung an die Bedingungen des ökologischen Landbaus. In: Kurt-Jürgen Hülsbergen (Hg.): Bewertung ökologischer Betriebssysteme. Bodenfruchtbarkeit, Stoffkreisläufe, Biodiversität. Beiträge zum KTBL-Fachgespräch "Systembewertung im Ökologischen Landbau" vom 14. bis 15. April 2005 in Freising. Darmstadt: KTBL, S. 24–50.

Mäder, P.; Fließbach, A.; Dubois, D.; Gunst, L.; Fried, P.; Niggli, U. (2002): Soil fertility and biodiversity in organic farming. *Science* (VOL 296).

Meadows, D. L. (1977): Die Grenzen des Wachstums. Bericht des Club of Rome zur Lage der Menschheit. 301.-315. Tsd. Reinbek bei Hamburg, Rowohlt (Rororo-Sachbuch, 6825).

Meemken, E.-M.; Qaim, M. (2018): Organic Agriculture, Food Security, and the Environment. *Annual Review of Resource Economics* 10 (1), S. 39–63. DOI: 10.1146/annurev-resource-100517-023252.

Moerschner, J.; Gerowitt, B. (1998): Energiebilanzen von Raps bei unterschiedlichen Anbauintensitäten. Göttinger INTEX-Projekt. Göttingen (53. Jahrgang Landtechnik 6/98).

Muller, A.; Schader, C.; El-Hage Scialabba, N.; Brüggemann, J.; Isensee, A.; Erb, K.-H. et al. (2017): Strategies for feeding the world more sustainably with organic agriculture. *Nature communications* 8 (1), S. 1290. DOI: 10.1038/s41467-017-01410-w.

Murphy, D. P. L.; Heinemeyer, O. (2000): Vergleichende Bewertung der vorliegenden Studie mit denen anderer Autoren. In: FAL (Hg.): Bewertung von Verfahren der ökologischen und konventionellen landwirtschaftlichen Produktion im Hinblick auf den Energieeinsatz und bestimmte Schadgasemissionen. Studie als Sondergutachten im Auftrag des Bundesministeriums für Ernährung, Landwirtschaft und Forsten, Bonn. Sonderheft 211. Braunschweig: FAL (Landbauforschung Völkenrode. Sonderhefte, 211), 167-172.

Murphy, D. P. L.; Röver, M.; Flachowsky, G.; Sohler, S.; Böckisch, F.-J.; Heinemeyer, O. (2000): Vergleich konventioneller und ökologischer Produktionsverfahren. Kapitel 9. In: FAL (Hg.): Bewertung von Verfahren der ökologischen und konventionellen landwirtschaftlichen Produktion im Hinblick auf den Energieeinsatz und bestimmte Schadgasemissionen. Studie als Sondergutachten im Auftrag des Bundesministeriums für Ernährung, Landwirtschaft und Forsten, Bonn. Sonderheft 211. Braunschweig: FAL (Landbauforschung Völkenrode. Sonderhefte, 211), 109-166.

Nemecek, T.; Dubois, D.; Huguenin-Elie, O.; Gaillard, G. (2011): Life cycle assessment of Swiss farming systems. I. Integrated and organic farming. *Agricultural Systems* 104 (3), S. 217–232. DOI: 10.1016/j.agsy.2010.10.002.

Obermeier, J. (1998): Charakterisierung der standortkundlichen Verhältnisse des Versuchsbetriebes Viehhausen. Diplomarbeit. Technische Universität München, Weihenstephan. Fakultät für Landwirtschaft und Gartenbau; Lehrstuhl für Bodenkunde.

Öko-Institut e.V. (2016): Memorandum Product Carbon Footprint. Langfassung. Berlin. Hg. v. Öko-Institut e.V., Bundesministerium für Umwelt, Naturschutz und Reaktorsicherheit (BMU) und Umweltbundesamt (UBA), 13.06.2016.

Piccolo, A. (2012): Carbon Sequestration in Agricultural Soils. Washington, DC (Report 67395-GLB). The World Bank - International Bank for Reconstruction and Development/International Development Association. DOI: 10.1007/978-3-642-23385-2.

Poeplau, C.; Don, A. (2015): Carbon sequestration in agricultural soils via cultivation of cover crops – A meta-analysis. *Agriculture, ecosystems & environment* 200, S. 33–41. DOI: 10.1016/j.agee.2014.10.024.

Ponisio, L. C.; M'Gonigle, L. K.; Mace, K. C.; Palomino, J.; Valpine, P. de; Kremen, C. (2014a): Data from: Diversification practices reduce organic to conventional yield gap, Dryad Digital Repository, 2014. DOI: 10.5061/DRYAD.HF305.

Ponisio, L. C.; M'Gonigle, L. K.; Mace, K. C.; Palomino, J.; Valpine, P. de; Kremen, C. (2014b): Diversification practices reduce organic to conventional yield gap. *Proceedings of the Royal Society - Biological Sciences* 282 (1799), S. 20141396. DOI: 10.1098/rspb.2014.1396.

Ponti, T. de; Rijk, B.; van Ittersum, M. K. (2012): The crop yield gap between organic and conventional agriculture. *Agricultural Systems* 108, S. 1–9. DOI: 10.1016/j.agsy.2011.12.004.

Qaim, M. (2016): Genetically Modified Crops and Agricultural Development. New York, Palgrave Macmillan US; Imprint: Palgrave Macmillan (Palgrave Studies in Agricultural Economics and Food Policy).

R Development Core Team (2008): R: A language and environment for statistical computing. Wien. URL: http://www.R-project.org, Abruf: 10.01.2017.

Ragauskas, A. J.; Williams, C. K.; Davison, B. H.; Britovsek, G.; Cairney, J.; Eckert, C. A. et al. (2006): The path forward for biofuels and biomaterials. *Science (New York, N.Y.)* 311 (5760), S. 484–489. DOI: 10.1126/science.1114736.

Reents, H. J.; Küstermann, B.; Kainz, M. (2008): Sustainable Land Use by Organic and Integrated Farming Systems. Chapter 1.2. In: P. Schröder, J. Pfadenhauer und J. C. Munch (Hg.): Perspectives for Agroecosystem Management. Elsevier Science, S. 17–39.

Reinhardt, G. A. (1993): Energie- und CO2-Bilanzierung nachwachsender Rohstoffe. Theoretische Grundlagen und Fallstudie Raps. 2., durchgesehene und erweiterte Auflage. Wiesbaden, Vieweg Verlag.

Richter, R. (2008): Rapsölkraftstoff und Biodiesel auf dem Prüfstand. Thüringer Landesanstalt für Landwirtschaft, Jena.

Rockström, J.; Schellnhuber, H. J.; Hoskins, B.; Ramanathan, V.; Schlosser, P.; Brasseur, G. P. et al. (2016): The world's biggest gamble. *Earth's Future* 4 (10), S. 465–470. DOI: 10.1002/2016EF000392.

Rockström, J.; Steffen, W.; Noone, K.; Persson, A.; Chapin, F. S. 3.; Lambin, E. F. et al. (2009): A safe operating space for humanity. *Nature* 461 (7263), S. 472–475. DOI: 10.1038/461472a.

Röll, Y. (2012): Betriebswirtschaftliche Bewertung viehloser und viehhaltender Betriebssysteme des ökologischen Landbaus. Justus-Liebig-Universität, Gießen. Pflanzenbau und Pflanzenzüchtung II.

Rösemann, C.; Haenel, H.-D.; Dämmgen, U.; Freibauer, A.; Wulf, S.; Eurich-Menden, B. et al. (2015): Calculations of gaseous and particulate emissions from German agriculture 1990 - 2013. Report on methods and data (RMD) submission 2015. Braunschweig, Johann Heinrich von Thünen-Institut (Thünen Report, 27).

Röver, M.; Ahlgrimm, H.-J.; Dämmgen, U.; Rogasik, J.; Heinemeyer, O. (2000): Biogene Schadgasemissionen in der Landwirtschaft. In: FAL (Hg.): Bewertung von Verfahren der ökologischen und konventionellen landwirtschaftlichen Produktion im Hinblick auf den Energieeinsatz und bestimmte Schadgasemissionen. Studie als Sondergutachten im Auftrag des Bundesministeriums für Ernährung, Landwirtschaft und Forsten, Bonn. Sonderheft 211. Braunschweig: FAL (Landbauforschung Völkenrode. Sonderhefte, 211), 53-74.

Sanders, J.; Heß, J. (Hg.) (2019): Leistungen des ökologischen Landbaus für Umwelt und Gesellschaft. Braunschweig, Germany, Johann Heinrich von Thünen-Institut (Thünen Report, 65).

Schiemann, R. (1981): Stoff- und Energieansatz beim ausgewaschenem, vorwiegend fettbildendem Tier. Zitiert nach: Hülsbergen, K.-J. (2003): Entwicklung und Anwendung eines Bilanzierungsmodells zur Bewertung der Nachhaltigkeit landwirtschaftlicher Systeme, Aachen. In: G. Gebhardt (Hg.): Tierernährung. Berlin: Deutscher Landwirtschaftsverlag, S. 131–160.

Schmehl, M.; Hesse, M.; Geldermann, J. (2012): Ökobilanzielle Bewertung von Biogasanlagen. Unter Berücksichtigung der niedersächsischen Verhältnisse. Göttingen, Univ., Wirtschaftswiss. Fak (Research paper / Georg-August-Universität Göttingen, Wirtschaftswissenschaftliche Fakultät, Schwerpunkt Unternehmensführung, 11).

Schmid, H.; Hülsbergen, K.-J. (2015): Treibhausgasbilanzen und ökologische Nachhaltigkeit der Pflanzenproduktion. Ergebnisse aus dem Netzwerk der Pilotbetriebe. In: K.-J. Hülsbergen und G. Rahmann (Hg.): Klimawirkungen und Nachhaltigkeit ökologischer und konventioneller Betriebssysteme - Untersuchungen in einem Netzwerk von Pilotbetrieben. Forschungsergebnisse 2013 - 2014. Braunschweig (Thünen Report, 29), S. 63–87.

Schmidt, H. (2004): Viehloser Ackerbau im ökologischen Landbau. Evaluierung des derzeitigen Erkenntnisstandes anhand von Betriebsbeispielen und Expertenbefragungen. Forschungsbericht Nr. 02OE458. Justus-Liebig-Universität, Gießen. Institut für Pflanzenbau und Pflanzenzüchtung II.

Schneider, R.; Heiles, E.; Salzeder, G.; Wiesinger, K. (2012): Auswirkungen unterschiedlicher Fruchtfolgen im ökologischen Landbau auf den Ertrag und die Produktivität. In: Klaus Wiesinger und K. Cais (Hg.): Angewandte Forschung und Beratung für den ökologischen Landbau in Bayern. Ökolandbautag 2012, Tagungsband. (Schriftenreihe der LfL, 4/2012), S. 87–93.

Schraml, M.; Effenberger, M. (2013): Quantitative Klimabilanz landwirtschaftlicher Maßnahmen und Verfahren. Abschlussbericht. Bayerische Landesanstalt für Landwirtschaft (LfL).

Schubert, S. (2006): Pflanzenernährung. 55 Tabellen. Stuttgart, Ulmer (UTB, 2802).

Schulz, F. (2012): Vergleich ökologischer Betriebssysteme mit und ohne Viehhaltung bei unterschiedlicher Intensität der Grundbodenbearbeitung. Effekte auf Flächenproduktivität, Nachhaltigkeit und Umweltverträglichkeit. Dissertation. Justus-Liebig-Universität, Gießen.

Schulz, F.; Brock, C.; Schmidt, H.; Franz, K.-P.; Leithold, G. (2013): Development of soil organic matter stocks under different farm types and tillage systems in the Organic Arable Farming Experiment Gladbacherhof. *Archives of Agronomy and Soil Science* 60 (3), S. 313–326. DOI: 10.1080/03650340.2013.794935.

Schulze Mönking, S.; Klapp, C.; Abel, H.; Theuvsen, L. (2010): Überarbeitung des Getreide- und Vieheinheitenschlüssels. Endbericht zum Forschungsprojekt 06HS030. Georg-August-Universität Göttingen, Göttingen. Fakultät für Agrarwissenschaften.

Seufert, V.; Ramankutty, N. (2017): Many shades of gray-The context-dependent performance of organic agriculture. Science advances 3 (3), e1602638. DOI: 10.1126/sciadv.1602638.

Seufert, V.; Ramankutty, N.; Foley, J. A. (2012): Comparing the yields of organic and conventional agriculture. Nature 485 (7397), S. 229–232. DOI: 10.1038/nature11069.

Siebrecht, N. (2010): Indikatorengestützte Analyse der Erosionsgefährdung und des Biodiversitätspotenzials als Grundlage des Nachhaltigkeitsmanagements landwirtschaftlicher Betriebssysteme. 1. Aufl. Berlin, Köster (Weihenstephaner Schriften Ökologischer Landbau und Pflanzenbausysteme, Bd. 1).

Siegmeier, T.; Blumenstein, B.; Möller, D. (2015): Farm biogas production in organic agriculture. System implications. Agricultural Systems 139, S. 196–209. DOI: 10.1016/j.agsy.2015.07.006.

Skinner, C.; Gattinger, A.; Muller, A.; Mäder, P.; Fließbach, A.; Stolze, M. et al. (2014): Greenhouse gas fluxes from agricultural soils under organic and non-organic management. A global meta-analysis. Science of The Total Environment 468-469, S. 553–563. DOI: 10.1016/j.scitotenv.2013.08.098.

Smith, P. (2004): Carbon sequestration in croplands. The potential in Europe and the global context. European Journal of Agronomy 20 (3), S. 229–236. DOI: 10.1016/j.eja.2003.08.002.

Smith, P.; Bustamante, M.; Ahammad, H.; Clark, H.; Dong, H.; et al. (2015): Agriculture, Forestry and Other Land Use (AFOLU). In: IPCC (Hg.): Climate Change 2014: Mitigation of Climate Change. Working Group III Contribution to the IPCC Fifth Assessment Report. Cambridge: Cambridge University Press, S. 811–922.

Smith, P.; Martino, D.; Cai, Z.; Gwary, D.; Janzen, H.; Kumar, P. et al. (2007): Agriculture. In: IPCC (Hg.): Climate Change 2007: Mitigation. Contribution of Working Group III to the Fourth Assessment Report of the Intergovernmental Panel on Climate Change. Cambridge, United Kingdom and New York, NY, USA: Cambridge University Press.

Sprenger, B.; Belde, M. (2003): Auflaufraten von Ackerwildpflanzen auf ökologisch bewirtschafteten Flächen des Forschungsverbundes Agrarökosysteme München (FAM). In: Bernhard Freyer (Hg.): Ökologischer Landbau der Zukunft. Beiträge zur 7. Wissenschaftstagung zum Ökologischen Landbau. 24. - 26. Februar 2003. 1. Aufl. Wien: Inst. für Ökologischen Landbau, S. 533–534.

Steffen, W.; Richardson, K.; Rockstrom, J.; Cornell, S. E.; Fetzer, I.; Bennett, E. M. et al. (2015): Planetary boundaries: guiding human development on a changing planet. *Science (New York, N.Y.)* 347 (6223), S. 1259855. DOI: 10.1126/science.1259855.

Stewart, C. E.; Paustian, K.; Conant, R. T.; Plante, A. F.; Six, J. (2007): Soil carbon saturation. Concept, evidence and evaluation. *Biogeochemistry* 86 (1), S. 19–31. DOI: 10.1007/s10533-007-9140-0.

Stinner, P. W. (2011): Auswirkungen der Biogaserzeugung in einem ökologischen Marktfruchtbetrieb auf Ertragsbildung und Umweltparameter. Zugl.: Dissertation. Justus-Liebig-Universität Gießen. 2010. 1. Aufl. Berlin, Köster (Giessener Schriften zum ökologischen Landbau, 4).

Stinner, W.; Möller, K.; Leithold, G. (2008): Effects of biogas digestion of clover/grass-leys, cover crops and crop residues on nitrogen cycle and crop yield in organic stockless farming systems. *European Journal of Agronomy* 29 (2-3), S. 125–134. DOI: 10.1016/j.eja.2008.04.006.

TFZ (Hg.) (2016a): ExpRessBio – Ergebnisse. Analyse und Bewertung ausgewählter ökologischer und ökonomischer Wirkungen von Produktsystemen aus land- und forstwirtschaftlichen Rohstoffen. Abschlussbericht – Langfassung. Technologie und Förderzentrum Nachwachsende Rohstoffe (TFZ). Straubing.

TFZ (Hg.) (2016b): ExpRessBio – Methoden. Methoden zur Analyse und Bewertung ausgewählter ökologischer und ökonomischer Wirkungen von Produktsystemen aus land- und forstwirtschaftlichen Rohstoffen. Technologie und Förderzentrum Nachwachsende Rohstoffe (TFZ). Straubing.

TFZ (Hg.) (2016c): Rapsölkraftstoffproduktion in Bayern. Analyse und Bewertung ökologischer und ökonomischer Wirkungen nach der ExpRessBio-Methode. Technologie und Förderzentrum Nachwachsende Rohstoffe (TFZ). Straubing.

Tilman, D.; Hill, J.; Lehman, C. (2006): Carbon-negative biofuels from low-input high-diversity grassland biomass. *Science (New York, N.Y.)* 314 (5805), S. 1598–1600. DOI: 10.1126/science.1133306.

Tilman, D.; Socolow, R.; Foley, J. A.; Hill, J.; Larson, E.; Lynd, L. et al. (2009): Energy. Beneficial biofuels--the food, energy, and environment trilemma. *Science (New York, N.Y.)* 325 (5938), S. 270–271. DOI: 10.1126/science.1177970.

Tuomisto, H. L.; Camillis, C. de; Leip, A.; Nisini, L.; Pelletier, N.; Haastrup, P. (2015): Development and testing of a European Union-wide farm-level carbon calculator. *Integrated Environmental Assessment and Management* 11 (3), S. 404–416. DOI: 10.1002/ieam.1629.

Tuomisto, H. L.; Hodge, I. D.; Riordan, P.; Macdonald, D. W. (2012a): Does organic farming reduce environmental impacts?--a meta-analysis of European research. *Journal of environmental management* 112, S. 309–320. DOI: 10.1016/j.jenvman.2012.08.018.

Tuomisto, H.L.; Hodge, I.D.; Riordan, P.; Macdonald, D.W. (2012b): Comparing energy balances, greenhouse gas balances and biodiversity impacts of contrasting farming systems with alternative land uses. *Agricultural Systems* 108, S. 42–49. DOI: 10.1016/j.agsy.2012.01.004.

UBA (2008): Ermittlung von Optimalgehalten an organischer Substanz landwirtschaftlich genutzter Böden nach § 17 (2) Nr. 7 BBodSchG. Forschungsprojekt im Auftrag des Umweltbundesamtes. Berlin. Umweltbundesamt (UBA).

UBA (2016a): Berichterstattung unter der Klimarahmenkonvention der Vereinten Nationen und dem Kyoto-Protokoll 2016. Nationaler Inventarbericht zum Deutschen Treibhausgasinventar 1990 - 2014. Umweltbundesamt (UBA).

UBA (2016b): Die Wasserrahmenrichtlinie. Deutschlands Gewässer 2015. Dessau-Roßlau. Umweltbundesamt (UBA).

UBA (2019): Berichterstattung unter der Klimarahmenkonvention der Vereinten Nationen und dem Kyoto-Protokoll 2019. Nationaler Inventarbericht zum Deutschen Treibhausgasinventar 1990 – 2017 (Climate Change). Umweltbundesamt (UBA).

UIP (2015): Arbeitshilfe zur Berechnung von Materialeffizienzgewinnen. Hg. v. Umweltinnovationsprogramm (UIP). URL: http://www.umweltinnovationsprogramm.de/downloads/downloads-arbeitshilfe-zur-berechnung-von-materialeffizienzgewinnen, Abruf: 15.08.2015.

UN (2016): Sustainable Development Goals. Goal 2: End hunger, achieve food security and improved nutrition and promote sustainable agriculture. 17 Goals to transform our World.

UNFCCC (2009): National greenhouse gas inventory data for the period 1990-2007.

UNFCCC (2015): Adoption of the Paris agreement. Proposal by the President. FCCC/CP/2015/L.9/Rev.1, 12.12.2015. Conference of the Parties, Twenty-first session. Paris.

VDLUFA (2004): Humusbilanzierung. Methode zur Beurteilung und Bemessung der Humusversorgung von Ackerland. Bodenkunde, Pflanzenernährung und Düngung; Bodenuntersuchung; Bodenfruchtbarkeit und Agrarökologie. Verband Deutscher Landwirtschaftlicher Untersuchungs- und Forschungsanstalten (VDLUFA).

VDLUFA (2014): Humusbilanzierung. Eine Methode zur Analyse und Bewertung der Humusversorgung von Ackerland. Pflanzenernährung, Produktqualität und Ressourcenschutz. Speyer. Verband Deutscher Landwirtschaftlicher Untersuchungs- und Forschungsanstalten (VDLUFA).

Vos, C.; Don, A.; Prietz, R.; Heidkamp, A.; Freibauer, A. (2016): Field-based soil-texture estimates could replace laboratory analysis. *Geoderma* 267, S. 215–219. DOI: 10.1016/j.geoderma.2015.12.022.

Vos, C.; Poeplau, C.; Don, A. (2018): Soil carbon saturation – is there a limit? In: Axel Don, Christopher Poeplau und Heinz Flessa (Hg.): Soil organic matter management in agriculture - Assessing the potential of the 4per1000 initiative. International Symposium 29.-30. May 2018. Book of abstracts. Braunschweig.

WBAE; WBW (2016): Klimaschutz in der Land- und Forstwirtschaft sowie den nachgelagerten Bereichen Ernährung und Holzverwendung. Gutachten des Wissenschaftlichen Beirats Agrarpolitik, Ernährung und gesundheitlichen Verbraucherschutz (WBAE) und des Wissenschaftlichen Beirats Waldpolitik (WBW). Bundesministerium für Ernährung und Landwirtschaft (BMEL).

Weckenbrock, P.; Sanchez-Gellert, H. L.; Gattinger, A. (2019): Klimaschutz. Kapitel 6. In: Jürn Sanders und Jürgen Heß (Hg.): Leistungen des ökologischen Landbaus für Umwelt und Gesellschaft. Braunschweig, Germany: Johann Heinrich von Thünen-Institut (Thünen Report, 65), S. 164–190.

Wetterich, F.; Haas, G. (1999): Ökobilanz Allgäuer Grünlandbetriebe. Intensiv, extensiviert, ökologisch. 1. Aufl. Berlin, Köster.

WHO (2015): Ageing and health (Fact sheet). World Health Organization (N° 404).

Wiegmann, K.; Scheffler, M.; Henneberg, K. (2016): Sektorale Emissionspfade in Deutschland bis 2050. Landwirtschaft und Forstwirtschaft / Landnutzung. Darmstadt. Öko-Institut e.V., 21.03.2016.

Wiesmeier, M.; Urbanski, L.; Hobley, E.; Lang, B.; Lützow, M. von; Marin-Spiotta, E. et al. (2019): Soil organic carbon storage as a key function of soils - A review of drivers and indicators at various scales. *Geoderma* 333, S. 149–162. DOI: 10.1016/j.geoderma.2018.07.026.

Willer, H.; Lernoud, J.; Kemper, L. (2019): The World of Organic Agriculture: Summary. In: Helga Willer und Lernoud Julia (Hg.): The World of Organic Agriculture. Statistics and Emerging Trends 2019. Frick, Bonn: FiBL; IFOAM-Organics international.

Witzke, H. v.; Noleppa, S. (2013): Der gesamtgesellschaftliche Nutzen von Pflanzenschutz in Deutschland. Darstellung des Projektansatzes und von Ergebnissen zu Modul 1: Ermittlung von Markteffekten und gesamtwirtschaftlicher Bedeutung. Humboldt-Universität zu Berlin; agripol - network for policy advice GbR.

Wood, S. W.; Cowie, A. (2004): A review of greenhouse gas emission factors for fertiliser production. Hg. v. IEA. Bioenergy Task 38 (Government or Industry Research). URL: http://ecite.utas.edu.au/87108, Abruf: 15.01.2014.

Zegada-Lizarazu, W.; Matteucci, D.; Monti, A. (2010): Critical review on energy balance of agricultural systems. *Biofuels, Bioprod. Bioref.* 4 (4), S. 423–446. DOI: 10.1002/bbb.227.

Anhang

Tabelle A1: Unterstellte Ausstattung der Modellbetriebe mit Maschinen und Geräten

Stoppelbearbeitung	Stoppelgrubber, 3m; 83 kW
Grundbodenbearbeitung	Scheibenegge; 3 m; 83 kW
	Anbaudrehpflug mit Packer; 1,4m; 83 kW
	Kreiselegge; 3 m; 83 kW
Saatbettbereitung	Cambridgewalze; 6,0 m; 67 kW
Mechanische Pflege	Striegel (Getreide); 12 m; 67kW
	Mulcher; 3m; 67 kW
	Hacker (Ackerbohnen); 9m; 18 Reihen; 67 kW
Bestellung und Saatgut	Kreiseleggen-Sämaschinen-Kombination; 3m; 83 kW
Düngerausbringung (Kalkung / Kieserit)	Frontlader, 1 300 daN; Mineraldüngerschaufel, 0,55 m³; Anhängeschleuderstreuer, 4 m³; 67 kW, 15m Arbeitsbreite, 50 kg/ha
Organische Düngung	Gülleausbringung mit Schleppschlauchverteiler; 10 m³ Pumptankwagen; 15m; 83 kW; Miststreuer.
Futterwerbung	Rotationsmähwerk mit Aufbereiter, angebaut; 3,2m; 83 kW
	Kreiselzettwender; 7,5 m; 67 kW
	2-Kreiselschwader-Mittelschwader; 7,5 m; 67 kW
Futterbergung	Selbstfahrer, Dreiseitenkipperanhänger-Doppelzug je 10 t; Radlader mit Leichtgutschaufel 13,5t, Arbeitsbreite 7,0m, 83 kW
Mähdrusch	Mähdrescher (Abbunkern während der Fahrt); 6m; 200 kW
Erntetransport	Doppelzug Dreiseitenkippanhänger; 67 kW
Strohbergung	Rundballenpresse; 5,6m; 67 kW; Ballen: 1,8m, 395 kg/Ballen
	Dreiseitenkippanhänger-Doppelzug; 83 kW; Ballendurchmesser 1,8m

Tabelle A2: Produktionsverfahren der konventionellen Pflanzenbausysteme

Marktfrucht (kMF)	Michviehgülle (kMiG)
W.Raps	**W.Raps**

Stoppelbearbeitung: 2 x Grubber
Saatfurche mit Pflug
Mitte/Ende Aug.: Aussaat
Herbst: 1 x Herbizid
 	
Frühjahr: 1 x Düngung (min. N)
         2 x Düngung (min. N)
         2 x Insektizid (n. Bedarf)
         1 x Blütenspritzung
	Gülleausbringung
	Stoppelbearbeitung: 2 x Grubber
	Saatfurche mit Pflug
	Mitte/Ende Aug.: Aussaat
	Herbst: 1 x Herbizid
	
	Frühjahr: 2 x Düngung (min. N)
	         2 x Insektizid (n. Bedarf)
	         1 x Blütenspritzung

WW	**WW**

Ende Sept.: evtl. Ausfallraps mulchen
Ende Sept: Totalherbizid
Saatbettbearbeitung: 2 x Grubber
Anf. Okt.: Aussaat
Frühjahr: 3 x Düngung (min. N)
         1 x Fungizid (Blatt)
         1 x Herbizid
         1 x Wachstumsregulator)
         1 x Fungizid (Ähre)
	Ende Sept.: evtl. Ausfallraps mulchen
	Ende Sept: Totalherbizid
	Saatbettbearbeitung: 2 x Grubber
	Anf. Okt.: Aussaat
	Frühjahr: 3 x Düngung (min. N)
	         1 x Fungizid (Blatt)
	         1 x Herbizid
	         1 x Wachstumsregulator)
	         1 x Fungizid (Ähre)

Zw.Frucht	**Zw.Frucht**
Stoppelbearbeitung: 2 x Grubber Aussaat: Aug. Herbst: evtl. mulchen	Stoppelbearbeitung: 2 x Grubber Aussaat: Aug. Herbst: evtl. mulchen
Mais (Körner)	**Mais (Silo)**

April: Totalherbizid
 	
Saatbettbereitung: Kreiselegge
Anf. Mai: Aussaat
         Unterfußdüngung (min. N)
Mai/Juni: 1 x Herbizid
Anf. Juni: Düngung (min. N)
	April: Totalherbizid Totalherbizid
	Ende April: Gülleausbringung
	Saatbettbereitung: Kreiselegge
	Anf. Mai: Aussaat
	         Unterfußdüngung (min. N)
	Mai/Juni: 1 x Herbizid
	Anf. Juni: Gülleausbringung

WW	**WW**

Okt.: evtl. Mulchen
Saatfurche mit Pflug
Anf./Mitte Okt.: Aussaat
Frühjahr: 3 x Düngung (min. N)
         1 x Fungizid (Blatt)
         1 x Herbizid
         1 x Wachstumsregulator)
         1 x Fungizid (Ähre)
	Okt.: evtl. Mulchen
	Saatfurche mit Pflug
	Anf./Mitte Okt.: Aussaat
	Frühjahr: 3 x Düngung (min. N)
	         1 x Fungizid (Blatt)
	         1 x Herbizid
	         1 x Wachstumsregulator)
	         1 x Fungizid (Ähre)

W.Roggen	**W.Roggen**

Stoppelbearbeitung: 2 x Grubber
Saatfurche mit Pflug
Ende Sept.: Aussaat
Frühjahr: 2 x Düngung (min. N)
         1 x Fungizid (Blatt)
         1 x Wachstumsregulator)
	Stoppelbearbeitung: 2 x Grubber
	Saatfurche mit Pflug
	Ende Sept.: Aussaat
	Frühjahr: 2 x Düngung (min. N)
	         1 x Fungizid (Blatt)
	         1 x Wachstumsregulator)

Quelle: Hülsbergen et al. 2012

Tabelle A3-1: Produktionsverfahren der ökologischen Pflanzenbausysteme

Marktfrucht (öMF)	Milchviehgülle (öMiG)	Milchviehstallmist (öMiSt)	Biogasgärrest (öBiG)
LKG	**LKG**	**LKG**	**LKG**
Herbst: evtl. Schropfschnitt	Herbst: evtl. Schropfschnitt	Herbst: evtl. Schropfschnitt	Herbst: evtl. Schropfschnitt
Mai: 1. Schnitt	Mai: 1. Schnitt	Mai: 1. Schnitt	Mai: 1. Schnitt
Juni: 2. Schnitt	Juni: 2. Schnitt	Juni: 2. Schnitt	Juni: 2. Schnitt
Aug.: 3. Schnitt	Aug.: 3. Schnitt	Aug.: 3. Schnitt	Aug.: 3. Schnitt
Sept.: 4. Schnitt	Sept.: 4. Schnitt	Sept.: 4. Schnitt	Sept.: 4. Schnitt
Nutzung: Mulchen	Nutzung: Mulchen	Nutzung: Mulchen	Nutzung: Mulchen
WW	**WW (Zw.Frucht)**	**WW (Zw.Frucht)**	**WW**
Umbruch mit Fräse + Pflug	Umbruch mit Fräse + Pflug	Düngung Stallmist	Umbruch mit Fräse + Pflug
Anf. Okt. Aussaat	Anf. Okt. Aussaat	Umbruch mit Fräse + Pflug	Anf. Okt. Aussaat
Herbst evtl. Blindstriegeln	Herbst evtl. Blindstriegeln	Anf. Okt. Aussaat	Herbst evtl. Blindstriegeln
Frühjahr 1-2 Striegeln	Frühjahr 1-2 Striegeln	Herbst evtl. Blindstriegeln	Frühjahr 1-2 Striegeln
	März Gülleausbringung	Frühjahr 1-2 Striegeln	März Biogas-Gülleausbringung
	April Gülleausbringung		April Biogas-Gülleausbringung
		Strohabfuhr	
	Zw.Frucht	**Zw.Frucht**	
	Stoppelbearbeitung: 2 x Grubber	Stoppelbearbeitung: 2 x Grubber	
	Aug. Aussaat	Aug. Aussaat	
	Herbst evtl. mulchen (evtl. Futter)	Herbst evtl. mulchen (evtl. Futter)	
	Mais (Silo)	**Mais (Silo)**	
		Düngung Stallmist	
	Nov.: Winterfurche mit Pflug	Stoppelbearbeitung: 2 x Grubber	
		Nov.: Winterfurche mit Pflug	
	Ende April: Gülleausbringung		
	Saatbettbereitung mit Egge	Saatbettbereitung mit Egge	
	Ende April: Aussaat	Ende April: Aussaat	
	Ende April: evtl. 1 x Blindstriegeln	Ende April: evtl. 1 x Blindstriegeln	
	Mai/Juni 2 x Striegeln	Mai/Juni 2 x Striegeln	
	2 x Hacken	2 x Hacken	
	Anf. Juni Gülleausbringung		
Triticale (Zw.Frucht)			**Triticale (Zw.Frucht)**
Stoppelbearbeitung: 2 x Grubber			Stoppelbearbeitung: 2 x Grubber
Saatfurche mit Pflug			Saatfurche mit Pflug
Ende Sept./Anf. Okt.: Aussaat			Ende Sept./Anf. Okt.: Aussaat
Frühjahr: evtl. 1 x Striegeln			Frühjahr: evtl. 1 x Striegeln
			März Biogas-Gülleausbringung
			April Biogas-Gülleausbringung
			Strohabfuhr

Tabelle A3-2: Produktionsverfahren der ökologischen Pflanzenbausysteme

Marktfrucht (öMF)	Milchviehgülle (öMiG)	Milchviehstallmist (öMiSt)	Biogasgärrest (öBiG)
Zw.Frucht			**Zw.Frucht**
Stoppelbearbeitung: 2 x Grubber			Stoppelbearbeitung: 2 x Grubber
Aug.: Aussaat			Aug.: Aussaat
Herbst evtl. mulchen			Herbst evtl. mulchen (evtl. Biogas)
Ackerbohne	**Ackerbohne**	**Ackerbohne**	**Ackerbohne**
Nov.: Winterfurche	Nov.: Winterfurche	Nov.: Winterfurche	Nov.: Winterfurche
März Saatbettbearbeitung Egge	März Saatbettbearbeitung Egge	März Saatbettbearbeitung Egge	März Saatbettbearbeitung Egge
Ende März: Aussaat	Ende März: Aussaat	Ende März: Aussaat	Ende März: Aussaat
Frühjahr 1 x Blindstriegeln	Frühjahr 1 x Blindstriegeln	Frühjahr 1 x Blindstriegeln	Frühjahr 1 x Blindstriegeln
2-3 x Striegeln	2-3 x Striegeln	2-3 x Striegeln	2-3 x Striegeln
1-2 x Hacken	1-2 x Hacken	1-2 x Hacken	1-2 x Hacken
W.Roggen	**W.Roggen**	**W.Roggen**	**W.Roggen**
Stoppelbearbeitung: 2 x Grubber	Stoppelbearbeitung: 2 x Grubber	Stoppelbearbeitung: 2 x Grubber	Stoppelbearbeitung: 2 x Grubber
		Düngung: Stallmist	
Saatfurche mit Pflug	Saatfurche mit Pflug	Saatfurche mit Pflug	Saatfurche mit Pflug
Ende Sept.: Aussaat	Ende Sept.: Aussaat	Ende Sept.: Aussaat	Ende Sept.: Aussaat
Herbst: evtl. Blindstriegeln	Herbst: evtl. Blindstriegeln	Herbst: evtl. Blindstriegeln	Herbst: evtl. Blindstriegeln
Frühjahr: 1-2 x Striegeln	Frühjahr: 1-2 x Striegeln	Frühjahr: 1-2 x Striegeln	Frühjahr: 1-2 x Striegeln
(2. Striegeln: Untersaat) LKG)	(2. Striegeln: Untersaat) LKG)	(2. Striegeln: Untersaat) LKG)	(2. Striegeln: Untersaat) LKG)
	März: Gülleausbringung	Strohabfuhr	März: Biogasgülle-Ausbringung
	April: Gülleausbringung		April: Biogasgülle-Ausbringung

1. Versuchsjahr: KW 34/35 Aussaat LKG als Blanksaat

Quelle: Hülsbergen et al. 2012

Tabelle A4: Stickstoffzufuhr der Pflanzenbausysteme und implizierter Viehbestand in GV

Einheit: kg N ha^{-1}	2011	2012	2013	Mittelwert	Viehbestand (GV ha^{-1})
öMiSt	**100,2**	**100,2**	**102,7**	**101,0**	**1,3**
- LKG	0,0	0,0	0,0	0,0	0
- WW	167,0	167,0	171,2	168,4	0,43
- SM	167,0	167,0	171,2	168,4	0,43
- AB	0,0	0,0	0,0	0,0	0
- WR	167,0	167,0	171,2	168,4	0,43
öMiG	**47,0**	**44,5**	**45,0**	**45,5**	**0,61**
- LKG	0,0	0,0	0,0	0,0	0
- WW	76,7	69,0	71,6	72,5	0,19
- SM	102,3	102,3	99,7	101,4	0,27
- AB	0,0	0,0	0,0	0,0	0
- WR	56,2	51,1	53,7	53,7	0,14
öMF	**46,3**	**45,6**	**61,1**	**51,0**	**0**
- LKG	0,0	0,0	0,0	0,0	
- WW	115,7	114,1	152,9	127,5	
- TR	69,4	68,5	91,7	76,5	
- AB	0,0	0,0	0,0	0,0	
- WR	46,3	45,6	61,1	51,0	
öBiG	**62,8**	**75,3**	**61,7**	**66,6**	**0**
- LKG	0,0	0,0	0,0	0,0	
- WW	104,7	104,7	99,4	102,9	
- TR	130,8	136,0	130,8	132,6	
- AB	0,0	0,0	0,0	0,0	
- WR	78,5	136,0	78,5	97,7	
kMiG (OD*)	**150,8 (39,8)**	**165,3 (40,7)**	**160,8 (39,8)**	**159,0 (40,1)**	**0,56**
- RA	186,6 (76,6)	219,7 (79,7)	196,6 (76,6)	201,0 (77,6)	0,22
- WW1	150,0	150,0	150,0	150,0	
- SM	167,6 (122,6)	166,8 (123,8)	167,6 (122,6)	167,3 (123,0)	0,34
- WW2	150,0	150,0	150,0	150,0	
- WR	100,0	139,9	139,9	126,6	
kMF	**123,0**	**121,8**	**119,0**	**121,3**	**0**
- RA	190,0	180,1	170,0	180,0	
- WW1	150,0	150,0	150,0	150,0	
- SM	125,0	129,0	125,0	126,3	
- WW2	150,0	150,0	150,0	150,0	
- WR	100,0	139,9	139,9	126,6	

* OD: N-Gehalt im organischen Dünger

** Die Versuchskonzeption sah ursprünglich annähernd gleiche Viehbestände vor (0,75 GV ha^{-1}). Aufgrund von Abweichungen zwischen den angenommenen und in den organischen Düngern festgestellten Nährstoffgehalten impliziert dies einen unterschiedlichen Viehbestand, mit dem die Pflanzenbausysteme jeweils interagieren. Eine Anpassung der Nährstoffzufuhr wurde zum Ablauf der 1. Fruchtfolgenrotation vorgesehen.

Tabelle A5: Mittlere Nährstoffgehalte der im Versuch verwendeten organischen Dünger

ökol. Biogasgärreste (öBiG)	N**=6			
	Wert in TS	Einheit	Wert in d. OS*	Einheit
Trockensubstanz (TS)			8,05	%
Glühverlust	59,38	%	48,27	kg cbm^{-1}
Gesamtstickstoff (N)	6,50	%	5,18	kg cbm^{-1}
Ammoniumstickstoff (NH$_4$-N)	3,60	%	2,77	kg cbm^{-1}
Phosphat ges. (P$_2$O$_5$)	2,04	%	1,66	kg cbm^{-1}
Kalium ges. (K$_2$O)	9,15	%	7,23	kg cbm^{-1}
Kohlenstoff (C)	31,18	%	31,08	kg cbm^{-1}
C/N-Verhältnis***			6,0	

konv. Milchviehgülle (kMiG)	N**=5			
	Wert in TS	Einheit	Wert in d. OS*	Einheit
Trockensubstanz (TS)			7,28	%
Glühverlust	79,92	%	58,22	kg cbm^{-1}
Gesamtstickstoff (N)	4,21	%	3,02	kg cbm^{-1}
Ammoniumstickstoff (NH$_4$-N)	2,128	%	1,538	kg cbm^{-1}
Phosphat ges. (P$_2$O$_5$)	2,014	%	1,4686	kg cbm^{-1}
Kalium ges. (K$_2$O)	3,918	%	2,81	kg cbm^{-1}
Kohlenstoff (C)	40,95	%	28,325	kg cbm^{-1}
C/N-Verhältnis***			9,4	

ökol. Milchviehgülle (öMiG)	N**=5			
	Wert in TS	Einheit	Wert in d. OS*	Einheit
Trockensubstanz (TS)		%	6,54	%
Glühverlust	73,96	%	49,04	kg cbm^{-1}
Gesamtstickstoff (N)	3,91	%	2,30	kg cbm^{-1}
Ammoniumstickstoff (NH$_4$-N)	2,1592	%	1,21	kg cbm^{-1}
Phosphat ges. (P$_2$O$_5$)	1,64	%	1,07	kg cbm^{-1}
Kalium ges. (K$_2$O)	6,134	%	3,65	kg cbm^{-1}
Kohlenstoff (C)	40,175	%	29,63	kg cbm^{-1}
C/N-Verhältnis***			12,9	

ökol. Milchviehstallmist (öMiSt)	N**=3			
	Wert in TS	Einheit	Wert in d. OS*	Einheit
Trockensubstanz (TS)		%	38,83	%
Glühverlust	57,13	%	222,00	kg t^{-1}
Gesamtstickstoff (N)	2,21	%	8,60	kg t^{-1}
Ammoniumstickstoff (NH$_4$-N)	0,16	%	0,64	kg t^{-1}
Phosphat ges. (P$_2$O$_5$)	1,40	%	5,41	kg t^{-1}
Kalium ges. (K$_2$O)	5,24	%	20,37	kg t^{-1}
Kohlenstoff (C)	31,85	%	125,00	kg t^{-1}
C/N-Verhältnis***			14,5	

*OS: organische Substanz; **Die Nährstoffgehalte in den organischen Düngern wurden im Zeitraum 2010 bis 2014 mit unterschiedlicher Häufigkeit (3 bis 6 Mal) beprobt und zur Analyse an ein externes Labor (AGROLAB) versendet; ***Das C/N-Verhältnis wurde nicht durch AGROLAB angegeben, sondern aus dem N- und C-Gehalt berechnet.

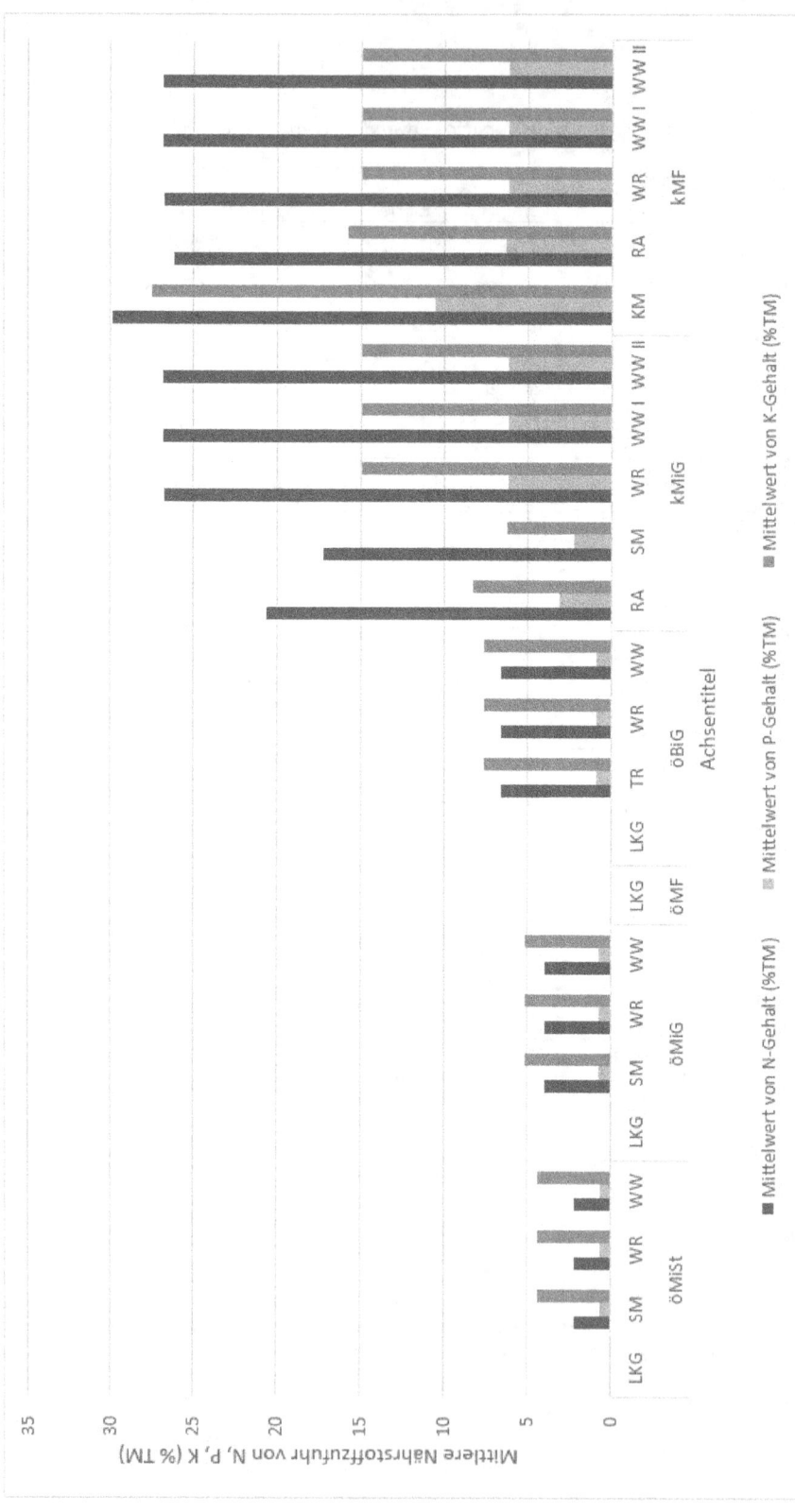

Abbildung A1: Mittlere Nährstoffzufuhr (N, P, K) der Pflanzenbausysteme durch organische / mineralische Dünger

Tabelle A6: Vergleich der Untersuchungsergebnisse - deutschlandweites Netzwerk von Pilotbetrieben (Praxisbetriebe) vs. Systemversuch Viehhausen

		Pilotbetriebe (Hülsbergen und Rahmann 2013)					Systemversuch (2011-2013)					
Betriebsform:		Marktfrucht		Gemischt			Marktfrucht			Gemischt		
	Einheit	Ökol.	Konv.	Ökol.	Konv.	öMF	öBiG	kMF	öMiSt	öMiG	kMiG
GE-Ertrag	t ha^{-1}	3,7	8,9	4,3	7,2	3,7	6,7	9,6	7,9	7,3	11,3
Energiebindung*	GJ ha^{-1}	72,6	148,5	107,6	182,7	59,3	161,5	151,7	196,2	149,8	186
Winterweizen (WW TM)**	t ha^{-1}	3,3	7,4	3,3	6,5	3,6	5	8,85	4,1	4,5	8,85
N-Zufuhr	kg ha^{-1}	139	246	174	275	219	219	258	255	192	261
N-Saldo (mit ΔN_{org})	kg ha^{-1}	21	74	-5	62	10,2	-13,6	25,3	-9,5	-16,6	27
Humusbedarf (C)	kg ha^{-1}	-518	-646	-428	-677	-476	-530	-552	-643	-642	-685
Humussaldo	kg ha^{-1}	35	-158	282	-108	306	187	34	455	65	-84
Energieinput	GJ ha^{-1}	6,8	13,4	7,4	14,2	4,7	6,3	12,6	6,9	6,4	11,5
Netto-Energieoutput	GJ ha^{-1}	66	138	113	170						
Energieeffizienz	Output:Input	11,3	11,4	16,5	13	12,1	25,2	11,8	28,1	23,1	15,9
Energieintensität	GJ t^{-1} GE	1,92	1,54	1,74	2,00						
Lachgasemission	kg ha^{-1} CO$_2$-Äq	796	1366	931	1454						
CO$_2$-Emission (Anbau)	kg ha^{-1} CO$_2$-Äq	484	1049	318	727						
Basisvariante (ohne C-Sequestrierung)											
THG-Gesamtemission	kg CO$_2$-Äq. ha^{-1}	1280	2415	1249	2181	912,1	1366,9	2634,8	1616,4	1146,4	2661,6
THG (produktbezogen)	kg CO$_2$-Äq. t^{-1} GE					283,2	214,2	351,0	233,7	186,7	304,5
THG (produktbezogen)	kg CO$_2$-Äq. GJ^{-1}					17,2	10,7	20,8	9,8	10,1	17,5
Bilanz mit C-Sequestrierung											
THG-Gesamtemission	kg CO$_2$-Äq. ha^{-1}	1162	2969	753	2375	-210,7	683	2561,3	-50,5	909,4	3032,2
THG (produktbezogen)	kg CO$_2$-Äq. t^{-1} GE	310	340	180	330	-160	71,8	312,7	-65,8	59,4	274,8
THG (produktbezogen)	kg CO$_2$-Äq. GJ^{-1}	16	20	7	13	-8,6	6	18,6	-1,3	7,6	16,4
Einfluss der C-Sequestrierung sowie der Allokation von Aufwänden und Umweltwirkungen der Zwischenfrüchte und Gründünger											
THG-Gesamtemission	kg CO$_2$-Äq. ha^{-1}	-118	554	-496	194	-1122,8	-683,9	-73,5	-1666,9	-237	370,6
THG (produktbezogen)	kg CO$_2$-Äq. t^{-1} GE					-443,2	-142,4	-38,3	-299,5	-127,3	-29,7
THG (produktbezogen)	kg CO$_2$-Äq. GJ^{-1}					-25,8	-4,7	-2,2	-11,1	-2,5	-1,1

* Berechnet anhand der Angaben zur Energieintensität der Pilotbetriebe zwecks Vergleichbarkeit mit den Versuchsergebnissen.
** Aufgrund von unterschiedlichen Einheiten wurde der WW-Ertrag der Pilotbetriebe ebenfalls in TM angeben.

www.ingramcontent.com/pod-product-compliance
Lightning Source LLC
Chambersburg PA
CBHW070626220526
45466CB00001B/101